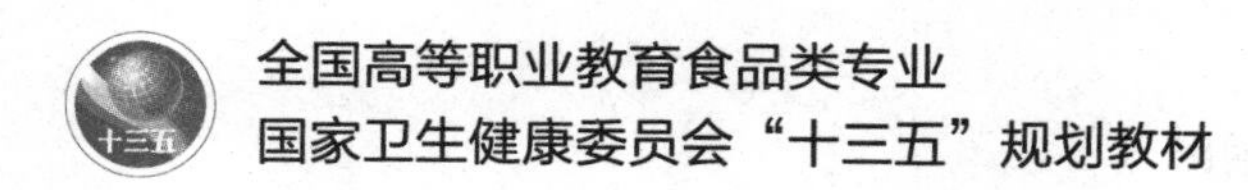

全国高等职业教育食品类专业
国家卫生健康委员会“十三五”规划教材

供食品类专业用

食品质量管理

主　编　谷　燕
副主编　黄　维　杨福臣

编　者（以姓氏笔画为序）

王　蕊（山西运城农业职业技术学院）
芮　闯（上海健康医学院）
杨福臣（江苏食品药品职业技术学院）
佟海龙（内蒙古化工职业学院）
谷　燕（马鞍山师范高等专科学校）
张笔觅（吉林省经济管理干部学院）
唐　昭（广西卫生职业技术学院）
黄　维（马鞍山师范高等专科学校）

人民卫生出版社

图书在版编目（CIP）数据

食品质量管理 / 谷燕主编.—北京：人民卫生出版社，2018

ISBN 978-7-117-26827-1

Ⅰ.①食… Ⅱ.①谷… Ⅲ.①食品－质量管理－高等职业教育－教材 Ⅳ.①TS207.7

中国版本图书馆 CIP 数据核字（2018）第 266773 号

食品质量管理

主　　编：谷　燕
出版发行：人民卫生出版社（中继线 010-59780011）
地　　址：北京市朝阳区潘家园南里 19 号
邮　　编：100021
E - mail：pmph @ pmph.com
购书热线：010-59787592　010-59787584　010-65264830
印　　刷：河北新华第一印刷有限责任公司
经　　销：新华书店
开　　本：850×1168　1/16　　印张：17　　插页：1
字　　数：400 千字
版　　次：2019 年 2 月第 1 版　2019 年 2 月第 1 版第 1 次印刷
标准书号：ISBN 978-7-117-26827-1
定　　价：56.00 元
打击盗版举报电话：010-59787491　E-mail：WQ @ pmph.com
（凡属印装质量问题请与本社市场营销中心联系退换）

全国高等职业教育食品类专业国家卫生健康委员会“十三五”规划教材出版说明

随着《国务院关于加快发展现代职业教育的决定》《高等职业教育创新发展行动计划(2015-2018年)》《教育部关于深化职业教育教学改革全面提高人才培养质量的若干意见》等一系列重要指导性文件相继出台,明确了职业教育的战略地位、发展方向。食品行业是“为耕者谋利、为食者造福”的传统民生产业,在实施制造强国战略和推进健康中国建设中具有重要地位。近几年,食品消费和安全保障需求呈刚性增长态势,消费结构升级,消费者对食品的营养与健康要求增高。为实施好食品安全战略,加强食品安全治理,国家印发了《“十三五”国家食品安全规划》《食品安全标准与监测评估“十三五”规划》《关于促进食品工业健康发展的指导意见》等一系列政策法规,食品行业发展模式将从量的扩张向质的提升转变。

为全面贯彻国家教育方针,跟上行业发展的步伐,将现代职教发展理念融入教材建设全过程,人民卫生出版社组建了全国食品药品职业教育教材建设指导委员会。在该指导委员会的直接指导下,经过广泛调研论证,启动了首版全国高等职业教育食品类专业国家卫生健康委员会“十三五”规划教材的编写出版工作。本套规划教材是“十三五”时期人卫社重点教材建设项目,教材编写将秉承“五个对接”的职教理念,结合国内食品类专业教育教学发展趋势,紧跟行业发展的方向与需求,重点突出如下特点:

1. **适应发展需求,体现高职特色** 本套教材定位于高等职业教育食品类专业,教材的顶层设计既考虑行业创新驱动发展对技术技能人才的需要,又充分考虑职业人才的全面发展和技术技能人才的成长规律;既集合了几十年我国职业教育快速发展的实际,又充分体现了现代高等职业教育的发展理念,突出高等职业教育特色。

2. **完善课程标准,兼顾接续培养** 根据各专业对应从业岗位的任职标准优化课程标准,避免重要知识点的遗漏和不必要的交叉重复,以保证教学内容的设计与职业标准精准对接,学校的人才培养与企业的岗位需求精准对接。同时,顺应接续培养的需要,适当考虑建立各课程的衔接体系,以保证高等职业教育对口招收中职学生的需要和高职学生对口升学至应用型本科专业学习的衔接。

3. **推进产学结合,实现一体化教学** 本套教材的内容编排以技能培养为目标,以技术应用为主线,使学生在逐步了解岗位工作实践、掌握工作技能的过程中获取相应的知识。为此,在编写队伍组建上,特别邀请了一大批具有丰富实践经验的行业专家参加编写工作,与从全国高职院校中遴选出的优秀师资共同合作,确保教材内容贴近一线工作岗位实际,促使一体化教学成为现实。

4. **注重素养教育,打造工匠精神** 在全国“劳动光荣、技能宝贵”的氛围逐渐形成,“工匠精神”在各行各业广为倡导的形势下,食品行业的从业人员更要有崇高的道德和职业素养。教材更加强调要充分体现对学生职业素养的培养，在适当的环节，特别是案例中要体现出食品从业人员的行为准则和道德规范，以及精益求精的工作态度。

5. 培养创新意识，提高创业能力　为有效地开展大学生创新创业教育，促进学生全面发展和全面成才，本套教材特别注意将创新创业教育融入专业课程中，帮助学生培养创新思维，提高创新能力、实践能力和解决复杂问题的能力，引导学生独立思考、客观判断，以积极的、锲而不舍的精神寻求解决问题的方案。

6. 对接岗位实际，确保课证融通　按照课程标准与职业标准融通、课程评价方式与职业技能鉴定方式融通、学历教育管理与职业资格管理融通的现代职业教育发展趋势，本套教材中的专业课程，充分考虑学生考取相关职业资格证书的需要，其内容和实训项目的选取尽量涵盖相关的考试内容，使其成为一本即是学历教育的教科书、又是职业岗位证书的培训教材，实现“双证书”培养。

7. 营造真实场景，活化教学模式　本套教材在继承保持人卫版职业教育教材栏目式编写模式的基础上，进行了进一步系统优化。例如，增加了“导学情景”，借助真实工作情景开启知识内容的学习；“复习导图”以思维导图的模式，为学生梳理本章的知识脉络，帮助学生构建知识框架。进而提高教材的可读性，体现教材的职业教育属性，做到学以致用。

8. 全面“纸数”融合，促进多媒体共享　为了适应新的教学模式的需要，本套教材同步建设以纸质教材内容为核心的多样化的数字教学资源，从广度、深度上拓展纸质教材内容。通过在纸质教材中增加二维码的方式“无缝隙”的链接视频、动画、图片、PPT、音频、文档等富媒体资源，丰富纸质教材的表现形式，补充拓展性的知识内容，为多元化的人才培养提供更多的信息知识支撑。

本套教材的编写过程中，全体编者以高度负责、严谨认真的态度为教材的编写工作付出了诸多心血，各参编院校为编写工作的顺利开展给予了大力支持，从而使本套教材得以高质量的如期出版，在此对有关单位和各位专家表示诚挚的感谢！教材出版后，各位教师、学生在使用过程中，如发现问题请反馈给我们（renweiyaoxue@163.com），以便及时更正和修订完善。

人民卫生出版社

2018 年 3 月

全国高等职业教育食品类专业国家卫生健康委员会
“十三五”规划教材
教材目录

序号	教材名称	姓名
1	食品应用化学	孙艳华
2	食品仪器分析技术	梁　多　段春燕
3	食品微生物检验技术	段巧玲　李淑荣
4	食品添加剂应用技术	张　甦
5	食品感官检验技术	王海波
6	食品加工技术	黄国平
7	食品检验技术	胡雪琴
8	食品毒理学	麻微微
9	食品质量管理	谷　燕
10	食品安全	李鹏高　陈林军
11	食品营养与健康	何　雄
12	保健品生产与管理	吕　平

全国食品药品职业教育教材建设指导委员会
成员名单

前　言

《食品质量管理》是全国高等职业教育食品类专业应用技能型规划教材，可供食品质量与安全、食品营养与检测、食品营养与卫生等专业学生使用，是高等职业教育食品专业学生必修的一门课程。编写过程中，我们牢固树立为专业服务、为学生服务的理念，充分体现为专业课和食品质量相关岗位需求服务的宗旨，将国家关于食品的最新的法律法规、标准进行详细的介绍，并结合具体实例，力求让学生能理论结合实际，在以后的工作过程中能够做到学以致用。本教材的特点如下：

1. 运用“启发性”　各章都设有导学情景，使读者通过导学部分的介绍能够对章节内容有较为直观的了解，并且每章后设有“目标检测”与数字资源习题，能及时反馈学生掌握情况，启发学生思维。

2. 重视“趣味性”　各章以案例导入的形式，通过问题引导学生去寻找答案，激发学生兴趣，提高学生分析问题和解决问题的能力。

3. 强调“累积性”　每节后都设有“点滴积累”，将该节内容进行总结，学生通过复习点滴积累内容即可对所学知识进行巩固学习。

本教材着重阐述食品质量管理的基础知识、食品相关法律法规与标准、相关体系的认证和实施。教材收集了较广泛的国内外资料，体现了食品质量管理的先进水平，在内容和体系上有所创新。

本教材共分13章，由全国多所院校共同参与编写，汇集了从事本课程教学与研究工作的主要力量，是集体智慧的结晶。参加本书编写的有：马鞍山师范高等专科学校黄维、谷燕（第一章、第三章和第七章）、广西卫生职业技术学院唐昭（第二章和第十二章）、江苏食品药品职业技术学院杨福臣（第四章、第五章和第六章第一、二节）、山西运城农业职业技术学院王蕊（第六章第三、四节和第十三章）、上海健康医学院芮闯（第八章）、内蒙古化工职业学院佟海龙（第九章）和吉林省经济管理干部学院张笔觅（第十章和第十一章）。本教材适用于高等职业院校食品相关专业的教学，也适用于食品生产和经营企业的管理人员和生产技术人员学习参考。

由于编者水平有限、时间紧迫，加之学科内容广泛和发展迅速，书中疏漏和不妥之处在所难免，敬请广大读者批评指正，以便在适当的时候进行修订。

谷　燕

2019年1月

目　录

第一章　绪论　1

第一节　食品质量管理的意义和作用　1

一、我国食品质量安全存在的主要问题　1

二、食品质量管理的意义　1

三、质量管理的有效措施　2

第二节　食品质量管理的研究内容　2

一、食品质量管理的基本理论和基本方法　2

二、食品质量管理的法规与标准　3

三、食品卫生与安全的质量控制　3

四、食品质量检验的制度和方法　3

第三节　食品质量管理的发展趋势　4

一、健全法制和标准体系　4

二、完善污染监测网络　4

三、加强企业自身管理　5

四、提高监督及检验能力　5

第二章　食品质量管理体系概述　7

第一节　食品安全　7

一、食品安全概述　7

二、影响食品安全的各种危害　11

第二节　食品质量管理　18

一、质量管理概述　18

二、食品质量管理概述　22

三、常用的食品质量管理体系　22

第三章　食品相关法律法规与标准　26

第一节　国内食品相关法律法规　26

一、《中华人民共和国食品安全法》　26

二、《中华人民共和国农产品质量安全法》　32

第二节　国内食品相关标准　35

一、食品安全国家标准《食品生产通用卫生规范》 35
二、食品安全国家标准《预包装食品标签通则》 44

第四章　食品良好生产规范（GMP）的建立和实施 49

第一节　GMP 概述 49
一、GMP 的概念 49
二、食品 GMP 的产生、发展与完善 50
三、GMP 的类别 51
四、GMP 在中国的发展及应用 51
第二节　GMP 的主要内容 52
一、《食品企业通用卫生规范》的内容简介 52
二、《食品企业通用卫生规范》的主要修订内容 52
三、中国食品 GMP 的主要内容 53
第三节　食品 GMP 的认证 62
一、食品 GMP 认证基础要求 62
二、食品 GMP 认证程序 62
三、食品 GMP 认证标志及编号 63

第五章　卫生标准操作程序（SSOP）的建立和实施 65

第一节　SSOP 概述 65
一、SSOP 的概念 65
二、SSOP 体系起源 66
第二节　SSOP 的主要内容 67
一、水（冰）的安全 67
二、与食品接触的表面的清洁度 68
三、防止发生交叉污染 69
四、手的清洗和消毒、厕所设备的维护与卫生保持 70
五、防止食品被污染物污染 71
六、有毒化学物质的标记、贮存和使用 72
七、生产人员的健康与卫生控制 73
八、虫害的防治 73
第三节　SSOP 的监控与记录 75
一、水的监控记录 75
二、表面样品的检测记录 76
三、生产人员的健康与卫生检查记录 76

四、 卫生监控与检查纠偏记录 77
五、 化学药品购置、贮存和使用记录 77
第四节 SSOP 的评价 78
一、 SSOP 应用评价的基本内容及要求 78
二、 SSOP 评价后果的处理 79

第六章 危害分析及关键控制点（HACCP）体系的认证与实施 81
第一节 HACCP 体系概述 81
一、 HACCP 体系的概念 81
二、 HACCP 体系的起源和发展 82
三、 HACCP 体系在我国的发展 82
四、 HACCP 体系的特点 84
五、 HACCP 体系与食品 GMP、SSOP 和 ISO 22000 关系 85
第二节 HACCP 体系的主要内容 86
一、 HACCP 体系的基本术语 86
二、 HACCP 体系的七大基本原理 88
第三节 HACCP 体系的建立与实施 90
一、 建立 HACCP 体系的基础条件和必需程序 90
二、 制定 HACCP 计划要做的七项工作 91
三、 制定 HACCP 计划的工作步骤 91
四、 HACCP 计划的验证 94
五、 HACCP 计划手册内容 95
第四节 HACCP 体系的认证 96
一、 企业申请认证应满足的基本条件 96
二、 认证程序及注意事项 96

第七章 ISO 22000 食品安全管理体系的认证和实施 100
第一节 ISO 22000 体系概述 100
一、 ISO 22000 及相关概念 100
二、 ISO 22000 体系及内容 102
第二节 ISO 22000 体系建立与实施 107
一、 我国食品安全的现状 107
二、 我国食品安全管理体系的现状 107

三、ISO 22000 在我国的发展 108
四、建立 ISO 22000 体系的基础条件和必需程序 109
五、 制定 ISO 22000 计划要做的七项工作 109
六、 制定 ISO 22000 计划的工作步骤 109
第三节　ISO 22000 在速冻青刀豆生产中的应用 113

第八章　食品生产许可（SC）的认证和实施 116

第一节　食品质量安全市场准入制度简介 116
一、 食品市场准入制度的发展 116
二、 食品市场准入制度的基本内容 117
三、 食品生产许可制度的宗旨和特点 120
四、 食品生产许可制度管理的对象和适用范围 121
五、 食品生产许可管理的原则 121
六、 实行食品生产许可制度的意义 122
第二节　食品生产许可（SC）认证申请程序 122
一、 发证程序 122
二、 企业申请 122
三、 申请受理 124
四、 审查 125
五、 决定与听证 126
第三节　食品生产许可认证内容 127
一、 保健类食品生产许可认证 127
二、 食品添加剂生产许可认证 131
三、 食品包装材料生产许可认证 138
第四节　食品生产许可文件准备 148
一、保健类食品 148
二、 食品添加剂 149
三、 食品包装材料 150
第五节　食品生产许可的实施 152
一、 核查实施 152
二、 核查报告 156
三、 核查要求 156

第九章　有机产品的认证和实施 160

第一节　有机农业与有机产品 160

一、有机农业与有机产品概述 160
二、有机农业生态系统理论 161
第二节 《有机产品认证实施规则》介绍 163
一、对有机认证机构的要求 163
二、对有机认证人员的要求 163
三、有机认证的依据 164
四、认证程序 164
五、认证后管理 165
六、再认证 165
七、认证证书、认证标志的管理 165
第三节 《有机产品》标准解读 167
一、生产部分主要内容解读 167
二、加工部分主要内容解读 169
三、标识与销售部分主要内容解读 170
第四节 中国有机产品认证认可监管体系 171
一、有机认证相关的法律法规 171
二、有机产品检查员注册要求 173

第十章 绿色食品的认证和实施 177
第一节 绿色食品概述 177
一、绿色食品及相关概念 177
二、绿色食品的标志及商标 178
三、绿色食品的特点及优势 179
四、绿色食品发展现状及前景 179
第二节 绿色食品生产与实施 180
一、绿色食品标准的概念 180
二、绿色食品标准体系的构成 180
第三节 绿色食品认证程序 183
一、申报绿色食品认证的前提条件 183
二、绿色食品标志的认证程序 184
三、绿色食品标志的使用与管理 187
第四节 绿色食品认证案例 188
一、绿色食品认证材料的填写 188
二、绿色食品认证申报材料目录（以茶叶为样本） 193

第十一章　无公害食品和非转基因食品的认证和实施　196
第一节　无公害食品概述　196
一、无公害食品的定义　196
二、无公害食品的标志管理　196
三、无公害食品的特点　197
第二节　无公害食品认证建立与实施　198
一、无公害食品认证　198
二、无公害食品认证方式及类型　198
三、无公害农产品认证的特点　198
第三节　无公害食品认证与案例　199
一、无公害食品一体化申报流程　199
二、无公害食品的认证管理　201
三、无公害食品认证案例　201
第四节　非转基因食品的认证　208
一、转基因食品的定义和特征　208
二、转基因食品安全性验证程序　209
三、非转基因食品的认证　212
四、IP 认证案例　214

第十二章　清真食品的认证和实施　218
第一节　清真食品概述　218
一、清真食品的规则　218
二、清真食品生产　219
三、清真食品产业　221
第二节　清真认证　223
一、清真认证概述　223
二、清真认证流程　224
三、国内外清真认证机构简介　224
第三节　我国清真食品管理　226
一、我国清真食品法律、法规及标准体系　227
二、我国清真食品认证发展需解决的问题　228

第十三章　良好农业规范（GAP）的认证和实施　231
第一节　国际良好农业规范　231
一、工业加工商/零售商的 GAP　232

二、 政府 GAP 233
第二节 中国良好农业规范标准 236
一、 标准制定的基本原则 236
二、 标准的审定 236
三、 标准的内容 236
四、 良好农业规范系列国家标准体系框架 237
五、 良好农业规范系列国家标准基本内容 237
六、 实施良好农业规范的要点 238
第三节 中国良好农业规范的认证 241
一、 中国良好农业规范认证模式特征 241
二、 中国良好农业规范认证的原因 242
三、 中国良好农业规范认证的依据 242
四、 中国良好农业规范认证的介绍 242
五、 中国良好农业规范认证模块 243
第四节 中国良好农业规范认证实施和意义 243
一、 中国良好农业规范认证的实施 243
二、 获得良好农业规范认证的意义 244

参考文献 249

目标检测参考答案 250

食品质量管理课程标准 254

食品标志彩图

第一章
绪 论

导学情景 √

情景描述

2017 年 8 月 16 日，国家食品药品监督管理总局发布《总局关于 3 批次食品不合格情况的通告》，不合格批次中，某“网红”电商赫然在列。 天猫超市在天猫（网站）商城销售的标称某公司生产的开心果，真菌检出值为 70cfu/g，比国家标准规定（不超过 25cfu/g）高出 1.8 倍。

学前导语

上述报道给我们敲响了警钟，这些不合格食品一旦流入市场，会对健康造成相当大的威胁甚至会危及生命。 同时，也让我们看到了食品质量管理的重要性和必要性。 本章我们将带领同学们学习食品质量管理的相关知识，了解食品质量管理的主要研究内容。

第一节 食品质量管理的意义和作用

一、我国食品质量安全存在的主要问题

在我国,食品质量安全问题的主要表现是:食品安全突发事件频繁,食品原料受污染的风险大,制假、售假食品手段越来越高明。主要原因有以下几方面:

1. 自然因素 有害微生物是引起我国食品出现质量安全问题的一个重要因素。近几年,农业生产对除草剂、农药的依赖严重威胁到人们的生命和健康。

2. 来自生产环节方面的因素 如某些商家降低设备和操作方面资金的投入,卫生消毒设施不达标,导致食物受到细菌的污染。

3. 来自管理方面的因素 标准水平有待进一步提高,法律体系与管理体制需要进一步完善。

二、食品质量管理的意义

1. 有助于保障消费者人身安全和健康 做好食品质量管理,可以预防、减少食物中毒和食源性疾病的发生,有助于保障消费者生命安全和健康。

2. 提高食品工业产品竞争力的重要手段 采取全面质量管理的模式不仅能把全体人员在管理工作方面的参与积极性充分调动起来,而且还可以形成管理合力,最大程度地发挥管理的效能。

3. 有助于提高食品企业的经济效益 保证食品质量管理,有助于减少生产过程中的废品损失和浪费,减少原材料、动力和加工时的消耗,降低产品的成本,从而提高劳动生产率,提高食品生产企业的经济效益。

4. 有利于在国际贸易中制胜 加强食品质量管理有助于企业按国际通用标准生产出高质量的产品。

三、质量管理的有效措施

1. 加大食品生产的技术研发 要改善或解决食品的质量安全问题,必须要不断升级和改进食品加工和生产的工艺及技术。

2. 完善质量检验和质量控制的体系 食品加工企业要针对质量管理设立专门的验证机构,从而确保食品的原材料以及加工过程都能依照相应的工艺规程来生产,对于不合格的原料一律禁止加工和进厂,对于不合格的加工产品,也要一律禁止出厂。

3. 加强食品安全工作,加快食品立法和制度建设,完善管理机构设置 积极开展"企业食品生产许可""绿色批发市场""绿色零售市场""有机食品"和"无公害农产品"的认证工作。

4. 加强信息服务体系建设 管理部门应建立和完善覆盖面宽、时效性强的食品供求、交易、价格等信息的收集、整理、发布制度和监测抽检预警网络系统,做好食品供求、卫生质量预测、预报和预警工作。

点滴积累

食品质量管理的意义在于:①有助于保障消费者人身安全和健康;②提高食品工业产品竞争力;③有助于提高食品企业的经济效益;④有利于在国际贸易中制胜。

第二节 食品质量管理的研究内容

食品质量管理是质量管理的原理、技术和方法在食品原料生产、储藏、加工和流通过程中的应用。它在时间和空间上涉及从田间到餐桌的一系列过程,要求既要在管理上用心理学知识研究人的行为,又要运用技术知识研究其质量。它涉及社会学、经济学、数学、法律、物理学、营养学、植物学、动物学以及微生物、化学加工技术等各方面的知识。

食品质量管理的主要研究内容包括四个方面:食品质量管理的基本理论和基本方法,食品质量管理的法规与标准,食品卫生与安全的质量控制,食品质量检验的制度和方法。

一、食品质量管理的基本理论和基本方法

食品质量管理是质量管理在食品工程中的应用,因此质量管理学科在理论和方法上的突破必将深刻影响到食品质量管理的发展方向。同样,食品质量管理在理论和方法上的进展也能够促进质量

管理学科的发展，因为食品工业在制造业中占据重要份额且发展最快。

在长期的食品质量管理中，已经总结出较为完善的食品质量管理模式，主要内容包括质量方针、质量设计、质量控制、质量改进、质量保证、质量教育等。

1. 质量方针 质量方针是一个组织较长期的质量指导原则和行动指南，是各职能部门全体人员质量活动的根本准则，具有严肃性和相对稳定性。质量方针应当内容明确，重点突出。

2. 质量设计 产品生产过程中任一过程都与质量密切相关，因此，食品产品质量设计涉及产品的原料、生产加工方法、包装、储运、销售等各个环节。

3. 质量控制 质量控制是质量管理的一部分，主要通过操作技术和工艺过程的控制，达到所规定的产品标准。质量控制是技术和管理学的有机结合。

4. 质量改进 质量改进是指通过计划、组织、分析诊断等提高质量的各种措施。

5. 质量保证 质量保证就是通过质量保证体系实现预期产品，达到食品质量的要求，如安全性、可靠性、营养性、感官品质、服务等。

6. 质量教育 质量教育可以使员工掌握基本知识、增强质量意识、提高质量管理的技术和技能。

二、食品质量管理的法规与标准

食品质量管理必须走标准化、法制化、规范化管理的道路。国际组织和各国政府制定了各种法规和标准，旨在保障消费者的安全和合法利益，规范企业的生产行为，促进企业的有序公平竞争，推动世界各国的正常贸易，避免不合理的贸易壁垒。我国社会主义市场经济正处于建立、逐步完善和发展阶段，法制建设也处于发展、完善阶段，生活水平得到提高的广大人民群众十分强烈地关注食品质量问题，完成原始积累的企业也正朝着现代企业目标前进，因此我国管理部门、学术机构和企业都十分关注和研究食品质量法规与标准。

三、食品卫生与安全的质量控制

食品卫生与安全问题是全球性的严重问题，食品卫生与安全质量控制无疑是食品质量管理的核心和工作重点。食品企业在构建食品卫生与安全保证体系时，首先要根据自身的规范、生产需要和管理水平确定适合的保证制度，然后结合生产实际把保证体系的内容细化和具体化，这是一个艰难的试验研究过程。

四、食品质量检验的制度和方法

食品质量检验是食品质量控制的必要的基础工作和重要的组成部分，是保证食品卫生与安全和营养风味品质的重要手段，也是食品生产过程质量控制的重要手段。食品质量检验主要研究确定必要的质量检验机构和制度，根据法规标准设立必需的检验项目，选择规范化的切合实际需要的采样和检验方法，根据检验结果提出科学合理的判定。

食品质量检验的主要热点问题包括：

(1)根据实际需要和科学发展,不断提出相应的检验项目和方法;

(2)研究新的检测方法;

(3)在线检验和无损伤检验。

点滴积累

1. 食品质量管理是质量管理的原理、技术和方法在食品原料生产、储藏、加工和流通过程中的应用。

2. 食品质量管理的主要研究内容包括四个方面:食品质量管理的基本理论和基本方法,食品质量管理的法规与标准,食品卫生与安全的质量控制,食品质量检验的制度和方法。

第三节 食品质量管理的发展趋势

食品安全关系到广大人民群众的生命健康,关系到我国经济发展和社会稳定,食品质量管理将越来越受到重视。建立健全食品安全标准体系,既是加强食品安全管理,遏制假冒伪劣行为,保证消费者权益的需要,也是满足经济和社会发展的需要。国内外食品贸易的增长也要求加强对食品的质量和安全的监督、管理力度。

习近平总书记在中央政治局第二十三次集体学习时发表重要讲话,指出要切实加强食品药品安全监管,用最严谨的标准、最严格的监管、最严厉的处罚、最严肃的问责,加快建立科学完善的食品药品安全治理体系,坚持产管并重,严把从农田到餐桌、从实验室到医院的每一道防线。具体而言,包括以下几个方面:

一、健全法制和标准体系

我国主要法律、法规及标准工作如下:

1. 明确食品生产经营者在保证食品安全中的责任,分清“食物链”全过程各阶段的监管职责,更好地贯彻《中华人民共和国食品安全法》(2015 年修订)。

2. 结合食品卫生监督的实际情况,对现行有关食品安全的规章和规范进行系统修订,建立适应市场经济规律的新的食品安全规章、规范,完善食品卫生法律法规体系。

3. 根据《中华人民共和国食品安全法》及食品行业发展需要,采用风险分析方法,系统修订国家和地方食品卫生标准。科学及时地制定新的食品安全标准和基础标准。

4. 按照 WTO 的有关协定和相关国际标准,适时审查和修订有关食品安全的部门规章、标准,使食品安全规章和标准在保护消费者健康的前提下,不断满足进出口贸易的需要。

二、完善污染监测网络

食品污染物数据是控制食源性疾病危害的基础,是制定国家食品安全政策、法规、标准的重要依据。建立和完善食品污染物监测网络,有效地收集有关食品污染物信息,有利于开展适合我国国情

的危险性评估,创建食品污染预警系统。主要内容如下:

1. 开展食品中化学污染物检测与评价 依据WTO推荐的监测目标,通过对指示性食品和危害人体健康的有害物质进行检测,了解污染水平,建立食品污染状况数据库和数据分析系统,进行危险性评价。

2. 开展食品中生物污染物监测与评价 在全国建立致病菌及真菌毒素的监测网络,对重点食品实施主要食源性致病菌和真菌毒素污染状况的主动监测,及时发现潜在的和正在发生的食物中微生物污染问题,进行危险性评价,用于制定相关的政策法规,指导食品卫生监督工作,引导食品生产和消费。

3. 开展总膳食研究 通过对中国居民的总膳食研究,获得我国主要和特定污染物的实际膳食摄入量,通过与安全摄入量的比较,评价我国居民膳食安全水平,为国家制定、修订食品卫生标准提供重要的依据。

4. 进行化学和生物污染物的连续和主动监测 开展污染源的追踪调查,利用网络技术平台和相应软件,系统分析全国食品污染物的污染水平和动态变化,从而提出食品污染物危险性管理的重点及防治措施,建立食品污染的预警和快速反应系统。

三、加强企业自身管理

加强食品生产经营的行业管理及企业自身管理作为一项重要实施内容,建立食品生产企业安全卫生管理体系。

1. 建立企业诚信机制 加强食品行业管理,协调有关部门建立和加强食品企业的诚信和食品安全承诺制度。鼓励、嘉奖具有良好安全信誉的企业。

2. 严格执行不合格食品召回制度 制定不合格食品收回制度、加强企业自身及行业管理规范,加强市场监督抽查,监督食品生产经营者落实不合格产品收回制度。

3. 建立食品安全溯源制度 提高食品的可溯源性,增强消费者对食品安全的信心。

四、提高监督及检验能力

1. 更新现场监督执法手段 加快研制和装备卫生监督现场快速检测设备,不断改善卫生监督机构的交通、通信和执法取证的条件,提升食品安全监督的执法能力。

2. 加强食品卫生监督信息平台网络建设 建立食品生产经营企业基本信息、监管信息、监测信息、诚信信息、不良记录信息等有关食品安全监管信息库,加强信息交流,提高食品安全的监督水平。

3. 加强实验室能力建设 对国家、省、市、县不同职能等级的实验室进行设备更新,强化检验人员的培训和质量控制,提高资源综合利用能力。

4. 改进食品安全监督模式,强化安全卫生监控措施 采用风险评估和风险管理的措施,对食品中的添加剂、污染物、毒素或致病有机体对人类健康的不利影响进行风险状况的评估。一旦发现食品安全卫生隐患,立即采取紧急、严厉的措施,把危险控制在极小的范围内。

5. 建立企业不良记录档案 加大对不合格产品的查处力度,对食品生产经营中违反有关法律、法规、规章、标准和技术规范的行为，将其纳入不良记录档案，并在全国卫生执法网络中予以通告，实施重点监督管理。

6. 提高处理食品安全突发事件的应急能力 制定食品安全突发事件应急处理预案，做好人力、设备、技术的储备，随时预防和应急处理重大食品污染、食物中毒及食品安全危险事件。

点滴积累

食品质量管理的发展趋势为：健全法制和标准体系、完善污染监测网络、加强企业自身管理、提高监督及检验能力等。

目标检测

一、名词解释

1. 质量管理
2. 质量控制

二、填空题

食品质量管理模式，主要内容包括________、________、________、________、________、________等。

三、简答题

1. 食品质量管理的主要研究内容包括哪些方面？
2. 食品质量检验的主要热点问题有哪些？
3. 如何加强食品生产经营企业的自身管理？

（谷燕 黄维）

第二章

食品质量管理体系概述

导学情景 V

情景描述

2017 年 4 月的某天，有一家人因吃错食物导致上吐下泻而到杭州市某医院就诊，经医生了解，全家人都吃了鲜黄花菜炒蛋，判断是黄花菜中毒。

学前导语

新鲜的黄花菜中含有秋水仙碱，其本身无毒，但食用后进入人体会代谢形成二水仙碱，这是一种毒性很强的化学物质，对人体消化道有强烈的刺激作用，出现呕吐、腹泻等胃肠道症状。 本章将带领同学们学习影响食品安全的各种危害，以及常用的防止和控制这些危害的食品质量管理体系。

第一节 食品安全

一、食品安全概述

“民以食为天，食以安为先”，食物乃人类生存所需的最重要的物质，而食物的安全，直接影响着人类的生活和繁衍。随着人类社会的发展和科技的进步，越来越多的物理、化学或生物材料被用在食品种植、生产、加工、包装、储存和运输过程中。同时，随着信息技术的广泛应用，基于互联网的食品制作、食品销售和食品运输，极大地改变了传统模式，更加方便、快捷，却也滋生出许多安全隐患。在食品工业蓬勃发展的同时，食品安全的重要性也日益凸显。

近十年来，国内外食品安全事件层出不穷，如 2008 年我国的“三聚氰胺事件”，给该行业乃至国内整个食品行业来了一记当头棒喝；2011 年，德国“毒黄瓜”所引起的疫病在欧洲多个国家蔓延，一度引起欧洲民众的恐慌；2013 年，央视曝光了山东农户使用剧毒农药“神农丹”来种植生姜，再次引起舆论对食品安全现状的担忧。目前，许多消费者心中对于食品的困惑，主要集中在诸如“还有哪些食品是安全的？”“我们还能吃什么？”的问题上。可见，食品安全问题，在当下，乃至今后很长一段时期，都将是食品行业面临的最严峻的问题。

（一）基本概念

1. 食品 根据《中华人民共和国食品安全法》(2015 年)(第一百五十条)，食品，指各种供人食用或者饮用的成品和原料以及按照传统既是食品又是中药材的物品，但是不包括以治疗为目的的物品。

2. 食品安全　1996 年世界卫生组织（WHO）在《加强国家级食品安全计划指南》中，把食品安全定义为：对食品按其原定用途进行制作或食用时不会使消费者健康受到损害的一种担保。

根据《中华人民共和国食品安全法》（2015 年）（第一百五十条），食品安全，指食品无毒、无害，符合应当有的营养要求，对人体健康不造成任何急性、亚急性或者慢性危害。

根据食品安全的概念可以看出，绝对的食品安全是不存在的，我们所说的食品安全，指的是相对的安全，即保证食品在正确食用和正常食量的条件下，不会给人类健康带来负面影响。我们不能保证所有的食品中，完全没有任何有毒有害成分，只能说这些有毒有害成分在规定限量内不会造成人体健康损害，这就是食品的相对安全性。

3. 食品安全事故　根据《中华人民共和国食品安全法》（2015 年）（第一百五十条），食品安全事故，指食源性疾病、食品污染等源于食品，对人体健康有危害或者可能有危害的事故。

食品安全事故，即由于吃了某种不洁的食品而造成人体健康损害的事件，若人体健康损害的事件不是由不洁食品引起的，则不能称作食品安全事故。

（二）国际食品安全现状

近 30 年来，国际上不断发生食品安全事件，造成严重的经济损失，引起全球各国的普遍关注，具有代表性的事件有：20 世纪 90 年代英国的“疯牛病事件”，1997 年以来日本国内多次发生 O157 致病性大肠埃希菌引起的食物中毒事件，1999 年比利时、荷兰等国发生的高浓度二噁英污染禽类产品的事件，2001 年英国、爱尔兰等国家发生的口蹄疫事件，2011 年发生的从德国向欧洲蔓延的“毒黄瓜”事件等，使人们对食品安全问题愈发重视。世界卫生组织（WHO）、联合国粮农组织（FAO）以及全球许多国家近年来均加强了食品安全管理工作，2000 年召开的第 53 届世界卫生大会首次通过了关于加强食品安全的决议，将食品安全列为 WHO 的工作重点，同时也是最优先解决的领域。欧美许多发达国家不但在食品原料、食品加工制品等方面有较完善的法律、法规和标准体系，而且在食品加工的环境方面也有相应的政策和标准体系。如美国是全球食品安全管理起步最早的国家之一，对食品安全的管理非常严格，美国涉及食品安全管理的机构多达 20 个，但各部门的分工却非常的明确和细化，各部门在具体工作中能做到协同行动。欧盟 2001 年发表了食品安全白皮书，并于 2002 年建立了欧盟食品安全局，就食品安全风险问题向欧盟委员会等决策机构提供科学的建议，并向民众提供关于食品安全的信息。

（三）我国食品安全现状

1. 食品安全法律法规和标准体系及食品安全监管体系正不断完善　2009 年我国颁布了《中华人民共和国食品安全法》。2015 年公布了新修订的《中华人民共和国食品安全法》（简称《食品安全法》），被称为“史上最严的食品安全法”，该法明确规定：食品安全工作实行预防为主、风险管理、全程控制、社会共治，建立科学、严格的监督管理制度。

与 2015 年新修订的《食品安全法》同时施行的《食品生产许可管理办法》，对食品生产许可活动做出了新的规定，如食品生产许可实行一企一证原则；增加保健食品、特殊医学用途配方食品、婴幼儿配方食品三类，并由省级食品药品监督管理部门负责这三类食品的许可等。同时，我国启用新版的食品安全许可证，食品包装上的“QS”（全国工业产品生产许可证）标识，将被“SC”（食品生产许可证）替代。2018年10月1日起，食品生产者生产的食品不得再使用原包装、标签和“QS”标志。

2009年6月1日前，我国存在两套主要的食品国家标准，即“食品质量标准”和“食品卫生标准”，发布单位分别为原国家质检总局和原卫生部。两套标准在执行过程中往往存在冲突，如对同一有害物质在同一种食品中的限量要求，两套标准的数值不相同，就会出现同一个检测项目依据不同的标准，可判为合格或不合格，对企业生产和监管工作均造成极大的困扰。2009年6月1日后，《食品安全法》要求“国务院卫生行政部门应当对现行的食用农产品质量安全标准、食品卫生标准、食品质量标准和有关食品的行业标准中强制执行的标准予以整合，统一公布为食品安全国家标准”“食品安全标准是强制执行的标准。除食品安全标准外，不得制定其他的食品强制性标准”。从此，我国的食品安全标准在很大程度上避免了过去不同标准之间的冲突，发挥着其把关、监督和指导作用。

在过去，我国的食品安全监管采用多头管理模式，农业部门负责初级农产品生产的监管，质量技术监督部门负责食品生产加工环节的监管，工商部门负责食品流通环节的监管，食品药品监督管理部门负责餐饮消费环节的监管。这样的多头管理，往往存在行政效率不高、出现问题各部门互相推诿的弊端。2013年批准通过的《第十二届全国人民代表大会第一次会议关于国务院机构改革和职能转变方案的决定》，对食品生产、流通、监管的职能进行重组。具体为：①组建国家食品药品监督管理总局，其主要职责是，对生产、流通、消费环节的食品安全实施统一监督管理；②流通环节的食品安全监管职责从工商行政管理部门划转到食品药品监督管理部门；③质量技术监督部门的检验检测职责划转到食品药品监督管理部门；④新组建的国家卫生和计划生育委员会负责食品安全风险评估和食品安全标准制定；⑤农业部负责农产品质量安全监督管理，原商务部的生猪定点屠宰监督管理职责划入农业部。2018年3月，十三届全国人大一次会议通过了《深化党和国家机构改革方案》。该改革方案对国家机构进行了新的调整，即组建国家市场监督管理总局，将原国家工商行政管理总局的职责、原国家质量监督检验检疫总局的职责、原国家食品药品监督管理总局的职责、国家发展和改革委员会的价格监督检查与反垄断执法职责，商务部的经营者集中反垄断执法以及国务院反垄断委员会办公室等职责整合，组建国家市场监督管理总局，作为国务院直属机构。

虽然我国食品安全的法律法规标准体系正在不断完善，但仍存在许多问题，如食品安全国家标准不完善，种类不全，覆盖不够广，药物残留量方面没有健全的标准体系，相关的检验方法也较缺乏。

2. 食品安全认证不断得到应用和推广 根据国际标准化组织（ISO）在ISO/IEC17000：2004（GB/T 27000—2006《合格评定词汇和通用原则》）中的定义，认证（certification）指“与产品、过程、体系或人员有关的第三方证明”。其中的证明一词，指“根据复核后做出的决定而出具的说明，以证实规定要求已得到满足”。换句话说，认证就是由第三方来评定企业的质量管理体系并对样品进行检测，从而确认企业的产品、服务及管理体系是否符合规定要求，是否具备持续稳定地生产出符合标准要求的产品的能力，并给予书面证明的活动。

一个企业的产品，如果通过了国家认可或国际认可的认证机构的认证，就可以获得由认证机构颁发的“认证证书”，并允许在这种产品的包装上印上认证标志。这种认证方式在国际上被普遍接受。企业不但能够通过产品认证树立良好的企业形象，还可以通过认证使产品在出口其他国家时消除国际贸易壁垒。国际贸易壁垒，指在各国贸易往来密切的今天，各国政府通过立法的形式建立了产品认证制度，使产品的质量安全得到保证、消费者的切身利益得到维护。国外的产品如果想要进入该国的市场，则必须满足该国所要求的产品认证，这些通过立法形式的认证要求，即所谓的贸易壁垒。

随着社会和科技的发展，在食品"从农田到餐桌"的全过程，有多种不同的认证体系。有些体系，如GMP（生产质量管理规范），是我国强制要求执行的，也有一些体系，并非强制性要求，而是自愿原则，如ISO 22000（食品安全管理体系）。近年来，越来越多的企业建立了管理体系，并通过了认证，这在很大程度上提高了企业的整体管理水平、提高了产品质量和安全性，同时对于消除国际贸易壁垒走向国际市场也具有积极的促进作用。

3. 消费者对安全食品的需求显著提高　随着我国国民经济的快速增长，人们的消费水平也在不断提高，人们对于生活品质的要求也在不断提高。近十年来，随着生产力发展所导致的生态环境恶化，或为了牟取暴利的不法分子往食品中非法添加有害物质，以及为防止食品原料因受病虫害的侵袭而在农产品生长过程中添加药物，使人们愈发担心食物的安全性。消费者对于食品安全的需求达到了前所未有的高度。

2015年10月1日，我国新修订的《食品安全法》正式实施后，国家相关部门进行了全国范围的食品安全调查，结果显示，近95%的消费者都遇到过食品安全问题。人们希望能吃到无污染的、有害物质少的食品。所以，越来越多的"土货""纯天然食品"进入了食品市场，那些以传统方式饲养的畜禽类食品获得消费者的喜爱。据2015年我国消费数据盘点显示，"有机""无添加"成为网络热搜的关键词，无公害农产品、绿色食品和有机食品在这样的市场大环境下逐渐兴起。

来自产业研究咨询机构中投顾问的数据显示，我国有机食品的消费额正以每年30%~50%的速度增长，常年缺货达30%。根据中国绿色食品发展中心的统计数据显示，2012年、2013年、2014年和2015年我国绿色食品年销售额分别为3178亿元、3625.2亿元、5480.5亿元和4383.2亿元，总体呈上升趋势。

4. 网络食品迅猛发展，食品安全不容忽视　近年来，网络食品经营呈现爆发式上升。网络食品交易，为传统食品产业提供新的平台。然而，网络食品在带给人们方便快捷的同时，也存在许多安全隐患。特别是部分网络订餐准入审核把关不严，无证无照经营或证照不全，线上线下不一致、超范围经营、卫生状况堪忧等问题，威胁网络食品安全。

（1）假冒伪劣食品充斥：上海交通大学舆情研究实验室社会调查中心和社科文献出版社联合发布的《中国民生调查报告·2014》显示，公众最担心的食品安全问题为假冒伪劣。网络销售，往往给假冒伪劣食品更多的可乘之机，消费者摸不着实物，仅仅通过网页上对食品的介绍来选择，具有更大风险。同时，监管上也存在许多漏洞，给消费者的健康带来严重的危害。

（2）网络食品代购市场混乱：据商务部统计数据表明，2012年中国海外代购市场交易规模为483亿，其中食品、化妆品、保健品处于热销商品的前十名。2017年央视"3·15晚会曝光了跨境电商进口食品的安全问题。"目前，网络食品代购形式非常多样，除了网店，在论坛、贴吧、微信上也常常能看到代购信息。然而，无证经营的现象随处可见，许多代购的国外食品来源不明，又缺乏中文说明，消费者难以辨别食品的真伪，严重损害消费者的利益乃至人身健康。

（3）自制食品质量安全难以保证：个人或小作坊自制的食品通过网络的渠道进行销售的现象越来越多，这些食品因味道不错，价格便宜，而逐渐获得消费者的喜爱。但许多小作坊往往不具备食品生产的基本条件，卫生环境不合格，食品安全难以保证。

我国2016年10月1日《网络食品安全违法行为查处办法》施行，对入网食品生产经营者提出了必须取得《食品生产经营许可》，网站主页面公示营业执照、食品生产经营许可证相关信息等要求，明确了网络食品交易第三方平台义务和相应法律责任。

5. 食品源头污染较严重　随着环境问题日益凸显及初级农产品生产方式的转变，我国初级农产品的生产过程往往受到较严重的污染。农作物污水农灌、滥用高毒农药以及大气污染物和水污染物进入农田再进入农作物体内；畜禽业不合理使用饲料添加剂和生长激素；水产养殖中滥用抗生素和饲料添加剂，以及因水体污染而造成有害物质在水产品体内富集等，或因生产运输条件不足导致的初级农产品被微生物和寄生虫污染，使各类有害物质从源头进入食品链，严重影响食品安全和人体健康。

以农药为例，世界粮食生产产量每年因虫害损失约14%、病害损失约11%、鼠害损失约20%，而化学农药防治可挽回15%~30%的产量损失。可见农药对于农作物的产量有巨大影响。我国是全球农药生产和使用的大国，然而，滥用化学农药造成农作物体内大量残留，可对人体产生急性、慢性或致畸、致癌、致突变的危害。中国工程院2015年发布的《中国食品安全现状、问题及对策战略研究》成果显示，农药化学污染物是当前我国食品安全源头污染的主要来源。另外，重金属、真菌毒素等污染物构成我国粮食食品安全长远隐患，部分省份粮食重金属污染超标率超过20%，南方和西南各省区超标率较高。

6. 食品从业人员的职业素养有待提高

（1）职业道德建设：我国国内一系列曝光的食品安全事件，与食品行业从业人员唯利是图、丧失职业道德有直接关系，这就对学校教育和企业培训提出了更高的要求。当前，学校的职业道德教育仅仅停留在宏观层面，缺乏行业针对性，不能与食品行业紧密联系；而食品企业对员工的培训，往往也是针对员工的工作积极性、专业技能、管理水平等方面进行培训，涉及职业道德的内容非常少，对于职业操守和道德准则没有明确界定。

（2）专业技能要求：2015年新修订的《食品安全法》规定“食品生产经营应有专职或者兼职的食品安全专业技术人员、食品安全管理人员和保证食品安全的规章制度。”近年来，我国的食品行业得到迅速发展，食品生产、经营中需要控制的风险因素日益增多，食品安全风险防控能力所要求的专业性和技术性也越来越强。因此，食品生产企业应当配备专职或者兼职的食品安全技术人员和管理人员。

二、影响食品安全的各种危害

食品在从农田到餐桌的全过程中，都有可能受到环境、条件、时间及人类活动的影响，使食品中的有毒有害物质或对食品品质有影响的物质的含量超出了规定的限量值，导致食品出现安全隐患。

这些影响食品安全的因素从性质上可分为3类。

（一）化学危害

化学危害，指存在于食品中的摄取一定数量后可能导致人发生疾病的化学物质。化学危害可能来源于食品原料本身带有的天然物质，也可能来源于食品生产加工过程有意加入或无意带入的物质。

1. 食品中的天然毒素　人类的食物，均是来自于大自然的动物、植物或微生物。一些生物体内天然含有对人体健康有害的物质。这些天然有毒物质严重影响了食品的安全性，应在食品生产加工中引起广泛的重视。

(1)含天然毒素的植物：目前已经查明，2000多种植物或植物的果核中含有氰化物，如木薯、玉米、豆类、亚麻籽、竹笋、杏仁、苹果籽、葡萄籽等。其中很多植物中是以氰苷的形式存在的，氰苷本身无毒，当进入人体，氰苷会水解为氢氰酸，这是一种剧毒的物质，可致死。除此之外，植物中还可能含有生物碱、植物酚、内酯类或有毒蛋白质等有毒物质。常见的含天然有毒物质的食物有：

1)木薯：木薯的主要用途有食用、作饲料用及工业生产。木薯是中国植物图谱数据库收录的有毒植物，全株有毒。木薯所含有毒物质为亚麻仁苦苷，该物质经胃酸水解后产生游离的氢氰酸，氢氰酸对人体有剧毒，会抑制呼吸酶，造成细胞内窒息。食用木薯中毒常有报道。中毒者症状一般为恶心、呕吐、头晕、腹泻等，严重者心跳加快、呼吸急促、昏迷、休克、甚至死亡。

要防止食用木薯中毒，可在食用前去皮，用水浸泡一段时间，可使大部分的亚麻仁苦苷水解的氢氰酸溶解于水中，再将木薯加热煮熟，即可食用。

2)鲜黄花菜：黄花菜是一种美味的食物。但鲜黄花菜含有秋水仙碱，这是一种生物碱，本身无毒，经人体消化，在代谢过程中会被氧化为二秋水仙碱，该物质有剧毒。成人一次摄入0.1~0.2mg（相当于鲜黄花菜50~100g），就会发生中毒，中毒症状有腹痛、呕吐、恶心，严重者会出现少尿、血尿、抽搐甚至休克、死亡，若长期食用可出现出血性胃肠炎等病症。

因此，鲜黄花菜不宜直接食用。可将鲜黄花菜用开水焯过，然后再用清水充分浸泡、冲洗，使大部分秋水仙碱溶于水去除，才可食用。另外，黄花菜也可先蒸熟或用水焯过，再晒干，制成干黄花菜，秋水仙碱在受热的条件下大部分被破坏，所以，食用干黄花菜往往更常见。

3)白果：白果是银杏的种仁，中医认为，白果具有敛肺定喘、止带缩尿的功效；同时，白果还能疏通血管、抗衰老、美容养颜，因此，是食疗保健的佳品。

然而，白果虽好，却常引起人们食用后中毒，原因是白果中含有有毒成分银杏酸和银杏酚，尤其是白果果仁中绿色的胚，所带毒性更强，这些有毒成分会损害神经系统。中毒症状一般为发热、呕吐、惊厥、腹泻、抽搐、昏迷等，严重时可致死。一般来说，年龄越小，越易中毒。

因此，白果食用前要去毒。白果的有毒成分易溶于水，加热后毒性会降低，故食用前应将白果用水浸泡、加热煮熟，然后将里面的绿胚去除。但即使煮熟的白果，毒素也并未完全去除，所以一次食用的量不宜过多。儿童每次食用最多3~5粒，成人一次食用不应超过20粒。

4)竹笋：竹笋是幼竹的嫩苗，含有丰富的蛋白质、氨基酸和微量元素，是味道鲜美且营养丰富的食物，具有清热消痰、消渴益气等功效。竹笋所含大量的纤维素，可促进肠道蠕动，去积食、助消化、防便秘。

然而，对新鲜的竹笋如果处理不当，会引起食物中毒。2008 年香港食品安全中心曾测定了香港常见食用植物中的氰化物含量，新鲜竹笋中氰化物的分布是不同的，笋尖的氰化物含量最高，竹笋制品中的氰化物含量较低。氰化物会抑制细胞内氧化酶的活性，发生细胞内窒息。常见症状有恶心、头晕、呕吐、呼吸困难，胸闷等，严重者昏迷甚至死亡。

因此，新鲜竹笋先切成小块，用水煮沸后，使大部分氰化物溶解于水中，再食用。

（2）含天然毒素的动物：有些动物本身带有毒素，却也是人类美味的食物，因此，常会发生人们食用某种动物性食物而中毒的事件。在食品原料的挑选、食品生产、食品销售中应引起重视。

1）河豚：学名河鲀，又称气泡鱼、吹肚鱼等。河豚被称作“鱼中之王”，其美味堪称世间极品，但却是剧毒之物。早在几千年前，我国就有食用河豚的记载，《山海经》中记载“多肺肺之鱼，食之杀人”，“肺肺”就是指河豚。河豚体内所含的河豚毒素，是一种结构复杂的生物碱，是目前自然界所发现的毒性最强的神经毒素之一，其毒性比氰化物高 1000 多倍。河豚毒素一般分布在河豚鱼的内脏中，如肝脏、肾脏等部位，一般鱼肉、鱼骨等部位无毒。河豚毒素的毒理作用主要是阻碍神经传导，中毒者首先感觉神经麻痹，然后运动神经麻痹，严重的可致呼吸衰竭。

我国农业部和国家药品监督管理局于 2016 年 9 月发布了《关于有条件放开养殖红鳍东方鲀和养殖暗纹东方鲀加工经营的通知》（农办渔〔2016〕53 号），意味着我国 26 年的河豚“禁食令”，已经可以有条件地放开了，但该《通知》很明确规定，有条件放开的仅仅是养殖红鳍东方鲀和养殖暗纹东方鲀两种河豚。这两种河豚，经国家疾控中心、出入境检验检疫局检验中心、地方质量检验所等有资质的权威检测机构出具河豚毒素检测结果，显示毒性达到无毒级（河豚毒素含量小于 2.2mg/kg），再经无毒加工处理，方可安全食用。

2）贝类：贝类种类繁多，是食物中动物性蛋白的重要来源之一。然而，许多贝类含有一定数量的有毒物质，我国沿海地区人们因食用有毒贝类而中毒的事件时有发生。通常认为，这些贝类因滤食含有生物毒素的藻类，经过生物积累和放大转化为贝类毒素。引起食物中毒的有麻痹性贝类毒素（PSP）、腹泻性贝类毒素（DSP）、神经性贝类毒素（NSP）、记忆缺失性贝类毒素（ASP）和蓝藻毒素等，最常见的是 PSP 和 DSP。

PSP 是世界上分布最广、事故发生频率最高、危害程度最大的一类贝类毒素。其主要来源于藻类，毒性很强，相当于河豚毒素的毒性。PSP 可使中毒者在 24 小时内肌肉麻痹、呼吸困难、缺氧昏迷甚至窒息而死亡。目前尚无麻痹性贝类毒素特效药，故只能利用各种检测手段，阻断毒素对人类安全造成的危害。

DSP 由甲藻产生，可引起人类腹泻、恶心、呕吐等症状。

（3）含天然毒素的食用菌：食用菌，是肉眼可见的大型真菌的泛称。随着人们对食物营养和多样性的需求，食用菌已广泛进入人们的日常餐饮中，并扮演者重要的角色。据统计，我国食用菌的产值已超过棉花，位于粮、油、果、菜之后的第五位，对国家的经济贡献越来越大。

然而，野生的有毒蘑菇与食用菌外形十分相似，导致人们误食毒蘑菇而引发食物中毒的事件时有发生。因误食毒蘑菇而中毒死亡的事件中，大约 90%都是因误食鹅膏菌所致。鹅膏菌是鹅膏属中一类真菌的总称。这类真菌中，有的是人类有着悠久历史的食用菌（如橙盖鹅膏菌，又名凯撒鹅膏菌，原产于欧洲南部和北非，被人类食用已有数千年的历史；又如隐纹鹅膏和袁氏鹅膏是我国西南地区广受人们喜爱的野生食用菌），有的则是剧毒的（如毒蝇鹅膏菌、灰花纹鹅膏和欧式鹅膏菌）。鹅膏菌毒素目前发现的大约有22种，其中鹅膏毒肽、鬼笔毒肽或毒伞素是环状肽类小分子，统称为鹅膏肽类毒素，化学性质稳定，一般的烹饪不能破坏其分子结构。进入人体后能抑制细胞内的转录和翻译导致细胞坏死，对肝脏和肾脏有非常强烈的破坏作用。

2. 环境污染物　随着18世纪60年代英国工业革命带动人类社会进入工业化发展，伴随着快速的经济增长，带来的是全球环境的污染和破坏。人类活动所产生的各类污染物质正通过各种方式进入环境，如烟囱排放二氧化硫、氮氧化物、烟尘等大气污染物；废水中所含的有机污染物、病原微生物等也可能通过排污口进入附近的江、河、湖、海中；部分污水农灌及频繁的采矿活动给附近土壤带来了重金属污染等等。由于环境的整体性和流动性，部分水中的污染物通过水蒸气进入大气，大气中的污染物经过降雨落入土壤和水体中，影响着各类食品原料生长的环境。

在食品原料生长期间，环境污染物往往通过植物的根系和叶片积聚，畜禽、鱼、贝类通过摄入带有污染物质的食物，使污染物在其体内不断积累。

常见的环境化学污染物质有：

（1）石油类：被石油污染的灌溉水或养殖用水，石油覆盖在水上，严重影响农作物的呼吸代谢，同时，会使农作物、畜禽或水产品带有石油臭味。更重要的是，石油中所含的许多致癌的有机化合物（如3,4-苯并芘）会随着植物或动物生长进入其体内，严重影响人们餐桌上的安全。

（2）重金属：重金属是一类人体摄入少量就能致病或致死的物质，如镉、汞、砷、铅、铬等。近20年来，我国土壤被重金属污染较严重。这类物质不能被降解，一旦进入土壤也不能被稀释，仅仅可能因土壤的酸碱性或其他性质不同而存在溶解状态或不溶解状态。一旦土壤上种植农作物，则极有可能随着农作物生长而在其体内不断积累，进入人们日常饮食。我国因土壤重金属污染而导致食物中重金属超标的事件时有报道。

（3）农药残留：农作物种植过程中，往往会使用农药对病虫害进行杀灭和预防，农药使用后有一部分会残存在土壤、水体、农作物体内及附近的其他生物体内，如果残存的农药超过一定的限量值，将会通过食物对人体健康产生毒害作用。有些农药具有致畸、致癌、致突变作用。常见的农药有：

1）有机氯农药：是一类广谱杀虫剂，是重要的环境污染物，在环境中不易分解，易溶于有机溶剂，多聚集在动物的脂肪中。是食品中主要的农药残留物之一。

2）有机磷农药：是我国使用最多的一类农药，具有杀虫、除草、杀菌等作用，易溶于有机溶剂，不易在生物体内积累，但因其使用量非常大，因此对于食品的污染也很严重。

3）拟除虫菊酯：是一类模仿天然除虫菊酯的化学结构而合成的杀虫剂。具有高效、低毒、低残留等特点，易溶于有机溶剂，在环境中分解较快，这类农药对水生生物具有较大毒性。

（4）兽药残留：商品进入大规模工业化生产阶段后，为了满足工业生产的大量需求和人类对食物的需要，许多食品原料的生产（如禽类、水产品等的养殖）往往采用集中养殖的方式，高密度的养殖，导致一旦出现病情，就会迅速在群体中蔓延，因此需要使用一些药物对养殖的动物进行治疗或预防。使用后的药物往往会在动物体内有一定的残留量，一旦超过了一定限值，就会对人体健康造成危害。这些危害包括中毒、过敏、耐药性、人体正常菌群失调及致畸、致癌、致突变作用等。

（5）持久性有机污染物：持久性有机污染物（persistent organic pollutants，简称 POPs）是指在环境中持久存在，能通过食物链积累，对人类健康及环境造成不利影响的有机化合物。POPs 是一类对人类生存威胁最大的污染物质，它们会造成人体内分泌紊乱、生殖和免疫系统破坏、诱发癌症、导致基因突变和神经系统疾病等，并且在人体内滞留数代，严重威胁人类繁衍和可持续发展。持久性有机污染物包括二噁英、多氯联苯、滴滴涕（有机氯农药）、氯丹（有机氯农药）等多种含氯含苯环的化合物。

3. 食品添加剂　为了改善食品品质和色、香、味等感官吸引力以及出于保鲜、防腐或加工工艺的需要，人工合成色素、食用香精、甜味剂、防腐剂等食品添加剂被大量应用在食品工业中。然而随着食品工业的迅速发展，食品添加剂的安全性问题越来越受到人们的重视。如果这类物质添加进食品的量超过了一定的限量标准，则有可能成为影响人体正常机能的有害因素。

食品添加剂的毒性问题，主要集中在人工合成色素方面。许多学者的研究发现，利用苯等有机原料合成的人工合成色素有些对动物具有致癌性。早在 2010 年，欧盟颁布的法令就要求欧盟成员国出售的食物如果含有柠檬黄、日落黄、酸性红、胭脂红、喹啉黄、及诱惑红这 6 种人工合成色素，必须加上“可能对儿童的行为及专注力有不良影响”的字样。我国目前允许使用的人工合成色素有胭脂红、赤藓红、新红、苋菜红、柠檬黄、日落黄、亮蓝和靛蓝以及为了增强上述水溶性酸性色素在油脂中分散性的各种色素。

食品添加剂对于儿童而言，比成人更易造成不良影响。儿童的免疫系统尚未发育完全，肝脏的解毒能力不强，对于食品添加剂每日的摄入量大约只有成人的一半。因此，儿童极易通过零食、饮料、腌制食品等摄入超量的添加剂，可能会产生过敏、早熟或其他影响健康的表现。

（二）生物危害

1. 细菌　细菌是自然界中存在数量最多的一类微生物，分布非常广泛。许多细菌用于制造各种食品，如味精、醋、酸奶等。也有许多细菌，对人类是不利的，如对食品的污染、对人体健康的伤害、对人类生活的困扰等。

（1）细菌对食品的不利影响：主要表现在食物受细菌污染后发生的腐败和变质。食物中富含蛋白质、脂肪、碳水化合物、维生素、微量元素等营养物质。芽孢杆菌属、假单胞菌属、链球菌属等分解蛋白质的能力较强；枯草杆菌、巨大芽孢杆菌等能分解米饭中的淀粉，芽孢杆菌属、八叠球菌属的细菌能分解纤维素和半纤维素，假单胞菌属、无色杆菌属和黄色杆菌属的许多种细菌都能分解脂肪。

（2）细菌对人体健康的威胁：细菌是通过污染食品，进入人体，引起食物中毒的。细菌性食物中毒发生的频率很高，是食物中毒中最常见的，可分为感染型和毒素型两类。因食用了大量含活的致病菌的食物而导致感染的称为感染型食物中毒；因食用了含致病菌产生的毒素的食物而导致中毒症状的称为毒素型食物中毒。常见的致病菌有：

1）金黄色葡萄球菌：能产生多种毒素和酶，致病性很强，引起毒素型食物中毒。该菌产生的毒素和酶中，与食物中毒关系最密切的是肠毒素，且一种菌株能产生两种或两种以上的肠毒素。肠毒素对热稳定，因此，如果食物受其污染，常规的烹饪不能避免中毒。食用含金黄色葡萄球菌肠毒素的食物 1～5 小时后，会出现恶心、呕吐、腹痛、发冷等中毒症状。这类中毒一般 1～2 天可恢复，通常不会导致死亡。

2）沙门菌：多数是由动物性食品导致，引起感染型食物中毒。主要存在动物的肠道中，也存在生肉、生的海产品、粪便、水、昆虫等环境中。常见的引起食物中毒的是鼠伤寒沙门菌、肠炎沙门菌、猪霍乱沙门菌等。该菌能够耐低温，因此，冷冻、冷藏对其没有杀伤作用。当沙门菌进入肠道后，会在小肠和结肠繁殖，引起感染。一般 12～48 小时发病，主要表现为急性胃肠炎，如呕吐、腹痛、腹泻，有些还会出现肌肉酸痛、发热等症状，体弱者可能会出现四肢发冷、休克等症状。病程约为 3～7 天。

3）肉毒梭菌：又称肉毒梭状芽孢杆菌，产生肉毒素使人致病，引起毒素型食物中毒。该菌主要存在香肠、罐头食品和发酵豆制品中。由于能产生芽孢，因此肉毒梭菌在常规煮沸的条件下无法被杀死。该菌产生的肉毒素耐热性不强，100℃ 5 分钟可将其破坏。肉毒素是一种很强的神经毒素，肠道吸收后作用于颅脑神经核和外周神经，导致肌肉萎缩和神经功能不全。主要表现为头晕、全身无力、视力模糊、语言障碍、吞咽困难，严重的可导致死亡。虽然由肉毒梭菌引起的食物中毒很少见，但死亡率较高。

4）大肠埃希菌：也称大肠杆菌，是人类和动物肠道中正常的寄生菌，一般不致病。但有些菌株可引起人类致病，这些致病菌中有些会引起毒素型食物中毒，有些会引起感染型食物中毒。由于大肠埃希菌存在于动物肠道内，因此，往往会随粪便排出而污染水源和食品原料。水产品、水果蔬菜、生肉、生奶等常常带有大肠埃希菌。该菌中毒主要表现为腹痛、腹泻、呕吐等症状，严重者水样大便中带血，身体发热，一般 1～3 天可痊愈。

5）副溶血性弧菌：是常见的海洋细菌，主要存在于各类海产品中，既有感染型，也有毒素型。该菌不耐热，常规的煮沸就能将其杀死。若食用未充分煮熟的海产品，则有可能被感染。若食物中含有副溶血性弧菌产生的溶血毒素，也有可能引起食物中毒。中毒的主要症状是恶心、呕吐、畏寒发热、腹泻等，严重者休克，若抢救不及时，可能导致死亡。

2. 真菌　自然界中存在多种多样的真菌，许多真菌与人类关系非常密切，有些真菌应用于食品加工中，能够生产出口味独特的食品，如腐乳、甜酒等；也有些真菌对人类的生产生活有害，如食物发霉、头皮癣等，是我们想方设法避免的。

（1）真菌对食品的不利影响：主要表现在食物受真菌污染后发生的腐败和变质。真菌与细菌一起，分解蛋白质、脂肪、碳水化合物等物质，产生许多不同的带有臭味的胺类、氨、硫化氢等，以及其他具有不同气味的醇、醛、酮、脂肪酸等。其中分解蛋白质的真菌主要有毛霉属、青霉属、曲霉属等；分解脂肪的真菌主要有白地霉、曲霉属、代氏根霉等；分解碳水化合物的真菌主要有青霉属、曲霉属和木霉属等。

（2）真菌对人体健康的威胁：主要是通过产生的毒素导致人们中毒。关于真菌中毒，早在 11 世纪时就有记载。20 世纪以后，一些发达国家出现了规模较大的真菌中毒事件，如 1952 年日本大米受真菌污染，真菌产生的毒素导致许多人中毒生病；1960 年英国因饲料含有发霉的花生粉（后经研究确认是被黄曲霉污染，所产生的毒素被命名为黄曲霉毒素）而导致 10 万只火鸡中毒死亡，这些事件引起了人们的高度重视。

目前发现的能引起人、畜、禽致病的真菌毒素已经有不少于 150 种。真菌毒素，实际上是真菌在生长繁殖过程中产生的代谢产物，这些代谢产物对人及其他动物有毒害作用。真菌污染了食物后，在一定的条件下（如食物的水分活度、环境温度等），会产生毒素，不同的食物，污染的真菌及产生的毒素差别很大，如花生、玉米在潮湿的环境下极易被黄曲霉污染进而产生黄曲霉毒素，而大米发霉主要是被青霉污染。

污染食物的主要的产毒真菌有曲霉属、青霉属、镰刀菌属和交链孢霉属。常见的真菌毒素有：

1）黄曲霉毒素：主要有 B_1、B_2、G_1、G_2、M_1 等 20 多种，其中 B_1 的毒性和致癌性是最强的。产毒真菌主要是黄曲霉和寄生曲霉。被黄曲霉毒素污染的食物中，花生和玉米最为严重，其次是大米、小麦和豆类。黄曲霉毒素对人及许多动物的肝脏具有很强的毒性，会干扰肝脏功能，导致肝细胞坏死、肝硬化乃至癌症。黄曲霉毒素溶于有机溶剂和油脂，不溶于水，耐热，裂解温度为 280℃，故常规的烹饪无法将其破坏或消除。

2）黄绿青霉毒素：由黄绿青霉产生。常见的被污染的食物是大米，大米被污染后表面呈现黄色，成为黄变米。该毒素易溶于丙酮、苯等有机溶剂，不溶于水。黄绿青霉毒素是一种神经毒素，中毒症状有神经麻痹、抽搐等。

3）桔青霉毒素：由桔青霉产生。除了黄变米外，饲料也可能被桔青霉毒素污染。该毒素在人体主要毒害肾脏，引起肾脏功能损害。

许多真菌毒素对人体具有很强的毒性和致癌性，因此，为了防止真菌毒素通过食物进入人体，应采取多种措施进行防范，如：①大米、小麦等粮食作物采收时应及时晒干，防止因作物体内水分含量较高而引起霉变。②采收后作物的存放应尽量置于通风、干燥、阴凉处，并及时翻晒。有条件的可采用低温等方式存放。③食品食用或加工前，应通过感官来检查食品原料是否发生霉变；而对于企业在加工前，应对食品原料中最有可能的那些真菌毒素进行检测，确保食品的安全性。

3. 病毒 通过食物导致人体致病的病毒主要有肝炎病毒、禽流感病毒、疯牛病病毒等。

（1）肝炎病毒具有传染性，已知有甲、乙、丙、丁、戊、己、庚 7 种能引起肝炎的病毒。肝炎病患排出的粪便中带有病毒，这些病毒有可能污染附近的水体和食品原料，因此，受污染的水和水产品最容易传染肝炎病毒，其他的食物如水果、乳、蔬菜等也可能传播该类疾病。

（2）禽流感病毒引起禽类流感，可传播给人，近年来，常常有人因接触活的禽类而患禽流感的报道，死亡率较高。人感染后，经过 3~5 天的潜伏期，症状为感冒、呼吸不畅等，严重者引起内脏出血，甚至死亡。

（3）疯牛病病毒是一种具有传染性的蛋白质颗粒，会引起牛脑部组织变成海绵状，因此，疯牛病也称为牛海绵状脑病，1986 年首先在英国被发现。有报道称人类的克-雅氏病与疯牛病有密切联系，该病潜伏期长，死亡率几乎 100%。病牛身上任何部位都有可能传播该疾病，导致这一疾病在全球许多国家蔓延。

（三）物理危害

物理危害包括各种外来物质，如沙子、石头、玻璃、金属等。这些物质往往是食品生产加工过程因食品原料、包装材料或仪器设备带来的杂质。这类危害，往往造成消费者食用食品时受伤、感官不佳或心情不愉快等问题。

点滴积累

1. 食品安全的概念　食品无毒、无害，符合应当有的营养要求，对人体健康不造成任何急性、亚急性或者慢性危害。
2. 影响食品安全的化学危害　食品的天然毒素、环境污染物、食品添加剂。
3. 影响食品安全的生物危害　细菌、真菌、病毒。

第二节　食品质量管理

一、质量管理概述

（一）基本概念

根据 ISO 9000:2015《质量管理体系术语和基础》的定义，以下术语是指：

1. 质量　是指客体的一组固有特性满足要求的程度。根据固有特性满足要求的程度，可以用“好”或“差”等词语来修饰。这里所说的要求，包括如合同中对产品的要求、法律法规的要求、组织和相关方的惯例做法等。

（1）朱兰质量螺旋模型：美国质量管理专家朱兰（J. M. Juran）提出了质量螺旋模型，用来描述产品形成的规律。质量螺旋模型是一条螺旋上升的曲线，从下往上依次排列着产品质量形成的全过程，包括了市场研究、产品开发、产品设计、制定产品规格、确定工艺、采购、仪器设备配置、生产、工序控制、产品检验、测试、销售及服务共 13 个环节。以螺旋上升的模型来描述，用以体现产品质量形成的过程是一个不断上升的过程，每上升一圈，产品质量应有所提高。见图 2-1。

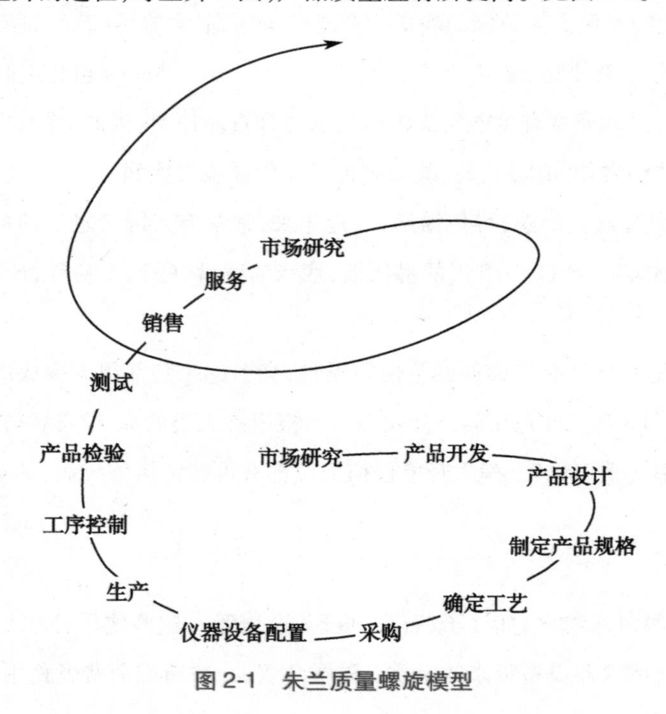

图 2-1　朱兰质量螺旋模型

(2)戴明质量圆环:美国质量管理专家戴明(W. Edwards. Deming)提出的戴明环,也称为PDCA循环,是管理学中一个著名的模型,是一个产品质量持续改进的模式。PDCA中P指的是计划(plan),包括制订方针和目标,及活动的策划;D指的是执行(do),即根据已经制订的计划或方案去操作、去运行;C指的是检查(check),即在做完工作之后总结经验教训,有什么效果,有哪些收获和不足;A指的是处理(action),即对检查的结果进行处理,做得好的方面继续保持和延续,不足的方面可进入下一轮PDCA循环中解决。

运行一轮PDCA循环包括以上四个步骤,一个循环结束了,可以进行下一个循环,又重复P、D、C、A这个步骤,下一个循环要解决的问题与前一个循环要解决的问题不一样,因此,所制订的计划、所做的工作及检查和执行的内容都会不一样。每运行一轮PDCA循环,就可以解决一个问题,周而复始,不断地运行该循环,就使得产品质量能够不断地提高。见图2-2。

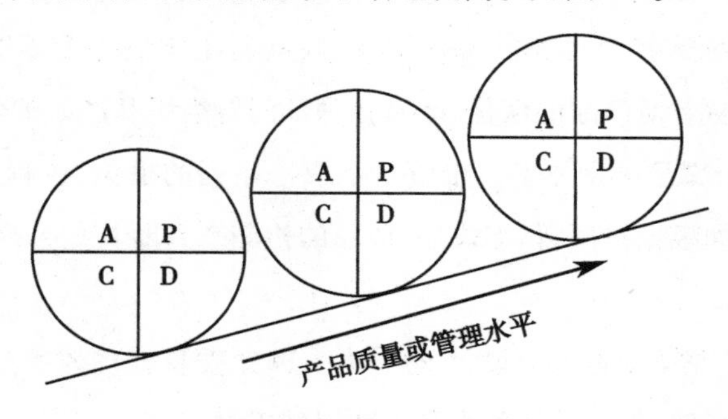

图2-2 PDCA循环

2. 组织 指为实现目标,由职责、权限和相互关系构成自身功能的一个人或一组人。组织包括,但不限于代理商、公司、集团、商会、企事业单位、行政机构、合营公司、协会、慈善机构或研究机构,或上述组织的部分或组合。无论是否为法人组织,共有的或私有的都可称为组织。

3. 产品 指在组织和顾客之间未发生任何交易的情况下,组织能够产生的输出。通常,产品包括硬件、流程性材料和软件。硬件是有形的,其量可以计数(如杯子);流程性材料是有形的,其量是连续的(如汽油);软件由信息组成,它可以采取任何形式的介质传递(如计算机程序、操作手册、字典、作品版权等)。

4. 质量管理 指关于质量的管理,即关于质量的指挥和控制组织的协调活动。质量管理可包括制定质量方针和质量目标,以及通过质量策划、质量保证、质量控制和质量改进实现这些质量目标的过程。

(1)质量方针:由最高管理者正式发布的组织的质量宗旨和方向。通常,质量方针与组织的总方针相一致,可以与组织的愿景和使命相一致,并为制定质量目标提供框架。质量管理原则可以作为制定质量方针的基础。如某第三方检测机构的质量方针为:科学、公正、准确、高效。

(2)质量目标:是指关于质量要实现的结果。质量目标通常依据组织的质量方针制定。通常,在组织相关职能、层次和过程中分别制定质量目标。通俗地说,应先制定质量方针,再根据质量方针来确定质量目标,两者应保持一致。质量方针是大的方向,但不具体;质量目标是具体的,可测量的。如某食品企业质量目标为：①年产品质量投诉次数≤6次；②顾客满意度≥98%。一般来说，质量目标不宜太难，也不宜太易，如果很轻易就能达到的，那不能称之为目标；而经过努力仍很难达到的，对组织而言，无疑是加重负担且难以有效运行。因此，质量目标应该是经过努力能达到的。

(3)质量策划：致力于制定质量目标并规定必要的运行过程和相关资源以实现质量目标。编制质量计划可以是质量策划的一部分。策划包括收集顾客的要求、相关方的需求和期望，在充分认识组织自身的环境和能力的基础上与管理者讨论建立质量目标，根据质量目标对产品设计进行评审，收集产品或管理方面的改进意见，确定质量管理的程序、方法和资源，制订组织评审计划、人员培训计划等。

(4)质量保证：致力于提供质量要求会得到满足的信任。这些要求包括诸如顾客对产品的要求、法律法规标准对产品的要求、组织对产品的要求、行业对组织的要求等等。通俗来说，就是提供必要的证据，以得到如消费者对产品的信任、政府管理部门对组织和产品的信任等。

(5)质量控制：致力于满足质量要求。也就是采取一系列的措施、过程和方法对产品生产进行控制，使产品符合要求。如根据对原料、半成品、成品的检测来判断其是否符合要求的活动就属于质量控制。

(6)质量改进：致力于增强满足质量要求的能力。即在质量管理体系运行过程中，不断地发现问题、完善或解决问题，使产品质量或管理水平不断得到提高。

(二）质量管理的发展

质量管理方法最早是由美国提出的，并将其应用到了大型项目的施工管理中，第二次世界大战之后，日本引入美国质量管理的技术和方法，并结合自身情况推进质量管理理论的发展，并取得了举世瞩目的成就。根据质量管理从产生到发展再到逐步完善的历程，可将其分为以下几个阶段。

1. 操作者的质量管理阶段　20世纪以前，是人类生产力不太发达的时期，生产方式以手工业和个体生产为主，产品质量主要依靠生产者的技术、手艺和经验，这段时期称为“操作者质量管理”时期。《礼记》记载了周朝对食品交易的规定，这大概是我国历史上最早的关于食品质量管理的记载：“五谷不时，果实未熟，不粥于市”，意思是粮食没有经过完全的生长，果实没有成熟，不能到市场上买卖。要判断五谷和果实是否成熟，则通过看、闻、摸、按等经验方式，这是在过去长时间占主导地位的质量管理方式。我国的一些手工制品，在很长一段时间仍沿用这样的传统方式对产品质量进行控制，如某些瓷器制作等。

2. 质量检测阶段　随着英国工业革命的爆发，生产力迅速提高，生产规模不断扩大，生产工序越来越复杂，过去依靠操作者经验进行的质量管理方式已经不再适应如此大的生产规模。进入20世纪后，检验工作逐渐从生产中独立出来，企业相继出现了专门的质量检验部门和质量检验人员，他们的工作就是负责产品质量检验。企业生产的产品，必须经过检验，合格的才能入库销售，不合格的进行返工，之后再检验，如此循环往复。这种质量管理方式存在两个问题：一是事后把关，不能在产品生产过程中对产品进行质量控制，仅仅通过最终检验来对品质把关，不合格品的数量较多，对企业而言损失极大；二是全数检验，即所有的产品必须通过检验才能入库销售，造成检验效率低下，同时，对于许多破坏性检验项目而言，根本行不通。

3. 统计质量管理阶段　1924年，美国贝尔电话所的休哈特博士提出“预防缺陷”的概念，首次将统计学理论引入质量管理中。他认为，质量管理除了事后检验外，还要在生产中发现有废品先兆时就应及时进行分析和改进，从而预防废品的产生。他所提出的“控制图”的出现，是质量管理由事后检验转为检验和预防相结合的标志。1929年，休哈特的同事道奇和罗米格发表“抽样检查方法”，提出了抽样检验。

第二次世界大战初期，人们将“预防缺陷”的理论运用到军用品生产的质量管理中，改变了“事后把关”的质量管理方式，大大节省了生产成本，缩短了时间，将质量管理向前推进了一大步。战后，许多发达国家的企业纷纷效仿并推行了这种质量管理方式，并取得了成效。然而，这种质量管理方式过分强调数理统计方法，使人们误认为“质量管理就是统计方法”“质量管理是统计学家的事”；同时，这些工作仅限于生产和检验部门，忽视了其他部门对产品质量的影响，不能发挥企业所有员工的积极性。

4. 全面质量管理阶段　20世纪50年代以后，随着生产力和科学技术的迅速发展，火箭、宇宙飞船等精密产品相继出现，质量问题显得更为突出。仅仅依靠检验和统计方法已经很难保证和提高产品质量，从而促使质量管理新的理论形成。1961年，美国通用电气公司的质量控制经理阿曼德·费根堡姆出版了《全面质量管理》著作，他提出，执行质量职能是公司全体人员的责任；除了利用统计方法控制制造过程外，还需要对全过程进行质量管理。这一理论逐渐被世界各国所接受，并得到不断完善。

国际标准化组织（ISO）制定的《质量管理与质量保证》（ISO 8402：1994）中对全面质量管理（TQM）的定义为：一个组织以质量为中心，以全员参与为基础，目的在于通过让顾客满意和本组织所有成员及社会受益而达到长期成功的途径。全面质量管理应满足“三全一多”的基本要求：

（1）全员的质量管理：产品质量与企业各部门、各人员、各岗位的工作质量密切相关，因此，只有人人关注产品质量，每个员工充分理解各自岗位对产品质量的影响，全员充分参与质量管理，才能给企业带来更好的收益。

为此，企业应创造各种条件，鼓励员工积极参与质量管理工作，如采用培训、讲座、研讨、合理化建议等方式。

（2）全过程的质量管理：质量的形成过程与产品的实现过程是一致的，是由若干个相互联系的环节组成，每个环节对于产品质量都有一定影响。为了保证产品质量甚至提高产品质量，应使产品实现过程的每一个环节得到良好的控制，这就包括了从最初的市场调研、产品设计、采购、生产准备到产品生产、包装、运输、销售和售后服务全过程的质量管理。

（3）全面的质量管理：首先，全面质量管理的对象是质量，应对影响产品或服务质量的因素进行全面控制，这些因素包括人员、机器设备、原材料、工艺方法、环境和检测手段等。

其次，应考虑经济效益的全面性。除了保证生产企业的经济效益外，还应考虑社会效益，使原材料供应商、产品经销商、运输公司、消费者等均能得到最大效益。

（4）多方法的质量管理：虽然数理统计方法是非常有效的工具，然而由于质量管理涉及很多因素，单靠数理统计技术无法满足全面质量管理的需要。传统的质量管理方法是称为“QC 七工具”的因果图、直方图、控制图等；随着质量管理这门学科的发展，还出现了新的七种方法，如矢线图、关联图等；另外，近年来一些新的方法也受到人们广泛关注，如六西格玛法等。

二、食品质量管理概述

根据我国 1994 年颁布的《食品工业基本术语》（GB 15091—1994）中规定：食品质量是指食品满足规定或潜在要求的特征和特性总和，其反映食品品质的优劣。食品质量包含食品的营养性，安全性，口味、口感、颜色等感官性状等众多方面。食品的安全性是食品质量中的首要特性。

食品与其他产品相比，具有一定的特殊性，如保存期较短、对人体健康有直接影响、从食品原料生长到最终被消费者食用所跨的时间较长等，因此，食品质量管理也具有一定的特殊性。首先，食品质量管理的空间很大，时间很长。空间上包括运输车辆、生产车间、超市、农田、牧场等，所涉及的范围非常广；时间上，食品从农田到餐桌经历了原料生产阶段、加工生产阶段、消费阶段等，时间跨度很长，对于管理而言难度相当大。其次，食品质量管理的对象很复杂。食品原料可以是动物、植物、微生物等，这些原料的特性又因生长和采收的季节、气候、品种、环境的不同而千差万别，这些都会影响最终产品的质量。这就给食品质量管理工作带来一定难度。再次，食品质量监测控制方面存在相当的难度。食品质量监测包括了诸如成分、有毒有害物质、感官等方面的检测，涉及众多不同种类的方法，这就使某些项目的检测受到一定限制。

三、常用的食品质量管理体系

1. 良好操作规范（Good Manufacturing Practice，GMP）　它要求食品企业从选址、厂房、车间内部结构到生产设备、原料、人员、生产过程、制度等各方面符合国家规定的要求，具备基本的食品生产的条件。

2. 卫生标准操作程序（Sanitation Standard Operation Procedure，SSOP）　是为了消除食品生产加工过程的人为影响因素，使整个加工过程符合国家 GMP 标准的要求而由企业制定的实施清洗、消毒及保持卫生状况的作业指导文件。

3. 危害分析与关键控制点（Hazard Analysis and Critical Control Point，HACCP）　该体系通过识别、分析和评估生产过程中影响安全的危害因素，建立预防控制措施并实施监控，从而达到控制食品安全的目的。在工作过程的最后环节，要求组织定期对工作效果进行内部审核，及时发现问题并改进。是目前国际上公认的最有效的食品安全保证体系。除了食品行业外，HACCP 体系还在制药、化工等行业得到应用。

4. ISO 9001 质量管理体系　由国际标准化组织（ISO）质量管理和质量保证委员会（TC176）制定并颁布的适用于所有组织的管理标准。该标准以顾客满意为目标，规定了在产品生产过程中的各项管理要求。使不同国家、不同地区、不同企业之间的贸易往来在质量管理方面有一个统一的要求和规则。ISO 9001《质量管理体系要求》是ISO 9000系列标准中的一员，是审核和认证的依据。我国等同采用的标准是GB/T 19001。

5. ISO 22000食品安全管理体系 由国际标准化组织（ISO）农产品食品技术委员会（TC34）融合了HACCP的预防体系，借鉴了ISO 9001的编写框架，制定并颁布的一套专门用于“从农田到餐桌”的食品链内的管理体系。目前，ISO 22000已经广泛应用在直接或间接介入食品链的组织中，如饲料加工、辅料生产、食品零售、食品设备供应商、食品包装材料供应商等组织。我国等同采用的标准是GB/T 22000。

6. 良好农业规范（Good Agricultural Practices，GAP） 是一套针对农产品生产（包括植物种植、畜禽和水产品养殖等）的操作规范。GAP关注种植、养殖、清洁、包装、运输等过程中有害物质的控制。是提高农产品生产基地安全管理水平的有效工具。

点滴积累

1. 质量管理包括的内容 制定质量方针、制定质量目标、质量策划、质量保证、质量控制、质量改进。
2. 全面质量管理的特点 全员、全过程、全面、多方法。
3. 常用的质量管理体系 GMP、SSOP、HACCP、ISO 9001、ISO 22000、GAP。

目标检测

一、单项选择题

1. 以下哪项不属于国外发生的食品安全事件（　　）

A. 二噁英事件　　B. 三聚氰胺事件

C. 疯牛病事件　　D. 大肠杆菌O157事件

2. 2018年10月1日以后，我国正规食品包装上应印有（　　）标志

A. QS　　B. 有机食品

C. HACCP　　D. SC

3. 影响食品安全的化学污染物不包括（　　）

A. 人工合成色素　　B. 重金属

C. 致病菌　　D. 农药残留

4. 常常通过食物对人体造成危害的致病菌不包括（　　）

A. 保加利亚乳酸菌　　B. 沙门菌

C. 金黄色葡萄球菌　　D. 肉毒梭菌

5. 关于质量方针和质量目标的表述正确的是（　　）

A. 质量目标是可测量的

B. 先制定质量目标，后制定质量方针

C. 质量方针应参照质量目标来制定

D. 质量目标是一个组织的质量宗旨和方向

6. 从统计质量管理阶段往后至今，对于产品的检验，通常采用(　　)

A. 全数检验　　B. 抽样检验

C. 手工检验　　D. 快速检验

7. 2018年将原国家工商行政管理总局、原国家质量监督检验检疫总局、原国家食品药品监督管理总局等的职责整合，组建(　　)

A. 国家发展和改革委员会　　B. 商务部

C. 国家卫生健康委员会　　D. 国家市场监督管理总局

8. 在很早以前，我国就有关于食品质量控制的记载，那时人们对食品质量的把关是依靠(　　)

A. 仪器　　B. 经验　　C. 检测　　D. 重量

9. 持久性有机污染物在环境中不分解，会通过食品原料的生长进入原料体内，污染人们的食物，这类污染物往往聚积在食物的(　　)中

A. 根部　　B. 叶片　　C. 头部　　D. 脂肪

二、多项选择题

1. 以下哪些是全面质量管理的特点(　　)

A. 全面　　B. 多方法　　C. 事先预防

D. 全员　　E. 全过程

2. 组织包括下列哪些部门或机构(　　)

A. 学校　　B. 工厂　　C. 研究所

D. 沃尔玛　　E. 协会

3. 常常受黄曲霉毒素污染的食物有(　　)

A. 苹果　　B. 花生　　C. 大米

D. 玉米　　E. 豆类

4. 易受肉毒素污染的食品有(　　)

A. 自制臭豆腐　　B. 罐头食品　　C. 自制豆瓣酱

D. 香肠　　E. 冰淇淋

三、简答题

1. PDCA循环是产品质量持续改进的模型，包括哪四个过程？

2. 通过饮食传播的病毒有哪些？

3. 含天然毒素的食品主要有哪些(列举5种)？

四、案例分析题

1. 小王很喜欢吃鸡蛋，每天至少吃一个。有一天，他旅游经过人烟稀少的地方，肚子非常饿，而

附近能找到的食物只有鸡蛋，于是他煮了10个新鲜鸡蛋想全部吃完，请判断如果小王这样做会对身体产生危害吗？为什么？请用食品相对安全性的知识解释。

2. 小龙最近听说网上某家店自制的糕点非常好吃，想买来尝尝，请教他如何判断这家网店是否有相应的资质。

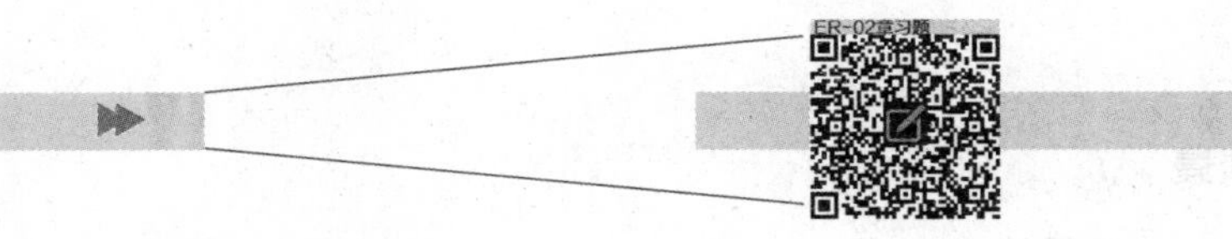

（唐　昭）

第三章

食品相关法律法规与标准

导学情景 √

情景描述

2016 年 5 月，国家食品药品监督管理总局组织抽检肉及肉制品、蔬菜制品、焙烤食品、蛋及蛋制品、罐头和食用油、油脂及其制品等 6 类食品 572 批次样品。抽样检验项目合格样品 564 批次，不合格样品 8 批次。其中大部分是在网上出售的食品。

2015 年 10 月 1 日，新修订的《食品安全法》正式实施。根据《食品安全法》规定，消费者通过网络食品交易第三方平台购买食品，其合法权益受到损害的，可以向入网食品经营者或者食品生产者要求赔偿，网购食品已经不再游离于法网之外。

学前导语

现在食品安全性已经越来越受到大众的关注，国家对食品相关法律法规和标准进行了修订。本章我们将带领同学们学习食品相关法律法规与标准。

第一节　国内食品相关法律法规

《中华人民共和国食品安全法》

一、《中华人民共和国食品安全法》

（一）《中华人民共和国食品安全法》立法的意义

“民以食为天，食以安为先”。从《食品卫生法》到《食品安全法》，由卫生到安全，表明了从观念到监管模式的提升。食品卫生，主要是关注食品外部环境、食物表面现象；而食品安全涉及无毒无害，侧重于食品的内在品质，触及到人体健康和生命安全的层次。《食品安全法》的施行具有重大而深远的意义。

1. 保障食品安全，保证公众身体健康和生命安全　通过实施《食品安全法》，建立以食品安全标准为基础的科学管理制度，理顺食品安全监管体制，明确各监管部门的职责，确立食品生产经营者是保证食品安全第一责任人的法定义务，可以从法律制度上更好地解决我国当前食品安全工作中存在的主要问题，防止、控制和消除食品污染以及食品中有害因素对人体健康的危害，预防和控制食源性疾病的发生，从而切实保障食品安全，保证公众身体健康和生命安全。

2. 促进我国食品工业和食品贸易发展　通过实施《食品安全法》，可以更加严格地规范食品生产经营行为，促使食品生产者依据法律、法规和食品安全标准从事生产经营活动，在食品生产经营活动中重质量、重服务、重信誉、重自律，对社会和公众负责，以良好的质量、可靠的信誉推动食品产业规模不断扩大，市场不断发展，从而极大地促进我国食品行业的发展。同时通过制定《食品安全法》，可以树立我国重视和保障食品安全的良好国际形象，有利于推动我国对外食品贸易的发展。

3. 加强社会领域立法，完善我国食品安全法律制度　实施《食品安全法》，可在法律框架内解决食品安全问题，着眼于以人为本、关注民生，保障权利、切实解决人民群众最关心、最直接、最现实的利益问题，促进社会的和谐稳定，是贯彻科学发展观的要求，维护广大人民群众根本利益的需要。同时，在现行的《食品卫生法》的基础上制定内容更加全面的《食品安全法》，与《农产品质量安全法》《农业法》《动物防疫法》《产品质量法》《进出口商品检验法》《农药管理条例》《兽药管理条例》等法律、法规相配套，有利于进一步完善我国的食品安全法律制度，为我国社会主义市场经济的健康发展提供法律保障。

（二）《中华人民共和国食品安全法》立法的内容体系

《中华人民共和国食品安全法》由中华人民共和国第十二届全国人民代表大会常务委员会第十四次会议于2015年4月24日修订通过，自2015年10月1日起施行。《食品安全法》共分10章104条，主要包括总则、食品安全风险监测和评估、食品安全标准、食品生产经营、食品检验、食品进出口、食品安全事故处理、监管管理、法律责任、附则。

第1章，总则。包括第1条~第10条，对从事食品生产经营活动者，各级政府、相关部门及社会团体在食品安全监督管理、舆论监督、食品安全标准和知识的普及、增强消费者食品安全意识和自我保护能力等方面的责任和职权作了相应规定。

第2章，食品安全风险监测和评估。包括第11条~第17条，对食品安全风险监测制度、食品安全风险评估制度、食品安全风险评估结果的建立、依据、程序等进行规定。

第3章，食品安全标准。包括第18条~第26条，对食品安全标准的制定程序、主要内容、执行及将标准整合为食品安全国家标准进行相应的规定。

第4章，食品生产经营。包括第27条~第56条，对食品生产经营符合食品安全标准、禁止生产经营的食品；对从事食品生产、食品流通、餐饮服务等食品生产经营实行许可制度；食品生产经营企业应当建立健全本单位的食品安全管理制度，依法从事食品生产经营活动；对食品添加剂使用的品种、范围、用量的规定；建立食品召回制度等内容进行相应的规定。

第5章，食品检验。包括第57条~第61条，对食品检验机构的资质认定条件、检验规范、检验程序及检验监督等内容进行相应的规定。

第6章，食品进出口。包括第62~第69条，对进口的食品、食品添加剂以及食品相关产品应当符合我国食品安全国家标准，进出口食品的检验检疫的原则、风险预警及控制措施等进行相应的规定。

第7章，食品安全事故处置。包括第70条~第75条，国家食品安全事故应急预案、食品安全事故处置方案、食品安全事故的举报和处置、安全事故责任调查处理等方面进行相应的规定。

第8章，监督管理。包括第76条~第83条，对各级政府及本级相关部门的食品安全监督管理职责、工作权限和程序等进行相应的规定。

第9章,法律责任。包括第84条~第98条,对违反《食品安全法》规定的食品生产经营活动,食品检验机构及食品检验人员、食品安全监督管理部门及食品行业协会等进行相应处罚原则、程序和量刑方面进行了相应的规定。

第10章,附则。包括第99条~第104条,对《食品安全法》相关术语和实施时间进行规定,同时废止《中华人民共和国食品卫生法》。

(三)《中华人民共和国食品安全法》摘录

第三章 食品安全标准

第二十六条 食品安全标准应当包括下列内容:

(一)食品、食品添加剂、食品相关产品中的致病性微生物,农药残留、兽药残留、生物毒素、重金属等污染物质以及其他危害人体健康物质的限量规定;

(二)食品添加剂的品种、使用范围、用量;

(三)专供婴幼儿和其他特定人群的主辅食品的营养成分要求;

(四)对与卫生、营养等食品安全要求有关的标签、标志、说明书的要求;

(五)食品生产经营过程的卫生要求;

(六)与食品安全有关的质量要求;

(七)与食品安全有关的食品检验方法与规程;

(八)其他需要制定为食品安全标准的内容。

第四章 食品生产经营

第一节 一般规定

第三十三条 食品生产经营应当符合食品安全标准,并符合下列要求:

(一)具有与生产经营的食品品种、数量相适应的食品原料处理和食品加工、包装、贮存等场所,保持该场所环境整洁,并与有毒、有害场所以及其他污染源保持规定的距离;

(二)具有与生产经营的食品品种、数量相适应的生产经营设备或者设施,有相应的消毒、更衣、盥洗、采光、照明、通风、防腐、防尘、防蝇、防鼠、防虫、洗涤以及处理废水、存放垃圾和废弃物的设备或者设施;

(三)有专职或者兼职的食品安全专业技术人员、食品安全管理人员和保证食品安全的规章制度;

(四)具有合理的设备布局和工艺流程,防止待加工食品与直接入口食品、原料与成品交叉污染,避免食品接触有毒物、不洁物;

(五)餐具、饮具和盛放直接入口食品的容器,使用前应当洗净、消毒,炊具、用具用后应当洗净,保持清洁;

(六)贮存、运输和装卸食品的容器、工具和设备应当安全、无害,保持清洁,防止食品污染,并符合保证食品安全所需的温度、湿度等特殊要求,不得将食品与有毒、有害物品一同贮存、运输;

(七)直接入口的食品应当使用无毒、清洁的包装材料、餐具、饮具和容器;

(八)食品生产经营人员应当保持个人卫生,生产经营食品时,应当将手洗净,穿戴清洁的工作衣、帽等；销售无包装的直接入口食品时，应当使用无毒、清洁的容器、售货工具和设备；

（九）用水应当符合国家规定的生活饮用水卫生标准；

（十）使用的洗涤剂、消毒剂应当对人体安全、无害；

（十一）法律、法规规定的其他要求。

第三十四条　禁止生产经营下列食品、食品添加剂、食品相关产品：

（一）用非食品原料生产的食品或者添加食品添加剂以外的化学物质和其他可能危害人体健康物质的食品，或者用回收食品作为原料生产的食品；

（二）致病性微生物，农药残留、兽药残留、生物毒素、重金属等污染物质以及其他危害人体健康的物质含量超过食品安全标准限量的食品、食品添加剂、食品相关产品；

（三）用超过保质期的食品原料、食品添加剂生产的食品、食品添加剂；

（四）超范围、超限量使用食品添加剂的食品；

（五）营养成分不符合食品安全标准的专供婴幼儿和其他特定人群的主辅食品；

（六）腐败变质、油脂酸败、霉变生虫、污秽不洁、混有异物、掺假掺杂或者感官性状异常的食品、食品添加剂；

（七）病死、毒死或者死因不明的禽、畜、兽、水产动物肉类及其制品；

（八）未按规定进行检疫或者检疫不合格的肉类，或者未经检验或者检验不合格的肉类制品；

（九）被包装材料、容器、运输工具等污染的食品、食品添加剂；

（十）标注虚假生产日期、保质期或者超过保质期的食品、食品添加剂；

（十一）无标签的预包装食品、食品添加剂；

（十二）国家为防病等特殊需要明令禁止生产经营的食品；

（十三）其他不符合法律、法规或者食品安全标准的食品、食品添加剂、食品相关产品。

第三十八条　生产经营的食品中不得添加药品，但是可以添加按照传统既是食品又是中药材的物质。按照传统既是食品又是中药材的物质目录由国务院卫生行政部门会同国务院食品药品监督管理部门制定、公布。

第四十二条　国家建立食品安全全程追溯制度。

食品生产经营者应当依照本法的规定，建立食品安全追溯体系，保证食品可追溯。国家鼓励食品生产经营者采用信息化手段采集、留存生产经营信息，建立食品安全追溯体系。

国务院食品药品监督管理部门会同国务院农业行政等有关部门建立食品安全全程追溯协作机制。

第二节　生产经营过程控制

第四十六条　食品生产企业应当就下列事项制定并实施控制要求，保证所生产的食品符合食品安全标准：

（一）原料采购、原料验收、投料等原料控制；

（二）生产工序、设备、贮存、包装等生产关键环节控制；

（三）原料检验、半成品检验、成品出厂检验等检验控制；

（四）运输和交付控制。

第五十七条 学校、托幼机构、养老机构、建筑工地等集中用餐单位的食堂应当严格遵守法律、法规和食品安全标准；从供餐单位订餐的，应当从取得食品生产经营许可的企业订购，并按照要求对订购的食品进行查验。供餐单位应当严格遵守法律、法规和食品安全标准，当餐加工，确保食品安全。

学校、托幼机构、养老机构、建筑工地等集中用餐单位的主管部门应当加强对集中用餐单位的食品安全教育和日常管理，降低食品安全风险，及时消除食品安全隐患。

第六十二条 网络食品交易第三方平台提供者应当对入网食品经营者进行实名登记，明确其食品安全管理责任；依法应当取得许可证的，还应当审查其许可证。

第六十三条 国家建立食品召回制度。食品生产者发现其生产的食品不符合食品安全标准或者有证据证明可能危害人体健康的，应当立即停止生产，召回已经上市销售的食品，通知相关生产经营者和消费者，并记录召回和通知情况。

第三节 标签、说明书和广告

第六十七条 预包装食品的包装上应当有标签。标签应当标明下列事项：

（一）名称、规格、净含量、生产日期；

（二）成分或者配料表；

（三）生产者的名称、地址、联系方式；

（四）保质期；

（五）产品标准代号；

（六）贮存条件；

（七）所使用的食品添加剂在国家标准中的通用名称；

（八）生产许可证编号；

（九）法律、法规或者食品安全标准规定应当标明的其他事项。

专供婴幼儿和其他特定人群的主辅食品，其标签还应当标明主要营养成分及其含量。

第六十九条 生产经营转基因食品应当按照规定显著标示。

第四节 特殊食品

第七十八条 保健食品的标签、说明书不得涉及疾病预防、治疗功能，内容应当真实，与注册或者备案的内容相一致，载明适宜人群、不适宜人群、功效成分或者标志性成分及其含量等，并声明“本品不能代替药物”。保健食品的功能和成分应当与标签、说明书相一致。

第五章 食品检验

第八十六条 食品检验实行食品检验机构与检验人负责制。食品检验报告应当加盖食品检验机构公章，并有检验人的签名或者盖章。食品检验机构和检验人对出具的食品检验报告负责。

第六章 食品进出口

第九十四条 境外出口商、境外生产企业应当保证向我国出口的食品、食品添加剂、食品相关产品符合本法以及我国其他有关法律、行政法规的规定和食品安全国家标准的要求，并对标签、说明书的内容负责。

第九十七条　进口的预包装食品、食品添加剂应当有中文标签；依法应当有说明书的，还应当有中文说明书。标签、说明书应当符合本法以及我国其他有关法律、行政法规的规定和食品安全国家标准的要求，并载明食品的原产地以及境内代理商的名称、地址、联系方式。预包装食品没有中文标签、中文说明书或者标签、说明书不符合本条规定的，不得进口。

第七章　食品安全事故处置

第一百零三条　发生食品安全事故的单位应当立即采取措施，防止事故扩大。事故单位和接收病人进行治疗的单位应当及时向事故发生地县级人民政府食品药品监督管理、卫生行政部门报告。

第八章　监 督 管 理

第一百零九条　县级以上人民政府食品药品监督管理、质量监督部门根据食品安全风险监测、风险评估结果和食品安全状况等，确定监督管理的重点、方式和频次，实施风险分级管理。

县级以上地方人民政府组织本级食品药品监督管理、质量监督、农业行政等部门制定本行政区域的食品安全年度监督管理计划，向社会公布并组织实施。

食品安全年度监督管理计划应当将下列事项作为监督管理的重点：

（一）专供婴幼儿和其他特定人群的主辅食品；

（二）保健食品生产过程中的添加行为和按照注册或者备案的技术要求组织生产的情况，保健食品标签、说明书以及宣传材料中有关功能宣传的情况；

（三）发生食品安全事故风险较高的食品生产经营者；

（四）食品安全风险监测结果表明可能存在食品安全隐患的事项。

第一百一十条　县级以上人民政府食品药品监督管理、质量监督部门履行各自食品安全监督管理职责，有权采取下列措施，对生产经营者遵守本法的情况进行监督检查：

（一）进入生产经营场所实施现场检查；

（二）对生产经营的食品、食品添加剂、食品相关产品进行抽样检验；

（三）查阅、复制有关合同、票据、账簿以及其他有关资料；

（四）查封、扣押有证据证明不符合食品安全标准或者有证据证明存在安全隐患以及用于违法生产经营的食品、食品添加剂、食品相关产品；

（五）查封违法从事生产经营活动的场所。

第一百一十五条　县级以上人民政府食品药品监督管理、质量监督等部门应当公布本部门的电子邮件地址或者电话，接受咨询、投诉、举报。接到咨询、投诉、举报，对属于本部门职责的，应当受理并在法定期限内及时答复、核实、处理；对不属于本部门职责的，应当移交有权处理的部门并书面通知咨询、投诉、举报人。有权处理的部门应当在法定期限内及时处理，不得推诿。对查证属实的举报，给予举报人奖励。

第九章　法 律 责 任

第一百二十二条　违反本法规定，未取得食品生产经营许可从事食品生产经营活动，或者未取得食品添加剂生产许可从事食品添加剂生产活动的，由县级以上人民政府食品药品监督管理部门没收违法所得和违法生产经营的食品、食品添加剂以及用于违法生产经营的工具、设备、原料等物品；违法生产经营的食品、食品添加剂货值金额不足一万元的，并处五万元以上十万元以下罚款；货值金额一万元以上的，并处货值金额十倍以上二十倍以下罚款。

ER-3-2

《中华人民共和国产品质量法》

二、《中华人民共和国农产品质量安全法》

（一）《中华人民共和国农产品质量安全法》立法的意义

《中华人民共和国农产品质量安全法》对批发市场的农产品质量安全责任做出要求。规定了禁止销售的农产品范围。同时规定农产品批发市场应当设立或者委托农产品质量安全检测机构，对进场销售的农产品质量安全状况进行抽查检测；规定了批发市场相应的民事赔偿责任和法律责任。农产品批发市场主要是由国家投资的公益性事业，做这样的规定既参照了国际通行惯例，又充分考虑中国农产品市场流通的现状。农产品批发市场是联系农产品生产、运输、消费等链条的关键环节，批发市场作为经营管理者承担起相关的把关责任，就意味着向前可以追溯生产者的责任，向后可以保护消费者的消费安全。

1. 保障农产品质量安全　古人云："民以食为天"，农产品是城乡居民的主要食物来源，农产品质量安全关系到广大人民群众的身体健康和生命安全。因此，《农产品质量安全法》的首要目的就是保障农产品质量安全，为广大人民群众提供放心的农产品。

2. 维护公众健康　人们每天消费的食物，有相当大的部分是直接来源于农业的初级产品，即农产品质量安全法所称的农产品，如蔬菜、水果、水产品等；也有些是以农产品为原料加工、制作的食品。农产品的质量安全状况如何，直接关系着人民群众的身体健康乃至生命安全。"民以食为天，食以安为先"。因此，人民政府不但要保证老百姓吃得饱，还要保证老百姓吃得安全、吃得放心，这是坚持以人为本、执政为民的体现。

目前，由于农产品产地环境污染、投入品的不科学使用、运输和经营过程的污染等因素，特别是一些不法生产者违规使用高残留农（兽）药、饲料添加剂等投入品的违法行为，使得一些农产品中重金属、农药等有毒有害物质残留超标引起的人畜中毒事件时有发生，严重危害了人民群众的身体健康和生命安全。

本法在对农产品的产地管理、投入品规范、生产过程控制、质量追溯等制度的设置上都体现了保障农产品质量安全，维护公众健康的立法目的，特别是设立了严格的市场准入制度，在农产品进入市场的关口把好三道关：一是对农产品生产企业和农民专业合作经济组织，要求其所生产的经检测不符合农产品质量安全标准的农产品，不得销售；二是对农产品批发市场，要求其应当对进场销售的农产品质量安全状况进行抽查检测，发现不符合农产品质量安全标准的，应当要求销售者立即停止销售，并向农业行政主管部门报告；三是对农产品销售企业，要求其对所销售的农产品，应当建立健全进货检查验收制度，经查验不符合农产品质量安全标准的，不得销售。同时，明确规定含有国家禁止使用的农药、兽药或者其他化学物质的；农药、兽药等化学物质残留或者含有的重金属等有毒有害物质不符合农产品质量安全标准的；含有的致病性寄生虫、微生物或者生物毒素不符合农产品质量安全标准的；使用的保鲜剂、防腐剂、添加剂等材料不符合国家有关强制性的技术规范的以及其他不符合农产品质量安全标准的农产品，不得销售。本法对违反上述规定的行为，设定了相应的法律责任。这些都是对维护公众健康这一立法目的的贯彻。

3. 促进农业和农村经济发展　制定《农产品质量安全法》的目的还有就是提高我国农产品的国际竞争力，进一步推进农业现代化建设，促进农民增收和农业农村经济发展。

加入 WTO 以后，我国农产品日益融入国际市场，同时却遇到了越来越多的贸易壁垒，近年来，因质量安全问题导致我国出口农产品遭遇退货、扣押、销毁、索赔、终止合同等现象十分突出。出口受阻的农产品从个别品种扩展至一般动物源性食品与果蔬产品。一些进口国凭借体系健全、技术领先、设备先进的优势，以质量安全为由不断提高农产品进口市场准入门槛，设置技术性贸易壁垒。他们不仅关注特定批次农产品的品质，更关注出口国对农产品产地环境、投入品的使用和生产经营的全过程有没有进行有效的监管，出口国有没有科学的农产品质量安全标准等。农产品贸易壁垒给我国带来的损失抵消了我国传统劳动密集型出口农产品的优势，影响了我国农业结构调整的进程，影响了农民增收和农业农村经济的持续健康发展。因此，以法律的形式建立农产品标准化体系、监测检测体系等相关体系，完善各项制度，对提高我国农产品质量，增加我国农产品的国际竞争力，增加农民收入，促进农业结构调整，推进农业现代化建设都具有重要意义。

（二）《中华人民共和国农产品质量安全法》立法的内容体系

《中华人民共和国农产品质量安全法》由中华人民共和国第十届全国人民代表大会常务委员会第二十一次会议于 2006 年 4 月 29 日通过，自 2006 年 11 月 1 日起施行。《中华人民共和国农产品质量安全法》是我国调整农产品质量安全关系的基本法，共 8 章 56 条。第 1 章，总则；第 2 章，农产品质量安全标准；第 3 章，农产品产地；第 4 章，农产品生产；第 5 章，农产品包装和标识；第 6 章，监督检查；第 7 章，法律责任；第 8 章，附则。

《中华人民共和国农产品质量安全法》适用于“农产品”，即来源于农业的初级产品，也就是在农业活动中获得的植物、动物、微生物及其产品。这一定义清晰地界定了《农产品质量安全法》的调整对象，也使农产品与《食品安全法》中的“食品”与《产品质量法》中的“产品”相区别，填补了后两者调整的空白。

（三）《中华人民共和国农产品质量安全法》摘录

第三章　农产品天地

第十五条　县级以上地方人民政府农业行政主管部门按照保障农产品质量安全的要求，根据农产品品种特性和生产区域大气、土壤、水体中有毒有害物质状况等因素，认为不适宜特定农产品生产的，提出禁止生产的区域，报本级人民政府批准后公布。具体办法由国务院农业行政主管部门商国务院环境保护行政主管部门制定。

第十七条　禁止在有毒有害物质超过规定标准的区域生产、捕捞、采集食用农产品和建立农产品生产基地。

第十八条　禁止违反法律、法规的规定向农产品产地排放或者倾倒废水、废气、固体废物或者其他有毒有害物质。

农业生产用水和用作肥料的固体废物，应当符合国家规定的标准。

第十九条　农产品生产者应当合理使用化肥、农药、兽药、农用薄膜等化工产品，防止对农产品产地造成污染。

第四章　农产品生产

第二十一条　对可能影响农产品质量安全的农药、兽药、饲料和饲料添加剂、肥料、兽医器械，依照有关法律、行政法规的规定实行许可制度。

国务院农业行政主管部门和省、自治区、直辖市人民政府农业行政主管部门应当定期对可能危及农产品质量安全的农药、兽药、饲料和饲料添加剂、肥料等农业投入品进行监督抽查，并公布抽查结果。

第二十四条　农产品生产企业和农民专业合作经济组织应当建立农产品生产记录，如实记载下列事项：

（一）使用农业投入品的名称、来源、用法、用量和使用、停用的日期；

（二）动物疫病、植物病虫草害的发生和防治情况；

（三）收获、屠宰或者捕捞的日期。

农产品生产记录应当保存二年。禁止伪造农产品生产记录。

第五章　农产品包装标识

第二十八条　农产品生产企业、农民专业合作经济组织以及从事农产品收购的单位或者个人销售的农产品，按照规定应当包装或者附加标识的，须经包装或者附加标识后方可销售。包装物或者标识上应当按照规定标明产品的品名、产地、生产者、生产日期、保质期、产品质量等级等内容；使用添加剂的，还应当按照规定标明添加剂的名称。具体办法由国务院农业行政主管部门制定。

第三十条　属于农业转基因生物的农产品，应当按照农业转基因生物安全管理的有关规定进行标识。

第三十二条　销售的农产品必须符合农产品质量安全标准，生产者可以申请使用无公害农产品标志。农产品质量符合国家规定的有关优质农产品标准的，生产者可以申请使用相应的农产品质量标志。

禁止冒用前款规定的农产品质量标志。

第六章　监 督 检 查

第三十三条　有下列情形之一的农产品，不得销售：

（一）含有国家禁止使用的农药、兽药或者其他化学物质的；

（二）农药、兽药等化学物质残留或者含有的重金属等有毒有害物质不符合农产品质量安全标准的；

（三）含有的致病性寄生虫、微生物或者生物毒素不符合农产品质量安全标准的；

（四）使用的保鲜剂、防腐剂、添加剂等材料不符合国家有关强制性的技术规范的；

（五）其他不符合农产品质量安全标准的。

第三十七条　农产品批发市场应当设立或者委托农产品质量安全检测机构，对进场销售的农产品质量安全状况进行抽查检测；发现不符合农产品质量安全准的，应当要求销售者立即停止销售，并向农业行政主管部门报告。

农产品销售企业对其销售的农产品，应当建立健全进货检查验收制度；经查验不符合农产品质量安全标准的，不得销售。

第四十条　发生农产品质量安全事故时，有关单位和个人应当采取控制措施，及时向所在地乡级人民政府和县级人民政府农业行政主管部门报告；收到报告的机关应当及时处理并报上一级人民政府和有关部门。发生重大农产品质量安全事故时，农业行政主管部门应当及时通报同级食品药品监督管理部门。

第七章　法 律 责 任

第四十四条　农产品质量安全检测机构伪造检测结果的，责令改正，没收违法所得，并处五万元以上十万元以下罚款，对直接负责的主管人员和其他直接责任人员处一万元以上五万元以下罚款；情节严重的，撤销其检测资格；造成损害的，依法承担赔偿责任。

第四十五条　违反法律、法规规定，向农产品产地排放或者倾倒废水、废气、固体废物或者其他有毒有害物质的，依照有关环境保护法律、法规的规定处罚；造成损害的，依法承担赔偿责任。

点滴积累

1. 《中华人民共和国食品安全法》规定的法律条文从全方面保障人民群众的根本利益，提高我国食品安全的整体水平。
2. 《中华人民共和国农产品质量安全法》规定的法律条文能保障农产品质量安全，维护公众健康，促进农业和农村经济发展。

第二节　国内食品相关标准

《食品生产通用卫生规范》

一、食品安全国家标准《食品生产通用卫生规范》

（一）目的意义

《食品生产通用卫生规范》是规范食品生产行为，防止食品生产过程的各种污染，生产安全且适宜食用的食品的基础性食品安全国家标准。《食品生产通用卫生规范》既是规范企业食品生产过程管理的技术措施和要求，又是监管部门开展生产过程监管与执法的重要依据，也是鼓励社会监督食品安全的重要手段。

《食品生产通用卫生规范》是食品生产过程卫生要求标准，国内外食品安全管理的科学研究和实践经验证明，严格执行食品生产过程卫生要求标准，把监督管理的重点由检验最终产品转为控制生产环节中的潜在危害，做到关口前移，可以节约大量的监督检测成本和提高监管效率，更全面地保障食品安全。同时，建立与我国食品生产状况相适应、与国际先进食品安全管理方式相一致的过程规范类食品安全国家标准体系，对于促进我国食品行业管理方式的进步，保障消费者健康具有至关重要的意义。

(二) 范围

本标准规定了食品生产过程中原料采购、加工、包装、贮存和运输等环节的场所、设施、人员的基本要求和管理准则。

本标准适用于各类食品的生产，如确有必要制定某类食品生产的专项卫生规范，应当以本标准作为基础。

标准分 14 章，内容包括：范围，术语和定义，选址及厂区环境，厂房和车间，设施与设备，卫生管理，食品原料、食品添加剂和食品相关产品，生产过程的食品安全控制，检验，食品的贮存和运输，产品召回管理，培训，管理制度和人员，记录和文件管理。附录“食品加工过程的微生物监控程序指南”针对食品生产过程中较难控制的微生物污染因素，向食品生产企业提供了指导性较强的监控程序建立指南。

(三) 食品安全国家标准《食品生产通用卫生规范》摘录

3 选址及厂区环境

3.1 选址

3.1.1 厂区不应选择对食品有显著污染的区域。如某地对食品安全和食品宜食用性存在明显的不利影响，且无法通过采取措施加以改善，应避免在该地址建厂。

3.1.2 厂区不应选择有害废弃物以及粉尘、有害气体、放射性物质和其他扩散性污染源不能有效清除的地址。

3.1.3 厂区不宜选择易发生洪涝灾害的地区，难以避开时应设计必要的防范措施。

3.1.4 厂区周围不宜有虫害大量孳生的潜在场所，难以避开时应设计必要的防范措施。

4 厂房和车间

4.1 设计和布局

4.1.1 厂房和车间的内部设计和布局应满足食品卫生操作要求，避免食品生产中发生交叉污染。

4.1.2 厂房和车间的设计应根据生产工艺合理布局，预防和降低产品受污染的风险。

4.1.3 厂房和车间应根据产品特点、生产工艺、生产特性以及生产过程对清洁程度的要求合理划分作业区，并采取有效分离或分隔。如：通常可划分为清洁作业区、准清洁作业区和一般作业区；或清洁作业区和一般作业区等。一般作业区应与其他作业区域分隔。

4.1.4 厂房内设置的检验室应与生产区域分隔。

4.1.5 厂房的面积和空间应与生产能力相适应，便于设备安置、清洁消毒、物料存储及人员操作。

4.2 建筑内部结构与材料

4.2.4 门窗

4.2.4.1 门窗应闭合严密。门的表面应平滑、防吸附、不渗透，并易于清洁、消毒。应使用不透水、坚固、不变形的材料制成。

4.2.4.2 清洁作业区和准清洁作业区与其他区域之间的门应能及时关闭。

4.2.4.3 窗户玻璃应使用不易碎材料。若使用普通玻璃，应采取必要的措施防止玻璃破碎后对原料、包装材料及食品造成污染。

4.2.4.4 窗户如设置窗台，其结构应能避免灰尘积存且易于清洁。可开启的窗户应装有易于清洁的防虫害窗纱。

5 设施与设备

5.1 设施

5.1.1 供水设施

5.1.1.1 应能保证水质、水压、水量及其他要求符合生产需要。

5.1.1.2 食品加工用水的水质应符合 GB 5749 的规定，对加工用水水质有特殊要求的食品应符合相应规定。间接冷却水、锅炉用水等食品生产用水的水质应符合生产需要。

5.1.1.3 食品加工用水与其他不与食品接触的用水（如间接冷却水、污水或废水等）应以完全分离的管路输送，避免交叉污染。各管路系统应明确标识以便区分。

5.1.1.4 自备水源及供水设施应符合有关规定。供水设施中使用的涉及饮用水卫生安全产品还应符合国家相关规定。

5.1.2 排水设施

5.1.2.1 排水系统的设计和建造应保证排水畅通、便于清洁维护；应适应食品生产的需要，保证食品及生产、清洁用水不受污染。

5.1.2.2 排水系统入口应安装带水封的地漏等装置，以防止固体废弃物进入及浊气逸出。

5.1.2.3 排水系统出口应有适当措施以降低虫害风险。

5.1.2.4 室内排水的流向应由清洁程度要求高的区域流向清洁程度要求低的区域，且应有防止逆流的设计。

5.1.2.5 污水在排放前应经适当方式处理，以符合国家污水排放的相关规定。

5.1.3 清洁消毒设施

应配备足够的食品、工器具和设备的专用清洁设施，必要时应配备适宜的消毒设施。应采取措施避免清洁、消毒工器具带来的交叉污染。

5.1.4 废弃物存放设施

应配备设计合理、防止渗漏、易于清洁的存放废弃物的专用设施；车间内存放废弃物的设施和容器应标识清晰。必要时应在适当地点设置废弃物临时存放设施，并依废弃物特性分类存放。

5.1.5 个人卫生设施

5.1.5.1 生产场所或生产车间入口处应设置更衣室；必要时特定的作业区入口处可按需要设置更衣室。更衣室应保证工作服与个人服装及其他物品分开放置。

5.1.5.2 生产车间入口及车间内必要处，应按需设置换鞋（穿戴鞋套）设施或工作鞋靴消毒设施。如设置工作鞋靴消毒设施，其规格尺寸应能满足消毒需要。

5.1.5.3 应根据需要设置卫生间，卫生间的结构、设施与内部材质应易于保持清洁；卫生间内的适当位置应设置洗手设施。卫生间不得与食品生产、包装或贮存等区域直接连通。

5.1.5.4 应在清洁作业区入口设置洗手、干手和消毒设施；如有需要，应在作业区内适当位置加设洗手和（或）消毒设施；与消毒设施配套的水龙头其开关应为非手动式。

5.1.5.5 洗手设施的水龙头数量应与同班次食品加工人员数量相匹配，必要时应设置冷热水混合器。洗手池应采用光滑、不透水、易清洁的材质制成，其设计及构造应易于清洁消毒。应在临近洗手设施的显著位置标示简明易懂的洗手方法。

5.1.5.6 根据对食品加工人员清洁程度的要求，必要时应可设置风淋室、淋浴室等设施。

5.1.6 通风设施

5.1.6.1 应具有适宜的自然通风或人工通风措施；必要时应通过自然通风或机械设施有效控制生产环境的温度和湿度。通风设施应避免空气从清洁度要求低的作业区域流向清洁度要求高的作业区域。

5.1.6.2 应合理设置进气口位置，进气口与排气口和户外垃圾存放装置等污染源保持适宜的距离和角度。进、排气口应装有防止虫害侵入的网罩等设施。通风排气设施应易于清洁、维修或更换。

5.1.6.3 若生产过程需要对空气进行过滤净化处理，应加装空气过滤装置并定期清洁。

5.1.6.4 根据生产需要，必要时应安装除尘设施。

5.1.7 照明设施

5.1.7.1 厂房内应有充足的自然采光或人工照明，光泽和亮度应能满足生产和操作需要；光源应使食品呈现真实的颜色。

5.1.7.2 如需在暴露食品和原料的正上方安装照明设施，应使用安全型照明设施或采取防护措施。

5.1.8 仓储设施

5.1.8.1 应具有与所生产产品的数量、贮存要求相适应的仓储设施。

5.1.8.2 仓库应以无毒、坚固的材料建成；仓库地面应平整，便于通风换气。仓库的设计应能易于维护和清洁，防止虫害藏匿，并应有防止虫害侵入的装置。

5.1.8.3 原料、半成品、成品、包装材料等应依据性质的不同分设贮存场所、或分区域码放，并有明确标识，防止交叉污染。必要时仓库应设有温、湿度控制设施。

5.1.8.4 贮存物品应与墙壁、地面保持适当距离，以利于空气流通及物品搬运。

5.1.8.5 清洁剂、消毒剂、杀虫剂、润滑剂、燃料等物质应分别安全包装，明确标识，并应与原料、半成品、成品、包装材料等分隔放置。

5.1.9 温控设施

5.1.9.1 应根据食品生产的特点，配备适宜的加热、冷却、冷冻等设施，以及用于监测温度的设施。

5.1.9.2 根据生产需要，可设置控制室温的设施。

6 卫生管理

6.1 卫生管理制度

6.1.1 应制定食品加工人员和食品生产卫生管理制度以及相应的考核标准，明确岗位职责，实行岗位责任制。

6.1.2 应根据食品的特点以及生产、贮存过程的卫生要求，建立对保证食品安全具有显著意义的关键控制环节的监控制度，良好实施并定期检查，发现问题及时纠正。

6.1.3 应制定针对生产环境、食品加工人员、设备及设施等的卫生监控制度，确立内部监控的范围、对象和频率。记录并存档监控结果，定期对执行情况和效果进行检查，发现问题及时整改。

6.1.4 应建立清洁消毒制度和清洁消毒用具管理制度。清洁消毒前后的设备和工器具应分开放置妥善保管，避免交叉污染。

6.3 食品加工人员健康管理与卫生要求

6.3.1 食品加工人员健康管理

6.3.1.1 应建立并执行食品加工人员健康管理制度。

6.3.1.2 食品加工人员每年应进行健康检查，取得健康证明；上岗前应接受卫生培训。

6.3.1.3 食品加工人员如患有痢疾、伤寒、甲型病毒性肝炎、戊型病毒性肝炎等消化道传染病，以及患有活动性肺结核、化脓性或者渗出性皮肤病等有碍食品安全的疾病，或有明显皮肤损伤未愈合的，应当调整到其他不影响食品安全的工作岗位。

6.3.2 食品加工人员卫生要求

6.3.2.1 进入食品生产场所前应整理个人卫生，防止污染食品。

6.3.2.2 进入作业区域应规范穿着洁净的工作服，并按要求洗手、消毒；头发应藏于工作帽内或使用发网约束。

6.3.2.3 进入作业区域不应配戴饰物、手表，不应化妆、染指甲、喷洒香水；不得携带或存放与食品生产无关的个人用品。

6.3.2.4 使用卫生间、接触可能污染食品的物品、或从事与食品生产无关的其他活动后，再次从事接触食品、食品工器具、食品设备等与食品生产相关的活动前应洗手消毒。

6.3.3 来访者

非食品加工人员不得进入食品生产场所，特殊情况下进入时应遵守和食品加工人员同样的卫生要求。

6.6 工作服管理

6.6.1 进入作业区域应穿着工作服。

6.6.2 应根据食品的特点及生产工艺的要求配备专用工作服，如衣、裤、鞋靴、帽和发网等，必要时还可配备口罩、围裙、套袖、手套等。

6.6.3 应制定工作服的清洗保洁制度，必要时应及时更换；生产中应注意保持工作服干净完好。

6.6.4 工作服的设计、选材和制作应适应不同作业区的要求，降低交叉污染食品的风险；应合理选择工作服口袋的位置、使用的连接扣件等，降低内容物或扣件掉落污染食品的风险。

7 食品原料、食品添加剂和食品相关产品

7.1 一般要求

应建立食品原料、食品添加剂和食品相关产品的采购、验收、运输和贮存管理制度，确保所使用的食品原料、食品添加剂和食品相关产品符合国家有关要求。不得将任何危害人体健康和生命安全的物质添加到食品中。

7.2 食品原料

7.2.1 采购的食品原料应当查验供货者的许可证和产品合格证明文件；对无法提供合格证明文件的食品原料，应当依照食品安全标准进行检验。

7.2.2 食品原料必须经过验收合格后方可使用。经验收不合格的食品原料应在指定区域与合格品分开放置并明显标记，并应及时进行退、换货等处理。

7.2.3 加工前宜进行感官检验，必要时应进行实验室检验；检验发现涉及食品安全项目指标异常的，不得使用；只应使用确定适用的食品原料。

7.2.4 食品原料运输及贮存中应避免日光直射、备有防雨防尘设施；根据食品原料的特点和卫生需要，必要时还应具备保温、冷藏、保鲜等设施。

7.2.5 食品原料运输工具和容器应保持清洁、维护良好，必要时应进行消毒。食品原料不得与有毒、有害物品同时装运，避免污染食品原料。

7.2.6 食品原料仓库应设专人管理，建立管理制度，定期检查质量和卫生情况，及时清理变质或超过保质期的食品原料。仓库出货顺序应遵循先进先出的原则，必要时应根据不同食品原料的特性确定出货顺序。

7.3 食品添加剂

7.3.1 采购食品添加剂应当查验供货者的许可证和产品合格证明文件。食品添加剂必须经过验收合格后方可使用。

7.3.2 运输食品添加剂的工具和容器应保持清洁、维护良好，并能提供必要的保护，避免污染食品添加剂。

7.3.3 食品添加剂的贮藏应有专人管理，定期检查质量和卫生情况，及时清理变质或超过保质期的食品添加剂。仓库出货顺序应遵循先进先出的原则，必要时应根据食品添加剂的特性确定出货顺序。

7.4 食品相关产品

7.4.1 采购食品包装材料、容器、洗涤剂、消毒剂等食品相关产品应当查验产品的合格证明文件，实行许可管理的食品相关产品还应查验供货者的许可证。食品包装材料等食品相关产品必须经过验收合格后方可使用。

7.4.2 运输食品相关产品的工具和容器应保持清洁、维护良好，并能提供必要的保护，避免污染食品原料和交叉污染。

7.4.3 食品相关产品的贮藏应有专人管理，定期检查质量和卫生情况，及时清理变质或超过保质期的食品相关产品。仓库出货顺序应遵循先进先出的原则。

8 生产过程的食品安全控制

8.2 生物污染的控制

8.2.1 清洁和消毒

8.2.1.1 应根据原料、产品和工艺的特点，针对生产设备和环境制定有效的清洁消毒制度，降低微生物污染的风险。

8.2.1.2 清洁消毒制度应包括以下内容：清洁消毒的区域、设备或器具名称；清洁消毒工作的职责；使用的洗涤、消毒剂；清洁消毒方法和频率；清洁消毒效果的验证及不符合的处理；清洁消毒工作及监控记录。

8.2.1.3 应确保实施清洁消毒制度，如实记录；及时验证消毒效果，发现问题及时纠正。

8.2.2 食品加工过程的微生物监控

8.2.2.1 根据产品特点确定关键控制环节进行微生物监控；必要时应建立食品加工过程的微生物监控程序，包括生产环境的微生物监控和过程产品的微生物监控。

8.2.2.2 食品加工过程的微生物监控程序应包括：微生物监控指标、取样点、监控频率、取样和检测方法、评判原则和整改措施等。

8.2.2.3 微生物监控应包括致病菌监控和指示菌监控，食品加工过程的微生物监控结果应能反映食品加工过程中对微生物污染的控制水平。

8.3 化学污染的控制

8.3.1 应建立防止化学污染的管理制度，分析可能的污染源和污染途径，制定适当的控制计划和控制程序。

8.3.2 应当建立食品添加剂和食品工业用加工助剂的使用制度，按照GB 2760的要求使用食品添加剂。

8.3.3 不得在食品加工中添加食品添加剂以外的非食用化学物质和其他可能危害人体健康的物质。

8.3.4 生产设备上可能直接或间接接触食品的活动部件若需润滑，应当使用食用油脂或能保证食品安全要求的其他油脂。

8.3.5 建立清洁剂、消毒剂等化学品的使用制度。除清洁消毒必需和工艺需要，不应在生产场所使用和存放可能污染食品的化学制剂。

8.3.6 食品添加剂、清洁剂、消毒剂等均应采用适宜的容器妥善保存，且应明显标示、分类贮存；领用时应准确计量、作好使用记录。

8.3.7 应当关注食品在加工过程中可能产生有害物质的情况，鼓励采取有效措施减低其风险。

8.4 物理污染的控制

8.4.1 应建立防止异物污染的管理制度，分析可能的污染源和污染途径，并制定相应的控制计划和控制程序。

8.4.2 应通过采取设备维护、卫生管理、现场管理、外来人员管理及加工过程监督等措施，最大程度地降低食品受到玻璃、金属、塑胶等异物污染的风险。

8.4.3 应采取设置筛网、捕集器、磁铁、金属检查器等有效措施降低金属或其他异物污染食品的风险。

8.4.4 当进行现场维修、维护及施工等工作时，应采取适当措施避免异物、异味、碎屑等污染食品。

9 检验

9.1 应通过自行检验或委托具备相应资质的食品检验机构对原料和产品进行检验，建立食品出厂检验记录制度。

9.2 自行检验应具备与所检项目适应的检验室和检验能力；由具有相应资质的检验人员按规定的检验方法检验；检验仪器设备应按期检定。

9.3 检验室应有完善的管理制度，妥善保存各项检验的原始记录和检验报告。应建立产品留样制度，及时保留样品。

9.4 应综合考虑产品特性、工艺特点、原料控制情况等因素合理确定检验项目和检验频次以有效验证生产过程中的控制措施。净含量、感官要求以及其他容易受生产过程影响而变化的检验项目的检验频次应大于其他检验项目。

9.5 同一品种不同包装的产品，不受包装规格和包装形式影响的检验项目可以一并检验。

10 食品的贮存和运输

10.1 根据食品的特点和卫生需要选择适宜的贮存和运输条件，必要时应配备保温、冷藏、保鲜等设施。不得将食品与有毒、有害、或有异味的物品一同贮存运输。

10.2 应建立和执行适当的仓储制度，发现异常应及时处理。

10.3 贮存、运输和装卸食品的容器、工器具和设备应当安全、无害，保持清洁，降低食品污染的风险。

10.4 贮存和运输过程中应避免日光直射、雨淋、显著的温湿度变化和剧烈撞击等，防止食品受到不良影响。

11 产品召回管理

11.1 应应根据国家有关规定建立产品召回制度。

11.2 当发现生产的食品不符合食品安全标准或存在其他不适于食用的情况时，应当立即停止生产，召回已经上市销售的食品，通知相关生产经营者和消费者，并记录召回和通知情况。

11.3 对被召回的食品，应当进行无害化处理或者予以销毁，防止其再次流入市场。对因标签、标识或者说明书不符合食品安全标准而被召回的食品，应采取能保证食品安全、且便于重新销售时向消费者明示的补救措施。

11.4 应合理划分记录生产批次，采用产品批号等方式进行标识，便于产品追溯。

12 培训

12.1 应建立食品生产相关岗位的培训制度，对食品加工人员以及相关岗位的从业人员进行相应的食品安全知识培训。

12.2 应通过培训促进各岗位从业人员遵守食品安全相关法律法规标准和执行各项食品安全管理制度的意识和责任，提高相应的知识水平。

12.3 应根据食品生产不同岗位的实际需求，制定和实施食品安全年度培训计划并进行考核，做好培训记录。

12.4 当食品安全相关的法律法规标准更新时，应及时开展培训。

12.5 应定期审核和修订培训计划，评估培训效果，并进行常规检查，以确保培训计划的有效实施。

13 管理制度和人员

13.1 应配备食品安全专业技术人员、管理人员，并建立保障食品安全的管理制度。

13.2 食品安全管理制度应与生产规模、工艺技术水平和食品的种类特性相适应，应根据生产实际和实施经验不断完善食品安全管理制度。

13.3 管理人员应了解食品安全的基本原则和操作规范，能够判断潜在的危险，采取适当的预防和纠正措施，确保有效管理。

14 记录和文件管理

14.1 记录管理

14.1.1 应建立记录制度，对食品生产中采购、加工、贮存、检验、销售等环节详细记录。记录内容应完整、真实，确保对产品从原料采购到产品销售的所有环节都可进行有效追溯。

14.1.1.1 应如实记录食品原料、食品添加剂和食品包装材料等食品相关产品的名称、规格、数量、供货者名称及联系方式、进货日期等内容。

14.1.1.2 应如实记录食品的加工过程（包括工艺参数、环境监测等）、产品贮存情况及产品的检验批号、检验日期、检验人员、检验方法、检验结果等内容。

14.1.1.3 应如实记录出厂产品的名称、规格、数量、生产日期、生产批号、购货者名称及联系方式、检验合格单、销售日期等内容。

14.1.1.4 应如实记录发生召回的食品名称、批次、规格、数量、发生召回的原因及后续整改方案等内容。

14.1.2 食品原料、食品添加剂和食品包装材料等食品相关产品进货查验记录、食品出厂检验记录应由记录和审核人员复核签名，记录内容应完整。保存期限不得少于2年。

14.1.3 应建立客户投诉处理机制。对客户提出的书面或口头意见、投诉，企业相关管理部门应作记录并查找原因，妥善处理。

14.2 应建立文件的管理制度，对文件进行有效管理，确保各相关场所使用的文件均为有效版本。

14.3 鼓励采用先进技术手段（如电子计算机信息系统），进行记录和文件管理。

二、食品安全国家标准《预包装食品标签通则》

《预包装食品标签通则》

（一）目的意义

随着食品突发事件的频繁发生，公众对食品安全的关注程度不断增加，对涉及食品安全的各类信息摄取加大，其中一项就是预包装食品标签。食品标签是向消费者传递产品信息的重要载体，是食品销售的必要条件，也是消费者了解产品信息的最直接有效的途径，直接关系到消费者对消费产品的认知。

2015 年 10 月开始实施的新修订的《中华人民共和国食品安全法》第二十六条规定“对与卫生、营养等食品安全要求有关的标签、标志、说明书的要求”，第六十七条规定了预包装食品标签应当标明的内容，GB 7718—2011 食品安全国家标准《预包装食品标签通则》已于 2012 年 4 月 20 日实施。

（二）范围

本标准适用于直接提供给消费者的预包装食品标签和非直接提供给消费者的预包装食品标签。

本标准不适用于为预包装食品在储藏运输过程中提供保护的食品储运包装标签、散装食品和现制现售食品的标识。

（三）食品安全国家标准《预包装食品标签通则》摘录

3 基本要求

3.1 应符合法律、法规的规定，并符合相应食品安全标准的规定。

3.2 应清晰、醒目、持久，应使消费者购买时易于辨认和识读。

3.3 应通俗易懂、有科学依据，不得标示封建迷信、色情、贬低其他食品或违背营养科学常识的内容。

3.4 应真实、准确，不得以虚假、夸大、使消费者误解或欺骗性的文字、图形等方式介绍食品，也不得利用字号大小或色差误导消费者。

3.5 不应直接或以暗示性的语言、图形、符号，误导消费者将购买的食品或食品的某一性质与另一产品混淆。

3.6 不应标注或者暗示具有预防、治疗疾病作用的内容，非保健食品不得明示或者暗示具有保健作用。

3.7 不应与食品或者其包装物（容器）分离。

3.8 应使用规范的汉字（商标除外）。具有装饰作用的各种艺术字，应书写正确，易于辨认。

3.9 预包装食品包装物或包装容器最大表面面积大于 $35cm^2$ 时，强制标示内容的文字、符号、数字的高度不得小于 1.8mm。

3.10 一个销售单元的包装中含有不同品种、多个独立包装可单独销售的食品，每件独立包装的食品标识应当分别标注。

3.11 若外包装易于开启识别或透过外包装物能清晰地识别内包装物（容器）上的所有强制标示

内容或部分强制标示内容，可不在外包装物上重复标示相应的内容；否则应在外包装物上按要求标示所有强制标示内容。

4 标示内容

4.1 直接向消费者提供的预包装食品标签标示内容

4.1.1 一般要求

直接向消费者提供的预包装食品标签标示应包括食品名称、配料表、净含量和规格、生产者和（或）经销者的名称、地址和联系方式、生产日期和保质期、贮存条件、食品生产许可证编号、产品标准代号及其他需要标示的内容。

4.1.2 食品名称

4.1.2.1 应在食品标签的醒目位置，清晰地标示反映食品真实属性的专用名称。

4.1.3 配料表

4.1.3.1.1 配料表应以“配料”或“配料表”为引导词。当加工过程中所用的原料已改变为其他成分（如酒、酱油、食醋等发酵产品）时，可用“原料”或“原料与辅料”代替“配料”、“配料表”，并按本标准相应条款的要求标示各种原料、辅料和食品添加剂。加工助剂不需要标示。

4.1.3.1.2 各种配料应按制造或加工食品时加入量的递减顺序一一排列；加入量不超过2%的配料可以不按递减顺序排列。

4.1.3.1.3 如果某种配料是由两种或两种以上的其他配料构成的复合配料（不包括复合食品添加剂），应在配料表中标示复合配料的名称，随后将复合配料的原始配料在括号内按加入量的递减顺序标示。当某2种复合配料已有国家标准、行业标准或地方标准，且其加入量小于食品总量的25%时，不需要标示复合配料的原始配料。

4.1.3.1.4 食品添加剂应当标示其在GB 2760中的食品添加剂通用名称。食品添加剂通用名称可以标示为食品添加剂的具体名称，也可标示为食品添加剂的功能类别名称并同时标示食品添加剂的具体名称或国际编码（INS号）。在同一预包装食品的标签上，应选择一种形式标示食品添加剂。当采用同时标示食品添加剂的功能类别名称和国际编码的形式时，若某种食品添加剂尚不存在相应的国际编码，或因致敏物质标示需要，可以标示其具体名称。食品添加剂的名称不包括其制法。加入量小于食品总量25%的复合配料中含有的食品添加剂，若符合GB 2760规定的带入原则且在最终产品中不起工艺作用的，不需要标示。

4.1.3.1.5 在食品制造或加工过程中，加入的水应在配料表中标示。在加工过程中已挥发的水或其他挥发性配料不需要标示。

4.1.3.1.6 可食用的包装物也应在配料表中标示原始配料，国家另有法律法规规定的除外。

4.1.4 配料的定量标示

4.1.4.1 如果在食品标签或食品说明书上特别强调添加了或含有一种或多种有价值、有特性的配料或成分，应标示所强调配料或成分的添加量或在成品中的含量。

4.1.4.2 如果在食品的标签上特别强调一种或多种配料或成分的含量较低或无时，应标示所强调配料或成分在成品中的含量。

4.1.4.3 食品名称中提及的某种配料或成分而未在标签上特别强调，不需要标示该种配料或成分的添加量或在成品中的含量。

4.1.7 日期标示

4.1.7.1 应清晰标示预包装食品的生产日期和保质期。如日期标示采用“见包装物某部位”的形式，应标示所在包装物的具体部位。日期标示不得另外加贴、补印或篡改。

4.1.7.2 当同一预包装内含有多个标示了生产日期及保质期的单件预包装食品时，外包装上标示的保质期应按最早到期的单件食品的保质期计算。外包装上标示的生产日期应为最早生产的单件食品的生产日期，或外包装形成销售单元的日期；也可在外包装上分别标示各单件装食品的生产日期和保质期。

4.1.7.3 应按年、月、日的顺序标示日期，如果不按此顺序标示，应注明日期标示顺序。

4.1.8 贮存条件

预包装食品标签应标示贮存条件。

4.1.9 食品生产许可证编号

预包装食品标签应标示食品生产许可证编号的，标示形式按照相关规定执行。

4.1.10 产品标准代号

在国内生产并在国内销售的预包装食品（不包括进口预包装食品）应标示产品所执行的标准代号和顺序号。

4.2 非直接提供给消费者的预包装食品标签标示内容

非直接提供给消费者的预包装食品标签应按照4.1项下的相应要求标示食品名称、规格、净含量、生产日期、保质期和贮存条件，其他内容如未在标签上标注，则应在说明书或合同中注明。

4.3 标示内容的豁免

4.3.1 下列预包装食品可以免除标示保质期：酒精度大于等于10%的饮料酒；食醋；食用盐；固态食糖类；味精。

4.3.2 当预包装食品包装物或包装容器的最大表面面积小于$10cm^2$时，可以只标示产品名称、净含量、生产者（或经销商）的名称和地址。

点滴积累

1. 食品安全国家标准《食品生产通用卫生规范》是规范食品生产行为，防止食品生产过程的各种污染，生产安全且适宜食用的食品的基础性食品安全国家标准。
2. 食品安全国家标准《预包装食品标签通则》规定了直接提供给消费者的预包装食品标签和非直接提供给消费者的预包装食品标签。

目标检测

一、单项选择题

1. 农产品批发市场应当设立或者委托农产品质量安全检测机构，对进场销售的农产品质量安

全状况进行抽查检测;发现不符合农产品质量安全标准的,应当要求销售者立即停止销售,并向(　　)部门报告

A. 当地政府　　B. 工商　　C. 质量监督　　D. 农业行政主管

2. 农产品质量安全检测机构,因检测结果不实给当事人造成损害的,应依法承担(　　)

A. 刑事责任　　B. 赔偿责任　　C. 民事责任　　D. 法律责任

3. 直接与(　　)接触的人员不准戴耳环、戒指、手镯、项链、手表,不准化妆、染指甲、喷洒香水进入车间

A. 原料　　B. 半成品　　C. 熟制品　　D. 原料、半成品和成品

4. 食品标签包括了食品包装上的(　　)

A. 文字、图形、符号　　B. 图形、符号

C. 一切说明物　　D. 文字、图形、符号及一切说明物

二、多项选择题

1. 生产(　　)的企业,应当按照良好生产规范的要求建立与所生产食品相适应的生产质量管理体系,定期对该体系的运行情况进行自查,保证其有效运行,并向所在地县级人民政府食品药品监督管理部门提交自查报告

A. 保健食品　　B. 特殊医学用途配方食品

C. 药品　　D. 婴幼儿配方食品

E. 其他专供特定人群的主辅食品

2. 食品经营企业应当建立食品进货查验记录制度,如实记录食品的(　　)等内容,并保存相关凭证

A. 名称、规格、数量　　B. 生产日期或者生产批号、保质期

C. 消费者评价意见　　D. 进货日期

E. 供货者名称、地址、联系方式

3. (　　)等集中用餐单位的主管部门应当加强对集中用餐单位的食品安全教育和日常管理,降低食品安全风险,及时消除食品安全隐患

A. 大学　　B. 中小学　　C. 养老机构

D. 建筑工地　　E. 托幼机构

4. 有下列情形之一的农产品,不得销售(　　)

A. 含有国家禁止使用的农药、兽药或者其他化学物质的

B. 农药、兽药等化学物质残留或者含有的重金属等有毒有害物质不符合农产品质量安全标准的

C. 含有的致病性寄生虫、微生物或者生物毒素不符合农产品质量安全标准的

D. 使用的保鲜剂、防腐剂、添加剂等材料不符合国家有关强制性技术规范的

E. 农药残留符合国家标准的

三、简答题

1.《食品安全法》的立法意义？

2. 发生农产品质量安全事故时应当采取什么措施？

3.《食品生产通用卫生规范》中对洗手和消毒有哪几项要求？

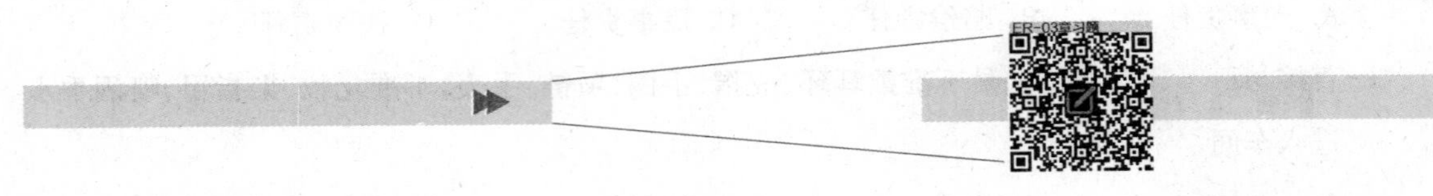

（谷　燕　黄　维）

第四章

食品良好生产规范（GMP）的建立和实施

导学情景 √

情景描述

上海电视台 2014 年 7 月 20 日晚间报道，某记者化身流水线工人卧底调查多月，发现麦当劳、肯德基等知名快餐连锁店的肉类供应商——上海福喜食品有限公司存在大量采用过期变质肉类原料等行为。从电视画面上显示：该公司车间散落一地的麦乐鸡、调味牛肉排，工人们一一捡拾起来直接放上生产线；过期原料被用于生产国内销售的麦乐鸡；挑拣出的次品被工人直接推到了原料绞肉区，经过 200℃高温油炸后的次品和鸡肉原料混在一起重新利用；一些来路不明的成品也成为福喜公司的原料。在食药监总局和公安调查组的约谈中，福喜公司相关责任人承认，对于过期原料的使用，公司多年来的政策一贯如此，且“问题操作”由高层指使。

学前导语

食品安全控制的范围十分广泛，涵盖了食品安全学科领域的各个方面。良好生产规范（GMP）是食品安全控制的重要规范之一。为食品生产提供一套必须遵循的组合标准，为卫生行政部门、食品卫生监督部门提供监督检查的依据，为建立国际食品标准提供基础，使食品生产企业对原料、辅料、包装材料的要求更为严格，有助于食品生产企业采用新技术、新设备，从而保证食品质量。中国在实行新食品安全法后，GMP 也进行了更新。中国食品企业 GMP 认证在内容、法律效率等方面与其他国家的 GMP 是基本一致的。有些国家在一些问题的描述上与我国的 GMP 有一定出入。本章我们将带领同学们学习 GMP 的相关知识、GMP 的主要内容以及 GMP 的认证。

第一节　GMP 概述

一、GMP 的概念

“GMP”是英文 Good Manufacturing Practice 的缩写，中文的意思是“良好生产规范”。

食品良好生产规范是通过对产品生产加工应具备的硬件条件和管理要求加以规定，并在生产的全过程实施科学管理和严格监控来获得产品预期质量的全面质量管理制度。国际上，为了确保食品生产加工有足够的软硬件保障，食品领域的 GMP 多以法律、法规和技术规范等形式体现。GMP 的主要目标是确保在食品企业生产加工出安全卫生的食品，是全面质量管理在食品加工中的具体化，是一种保证食品质量安全卫生的管理体系，其本质特点是“预防为主”的质量管理，即从以“事后的检验把关”为主变为“预防、改进”为主，从管“结果”变为管“因素”。GMP 管理有 4 个关键要素：①由合适的人员来生产与管理；②选用良好的原材料；③采用规范的厂房及机器设备；④采用适当的工艺。其基本精神是：①降低食品制造过程中的人为错误；②防止食品在制造过程中遭受污染或品质劣变；③建立完善的质量管理体系。

二、食品 GMP 的产生、发展与完善

GMP 是美国于 1963 年正式将其引入药品生产。在美国于 1969 年制定了适用于食品生产的 GMP。

1969 年第 22 届世界卫生大会上，WHO 建议各成员国的药品生产采用 GMP，以保证药品质量。GMP 有 3 种，即药品 GMP、食品 GMP 和医疗器械 GMP；GMP 是生产和质量控制程序结合，以保证产品生产的一致性，达到其规格要求。食品 GMP 是一种特别注重产品在整个制造过程的品质与卫生的保证制度，1975 日本厚生省开始制定各类食品卫生规范（Code of Hygienic Practice of Food）。

我国从 20 世纪 80 年代中期开始相继发布了一系列类似食品 GMP 的卫生规范和食品 GMP。1988 年 5 月我国全面强制实施药品 GMP。1989 年 7 月我国开始推行食品良好生产规范（GMP），采用自愿认证方式。1994 年扩大食品 GMP 社会推广工作，提高消费者对食品 GMP 认证制度的认知度、信赖度及行动度。1995 年设立 080 咨询专线，并规划食品 GMP 产销联合品保措施。1998 年研议食品 GMP 认证制度，转型方向为提高食品业者参与度及自主责任，决定将食品 GMP 认证制度分为政府推动阶段、政府-民间共同推动阶段及民间自主推动阶段。2000 年后食品 GMP 认证体系正式迈入政府-民间共同推动阶段。根据 2003 年原卫生部《食品安全行动计划》要求，2005 年在罐头、乳制品、饮料、低温肉制品、水产品加工等食品生产加工企业实施原卫生部制定的 GMP 要求。2006 年所有餐饮业、快餐供应企业、食品储藏运输企业实施 GMP 要求。

目前世界各国多已正式立法强制实施。

知识链接

我国食品 GMP 现状

GMP 最初来源于药品的生产，1961 年欧洲经历了 20 世纪最大的药物灾难“反应停”事件后，人们开始逐渐认识到单纯以成品抽样检验结果为依据的质量控制方法存在很大的弊端，并不能保证生产的药品都能做到安全并符合质量要求。由于目前国际上对 GMP 的要求已经常态化、标准化，出口企业需要和国际标准接轨，就必须满足出口目的国家的标准要求，因此出口企业大多按照 GMP 管理要求进行了改造，得到了快速的发展，在企业硬件、人员配置和管理水平等方面得到了加强，出口食品的安全水平也得到了提升。而以国内销售为主的食品生产加工企业，在以上方面有所欠缺，不过目前的市场准入制度在很大程度上对食品安全提供了基础保障，越来越多的企业管理阶层认识到了实施 GMP 对企业未来的发展的重要性。另外，很多高校先后开通食品专业，培养了一大批具备一定专业技能和质量管理知识的人才，结合我国现行对药品、保健品的强制 GMP 认证，为食品生产企业在质量管理、食品检验等方面提供了人员保障。目前我国将 GMP 作为推荐性规范，鼓励食品企业按照 GMP 的要求进行改造，相信在不久的将来，GMP 质量管理体系会在所有食品生产企业中得到推广。

三、GMP 的类别

一般分为政府机构颁布的 GMP、行业组织制定的 GMP、食品企业自定的 GMP 三类；根据 GMP 的法律效力分为强制性 GMP 和推荐性 GMP。

四、GMP 在中国的发展及应用

在我国实施 GMP 的意义：为食品生产过程提供一套必须遵循的组合标准；有助于食品生产企业采用新技术、新设备、保证食品质量；为卫生行政部门提供监督检查依据；便于食品的国际贸易。

1984 年，原国家商检局首先制定了类似 GMP 的卫生法规《出口食品厂、库最低卫生要求》；几经修改后，于 1994 年 11 月发布了《出口食品厂、库卫生要求》；2002 年 4 月，国家质量监督检验检疫总局颁布《出口食品生产企业卫生注册登记管理规定》，这一规定的附件二相当于我国最新的食品 GMP。

《食品企业通用卫生规范》规定了中国食品企业在加工过程、原料采购、运输、贮存、工厂设计与设施的基本卫生要求及管理准则。适用于食品生产、经营的企业、工厂，并作为制定各类食品厂的专业卫生规范的依据，以此国标作为中国食品 GMP 总则。

《食品企业通用卫生规范》包括 7 个要素：①原材料采购、运输的卫生要求；②工厂设计与设施的卫生要求；③工厂的卫生管理；④生产过程的卫生要求；⑤卫生和质量检验的管理；⑥成品贮存、运输的卫生要求；⑦个人卫生与健康的要求。

食品加工企业专用 GMP 主要包括：

（1）《食品国家安全标准 罐头食品生产卫生规范》（GB 8950—2016）；

（2）《食品国家安全标准 蒸馏酒及其配制酒生产卫生规范》（GB 8951—2016）；

（3）《食品国家安全标准 啤酒生产卫生规范》（GB 8952—2016）；

（4）《食品国家安全标准 酱油生产卫生规范》（GB 8953—2018）；

（5）《食品国家安全标准 食醋生产卫生规范》（GB 8954—2016）；

（6）《食品国家安全标准 食用植物油及其制品生产卫生规范》（GB 8955—2016）；

（7）《食品国家安全标准 蜜饯生产卫生规范》（GB 8956—2016）；

（8）《食品国家安全标准 糕点面包卫生规范》（GB 8957—2016）；

（9）《食品国家安全标准 乳制品良好生产规范》（GB 12693—2016）；

（10）《食品国家安全标准 畜禽屠宰加工卫生规范》（GB 12694—2016）；

（11）《食品国家安全标准 饮料生产卫生规范》（GB 12695—2016）；

（12）《食品国家安全标准 发酵酒及其配制酒生产卫生规范》（GB 12696—2016）；

（13）《食品国家安全标准 谷物加工卫生规范》（GB 13122—2016）；

（14）《饮用矿泉水厂卫生规范》（GB 16330—1996）；

（15）《食品国家安全标准 糖果巧克力生产卫生规范》（GB 17403—2016）；

（16）《食品国家安全标准 膨化食品生产卫生规范》（GB 17404—2016）；

（17）《保健食品良好生产规范》（GB 17405—1998）；

（18）《熟肉制品企业生产卫生规范》（GB 19303—2003）；

（19）《定型包装饮用水企业生产卫生规范》（GB 19304—2003）。

2009年6月1日起实施《食品安全法》后，我国良好卫生规范大多不能适应食品安全法的要求，新一轮的食品卫生规范修订工作开始展开，2010年原卫生部发布了食品安全国家标准《乳制品良好生产规范》，新标准强调了原料进厂、生产过程的食品安全控制、产品的运输和贮存整个生产过程中防止污染的要求；强调了生产过程的食品安全控制、并制定了控制微生物、化学、物理污染的主要措施；增加了关键控制点的控制指标、监测以及记录要求；增加了产品追溯与召回的具体要求；增加了记录和文件的管理要求。

企业在依法量身定制个性标准时应坚持密切联系当前行业发展动态，实力强的企业在制定标准时可以具有一定的超前意识。

点滴积累

1. GMP的含义是良好生产规范。
2. 美国于1969年制定了适用于食品生产的GMP。

第二节　GMP的主要内容

一、《食品企业通用卫生规范》的内容简介

《食品企业通用卫生规范》（GB 14881—2013）分14章，内容包括：范围，术语和定义，选址及厂区环境，厂房和车间，设施与设备，卫生管理，食品原料、食品添加剂和食品相关产品，生产过程的食品安全控制，检验，食品的贮存和运输，产品召回管理，培训，管理制度和人员，记录和文件管理。附录“食品加工过程的微生物监控程序指南”针对食品生产过程中较难控制的微生物污染因素，向食品生产企业提供了指导性较强的监控程序建立指南。

二、《食品企业通用卫生规范》的主要修订内容

与GB 14881—1994相比，新标准主要有以下几方面变化：

1. 强化了源头控制，对原料采购、验收、运输和贮存等环节食品安全控制措施做了详细规定。

2. 加强了过程控制，对加工、产品贮存和运输等食品生产过程的食品安全控制提出了明确要求，并制定了控制生物、化学、物理等主要污染的控制措施。

3. 加强生物、化学、物理污染的防控，对设计布局、设施设备、材质和卫生管理提出了要求。

4. 增加了产品追溯与召回的具体要求。

5. 增加了记录和文件的管理要求。

6. 增加了附录 A“食品加工环境微生物监控程序指南”。

三、中国食品 GMP 的主要内容

（一）选址

1. 厂区不应选择对食品有显著污染的区域。如某地对食品安全和食品宜食用性存在明显的不利影响，且无法通过采取措施加以改善，应避免在该地址建厂。

2. 厂区不应选择有害废弃物以及粉尘、有害气体、放射性物质和其他扩散性污染源不能有效清除的地址。

3. 厂区不宜选择易发生洪涝灾害的地区，难以避开时应设计必要的防范措施。

4. 厂区周围不宜有虫害大量孳生的潜在场所，难以避开时应设计必要的防范措施。

（二）厂区环境

1. 应考虑环境给食品生产带来的潜在污染风险，并采取适当的措施将其降至最低水平。

2. 厂区应合理布局，各功能区域划分明显，并有适当的分离或分隔措施，防止交叉污染。

3. 厂区内的道路应铺设混凝土、沥青、或者其他硬质材料；空地应采取必要措施，如铺设水泥、地砖或铺设草坪等方式，保持环境清洁，防止正常天气下扬尘和积水等现象的发生。

4. 厂区绿化应与生产车间保持适当距离，植被应定期维护，以防止虫害的孳生。

5. 厂区应有适当的排水系统。

6. 宿舍、食堂、职工娱乐设施等生活区应与生产区保持适当距离或分隔。

（三）厂房和车间

1. 设计和布局

（1）厂房和车间的内部设计和布局应满足食品卫生操作要求，避免食品生产中发生交叉污染。

（2）厂房和车间的设计应根据生产工艺合理布局，预防和降低产品受污染的风险。

（3）厂房和车间应根据产品特点、生产工艺、生产特性以及生产过程对清洁程度的要求合理划分作业区，并采取有效分离或分隔。如：通常可划分为清洁作业区、准清洁作业区和一般作业区；或清洁作业区和一般作业区等。一般作业区应与其他作业区域分隔。

（4）厂房内设置的检验室应与生产区域分隔。

（5）厂房的面积和空间应与生产能力相适应，便于设备安置、清洁消毒、物料存储及人员操作。

2. 建筑内部结构与材料

（1）内部结构：建筑内部结构应易于维护、清洁或消毒。应采用适当的耐用材料建造。

（2）顶棚

1）顶棚应使用无毒、无味、与生产需求相适应、易于观察清洁状况的材料建造；若直接在屋顶内层喷涂涂料作为顶棚，应使用无毒、无味、防霉、不易脱落、易于清洁的涂料。

2）顶棚应易于清洁、消毒，在结构上不利于冷凝水垂直滴下，防止虫害和真菌孳生。

3）蒸汽、水、电等配件管路应避免设置于暴露食品的上方；如确需设置，应有能防止灰尘散落及水滴掉落的装置或措施。

(3)墙壁

1)墙面、隔断应使用无毒、无味的防渗透材料建造，在操作高度范围内的墙面应光滑、不易积累污垢且易于清洁；若使用涂料，应无毒、无味、防霉、不易脱落、易于清洁。

2)墙壁、隔断和地面交界处应结构合理、易于清洁，能有效避免污垢积存。例如设置漫弯形交界面等。

(4)门窗

1)门窗应闭合严密。门的表面应平滑、防吸附、不渗透，并易于清洁、消毒。应使用不透水、坚固、不变形的材料制成。

2)清洁作业区和准清洁作业区与其他区域之间的门应能及时关闭。

3)窗户玻璃应使用不易碎材料。若使用普通玻璃，应采取必要的措施防止玻璃破碎后对原料、包装材料及食品造成污染。

4)窗户如设置窗台，其结构应能避免灰尘积存且易于清洁。可开启的窗户应装有易于清洁的防虫害窗纱。

(5)地面

1)地面应使用无毒、无味、不渗透、耐腐蚀的材料建造。地面的结构应有利于排污和清洗的需要。

2)地面应平坦防滑、无裂缝、并易于清洁、消毒，并有适当的措施防止积水。

（四）设施与设备

1. 设施

(1)供水设施

1)应能保证水质、水压、水量及其他要求符合生产需要。

2)食品加工用水的水质应符合GB 5749的规定，对加工用水水质有特殊要求的食品应符合相应规定。间接冷却水、锅炉用水等食品生产用水的水质应符合生产需要。

3)食品加工用水与其他不与食品接触的用水(如间接冷却水、污水或废水等)应以完全分离的管路输送，避免交叉污染。各管路系统应明确标识以便区分。

4)自备水源及供水设施应符合有关规定。供水设施中使用的涉及饮用水卫生安全产品还应符合国家相关规定。

(2)排水设施

1)排水系统的设计和建造应保证排水畅通、便于清洁维护；应适应食品生产的需要，保证食品及生产、清洁用水不受污染。

2)排水系统入口应安装带水封的地漏等装置，以防止固体废弃物进入及浊气逸出。

3)排水系统出口应有适当措施以降低虫害风险。

4)室内排水的流向应由清洁程度要求高的区域流向清洁程度要求低的区域，且应有防止逆流的设计。

5）污水在排放前应经适当方式处理，以符合国家污水排放的相关规定。

（3）清洁消毒设施：应配备足够的食品、工器具和设备的专用清洁设施，必要时应配备适宜的消毒设施。应采取措施避免清洁、消毒工器具带来的交叉污染。

（4）废弃物存放设施：应配备设计合理、防止渗漏、易于清洁的存放废弃物的专用设施；车间内存放废弃物的设施和容器应标识清晰。必要时应在适当地点设置废弃物临时存放设施，并依废弃物特性分类存放。

（5）个人卫生设施

1）生产场所或生产车间入口处应设置更衣室；必要时特定的作业区入口处可按需要设置更衣室。更衣室应保证工作服与个人服装及其他物品分开放置。

2）生产车间入口及车间内必要处，应按需设置换鞋（穿戴鞋套）设施或工作鞋靴消毒设施。如设置工作鞋靴消毒设施，其规格尺寸应能满足消毒需要。

3）应根据需要设置卫生间，卫生间的结构、设施与内部材质应易于保持清洁；卫生间内的适当位置应设置洗手设施。卫生间不得与食品生产、包装或贮存等区域直接连通。

4）应在清洁作业区入口设置洗手、干手和消毒设施；如有需要，应在作业区内适当位置加设洗手和（或）消毒设施；与消毒设施配套的水龙头其开关应为非手动式。

5）洗手设施的水龙头数量应与同班次食品加工人员数量相匹配，必要时应设置冷热水混合器。洗手池应采用光滑、不透水、易清洁的材质制成，其设计及构造应易于清洁消毒。应在临近洗手设施的显著位置标示简明易懂的洗手方法。

6）根据对食品加工人员清洁程度的要求，必要时应可设置风淋室、淋浴室等设施。

（6）通风设施

1）应具有适宜的自然通风或人工通风措施；必要时应通过自然通风或机械设施有效控制生产环境的温度和湿度。通风设施应避免空气从清洁度要求低的作业区域流向清洁度要求高的作业区域。

2）应合理设置进气口位置，进气口与排气口和户外垃圾存放装置等污染源保持适宜的距离和角度。进、排气口应装有防止虫害侵入的网罩等设施。通风排气设施应易于清洁、维修或更换。

3）若生产过程需要对空气进行过滤净化处理，应加装空气过滤装置并定期清洁。

4）根据生产需要，必要时应安装除尘设施。

（7）照明设施

1）厂房内应有充足的自然采光或人工照明，光泽和亮度应能满足生产和操作需要；光源应使食品呈现真实的颜色。

2）如需在暴露食品和原料的正上方安装照明设施，应使用安全型照明设施或采取防护措施。

（8）仓储设施

1）应具有与所生产产品的数量、贮存要求相适应的仓储设施。

2）仓库应以无毒、坚固的材料建成；仓库地面应平整，便于通风换气。仓库的设计应能易于维护和清洁，防止虫害藏匿，并应有防止虫害侵入的装置。

3）原料、半成品、成品、包装材料等应依据性质的不同分设贮存场所、或分区域码放，并有明确标识，防止交叉污染。必要时仓库应设有温、湿度控制设施。

4）贮存物品应与墙壁、地面保持适当距离，以利于空气流通及物品搬运。

5）清洁剂、消毒剂、杀虫剂、润滑剂、燃料等物质应分别安全包装，明确标识，并应与原料、半成品、成品、包装材料等分隔放置。

（9）温控设施

1）应根据食品生产的特点，配备适宜的加热、冷却、冷冻等设施，以及用于监测温度的设施。

2）根据生产需要，可设置控制室温的设施。

2. 设备

（1）生产设备

1）一般要求：应配备与生产能力相适应的生产设备，并按工艺流程有序排列，避免引起交叉污染。

2）材质：①与原料、半成品、成品接触的设备与用具，应使用无毒、无味、抗腐蚀、不易脱落的材料制作，并应易于清洁和保养。②设备、工器具等与食品接触的表面应使用光滑、无吸收性、易于清洁保养和消毒的材料制成，在正常生产条件下不会与食品、清洁剂和消毒剂发生反应，并应保持完好无损。

3）设计：①所有生产设备应从设计和结构上避免零件、金属碎屑、润滑油、或其他污染因素混入食品，并应易于清洁消毒、易于检查和维护。②设备应不留空隙地固定在墙壁或地板上，或在安装时与地面和墙壁间保留足够空间，以便清洁和维护。

（2）监控设备：用于监测、控制、记录的设备，如压力表、温度计、记录仪等，应定期校准、维护。

（3）设备的保养和维修：应建立设备保养和维修制度，加强设备的日常维护和保养，定期检修，及时记录。

（五）卫生管理

1. 卫生管理制度

（1）应制定食品加工人员和食品生产卫生管理制度以及相应的考核标准，明确岗位职责，实行岗位责任制。

（2）应根据食品的特点以及生产、贮存过程的卫生要求，建立对保证食品安全具有显著意义的关键控制环节的监控制度，良好实施并定期检查，发现问题及时纠正。

（3）应制定针对生产环境、食品加工人员、设备及设施等的卫生监控制度，确立内部监控的范围、对象和频率。记录并存档监控结果，定期对执行情况和效果进行检查，发现问题及时整改。

（4）应建立清洁消毒制度和清洁消毒用具管理制度。清洁消毒前后的设备和工器具应分开放置妥善保管，避免交叉污染。

2. 厂房及设施卫生管理

（1）厂房内各项设施应保持清洁，出现问题及时维修或更新；厂房地面、屋顶、天花板及墙壁有破损时，应及时修补。

（2）生产、包装、贮存等设备及工器具、生产用管道、裸露食品接触表面等应定期清洁消毒。

3. 食品加工人员健康管理与卫生要求

（1）食品加工人员健康管理

1）应建立并执行食品加工人员健康管理制度。

2）食品加工人员每年应进行健康检查，取得健康证明；上岗前应接受卫生培训。

3）食品加工人员如患有痢疾、伤寒、甲型病毒性肝炎、戊型病毒性肝炎等消化道传染病，以及患有活动性肺结核、化脓性或者渗出性皮肤病等有碍食品安全的疾病，或有明显皮肤损伤未愈合的，应当调整到其他不影响食品安全的工作岗位。

（2）食品加工人员卫生要求

1）进入食品生产场所前应整理个人卫生，防止污染食品。

2）进入作业区域应规范穿着洁净的工作服，并按要求洗手、消毒；头发应藏于工作帽内或使用发网约束。

3）进入作业区域不应佩戴饰物、手表，不应化妆、染指甲、喷洒香水；不得携带或存放与食品生产无关的个人用品。

4）使用卫生间、接触可能污染食品的物品、或从事与食品生产无关的其他活动后，再次从事接触食品、食品工器具、食品设备等与食品生产相关的活动前应洗手消毒。

（3）来访者卫生要求：非食品加工人员不得进入食品生产场所，特殊情况下进入时应遵守和食品加工人员同样的卫生要求。

4. 虫害控制

（1）应保持建筑物完好、环境整洁，防止虫害侵入及孳生。

（2）应制定和执行虫害控制措施，并定期检查。生产车间及仓库应采取有效措施（如纱帘、纱网、防鼠板、防蝇灯、风幕等），防止鼠类昆虫等侵入。若发现有虫鼠害痕迹时，应追查来源，消除隐患。

（3）应准确绘制虫害控制平面图，标明捕鼠器、粘鼠板、灭蝇灯、室外诱饵投放点、生化信息素捕杀装置等放置的位置。

（4）厂区应定期进行除虫灭害工作。

（5）采用物理、化学或生物制剂进行处理时，不应影响食品安全和食品应有的品质、不应污染食品接触表面、设备、工器具及包装材料。除虫灭害工作应有相应的记录。

（6）使用各类杀虫剂或其他药剂前，应做好预防措施避免对人身、食品、设备工具造成污染；不慎污染时，应及时将被污染的设备、工具彻底清洁，消除污染。

5. 废弃物处理

（1）应制定废弃物存放和清除制度，有特殊要求的废弃物其处理方式应符合有关规定。废弃物应定期清除；易腐败的废弃物应尽快清除；必要时应及时清除废弃物。

（2）车间外废弃物放置场所应与食品加工场所隔离防止污染；应防止不良气味或有害有毒气体溢出；应防止虫害孳生。

6. 工作服管理

(1)进入作业区域应穿着工作服。

(2)应根据食品的特点及生产工艺的要求配备专用工作服，如衣、裤、鞋靴、帽和发网等，必要时还可配备口罩、围裙、套袖、手套等。

(3)应制定工作服的清洗保洁制度，必要时应及时更换；生产中应注意保持工作服干净完好。

(4)工作服的设计、选材和制作应适应不同作业区的要求，降低交叉污染食品的风险；应合理选择工作服口袋的位置、使用的连接扣件等，降低内容物或扣件掉落污染食品的风险。

（六）食品原料、食品添加剂和食品相关产品

1. 一般要求　应建立食品原料、食品添加剂和食品相关产品的采购、验收、运输和贮存管理制度，确保所使用的食品原料、食品添加剂和食品相关产品符合国家有关要求。不得将任何危害人体健康和生命安全的物质添加到食品中。

2. 食品原料

(1)采购的食品原料应当查验供货者的许可证和产品合格证明文件；对无法提供合格证明文件的食品原料，应当依照食品安全标准进行检验。

(2)食品原料必须经过验收合格后方可使用。经验收不合格的食品原料应在指定区域与合格品分开放置并明显标记，并应及时进行退、换货等处理。

(3)加工前宜进行感官检验，必要时应进行实验室检验；检验发现涉及食品安全项目指标异常的不得使用；只应使用确定适用的食品原料。

(4)食品原料运输及贮存中应避免日光直射、备有防雨防尘设施；根据食品原料的特点和卫生需要，必要时还应具备保温、冷藏、保鲜等设施。

(5)食品原料运输工具和容器应保持清洁、维护良好，必要时应进行消毒。食品原料不得与有毒、有害物品同时装运，避免污染食品原料。

(6)食品原料仓库应设专人管理，建立管理制度，定期检查质量和卫生情况，及时清理变质或超过保质期的食品原料。仓库出货顺序应遵循先进先出的原则，必要时应根据不同食品原料的特性确定出货顺序。

3. 食品添加剂

(1)采购食品添加剂应当查验供货者的许可证和产品合格证明文件。食品添加剂必须经过验收合格后方可使用。

(2)运输食品添加剂的工具和容器应保持清洁、维护良好，并能提供必要的保护，避免污染食品添加剂。

(3)食品添加剂的贮藏应有专人管理，定期检查质量和卫生情况，及时清理变质或超过保质期的食品添加剂。仓库出货顺序应遵循先进先出的原则，必要时应根据食品添加剂的特性确定出货顺序。

4. 食品相关产品

(1)采购食品包装材料、容器、洗涤剂、消毒剂等食品相关产品应当查验产品的合格证明文件，实行许可管理的食品相关产品还应查验供货者的许可证。食品包装材料等食品相关产品必须经过验收合格后方可使用。

（2）运输食品相关产品的工具和容器应保持清洁、维护良好，并能提供必要的保护，避免污染食品原料和交叉污染。

（3）食品相关产品的贮藏应有专人管理，定期检查质量和卫生情况，及时清理变质或超过保质期的食品相关产品。仓库出货顺序应遵循先进先出的原则。

5. 其他　盛装食品原料、食品添加剂、直接接触食品的包装材料的包装或容器，其材质应稳定、无毒无害，不易受污染，符合卫生要求。

食品原料、食品添加剂和食品包装材料等进入生产区域时应有一定的缓冲区域或外包装清洁措施，以降低污染风险。

（七）生产过程的食品安全控制

1. 产品污染风险控制

（1）应通过危害分析方法明确生产过程中的食品安全关键环节，并设立食品安全关键环节的控制措施。在关键环节所在区域，应配备相关的文件以落实控制措施，如配料（投料）表、岗位操作规程等。

（2）鼓励采用危害分析与关键控制点体系（HACCP）对生产过程进行食品安全控制。

2. 生物污染的控制

（1）清洁和消毒

1）应根据原料、产品和工艺的特点，针对生产设备和环境制定有效的清洁消毒制度，降低微生物污染的风险。

2）清洁消毒制度应包括以下内容：清洁消毒的区域、设备或器具名称；清洁消毒工作的职责；使用的洗涤、消毒剂；清洁消毒方法和频率；清洁消毒效果的验证及不符合的处理；清洁消毒工作及监控记录。

3）应确保实施清洁消毒制度，如实记录；及时验证消毒效果，发现问题及时纠正。

（2）食品加工过程的微生物监控

1）根据产品特点确定关键控制环节进行微生物监控；必要时应建立食品加工过程的微生物监控程序，包括生产环境的微生物监控和过程产品的微生物监控。

2）食品加工过程的微生物监控程序应包括：微生物监控指标、取样点、监控频率、取样和检测方法、评判原则和整改措施等，具体可参照附录A的要求，结合生产工艺及产品特点制定。

3）微生物监控应包括致病菌监控和指示菌监控，食品加工过程的微生物监控结果应能反映食品加工过程中对微生物污染的控制水平。

3. 化学污染的控制

（1）应建立防止化学污染的管理制度，分析可能的污染源和污染途径，制定适当的控制计划和控制程序。

（2）应当建立食品添加剂和食品工业用加工助剂的使用制度，按照GB 2760的要求使用食品添加剂。

(3)不得在食品加工中添加食品添加剂以外的非食用化学物质和其他可能危害人体健康的物质。

(4)生产设备上可能直接或间接接触食品的活动部件若需润滑，应当使用食用油脂或能保证食品安全要求的其他油脂。

(5)建立清洁剂、消毒剂等化学品的使用制度。除清洁消毒必需和工艺需要，不应在生产场所使用和存放可能污染食品的化学制剂。

(6)食品添加剂、清洁剂、消毒剂等均应采用适宜的容器妥善保存，且应明显标示、分类贮存；领用时应准确计量、作好使用记录。

(7)应当关注食品在加工过程中可能产生有害物质的情况，鼓励采取有效措施减低其风险。

4. 物理污染的控制

(1)应建立防止异物污染的管理制度，分析可能的污染源和污染途径，并制定相应的控制计划和控制程序。

(2)应通过采取设备维护、卫生管理、现场管理、外来人员管理及加工过程监督等措施，最大程度地降低食品受到玻璃、金属、塑胶等异物污染的风险。

(3)应采取设置筛网、捕集器、磁铁、金属检查器等有效措施降低金属或其他异物污染食品的风险。

(4)当进行现场维修、维护及施工等工作时，应采取适当措施避免异物、异味、碎屑等污染食品。

5. 包装

(1)食品包装应能在正常的贮存、运输、销售条件下最大限度地保护食品的安全性和食品品质。

(2)使用包装材料时应核对标识，避免误用；应如实记录包装材料的使用情况。

（八）检验

1. 应通过自行检验或委托具备相应资质的食品检验机构对原料和产品进行检验，建立食品出厂检验记录制度。

2. 自行检验应具备与所检项目适应的检验室和检验能力；由具有相应资质的检验人员按规定的检验方法检验；检验仪器设备应按期检定。

3. 检验室应有完善的管理制度，妥善保存各项检验的原始记录和检验报告。应建立产品留样制度，及时保留样品。

4. 应综合考虑产品特性、工艺特点、原料控制情况等因素合理确定检验项目和检验频次以有效验证生产过程中的控制措施。净含量、感官要求以及其他容易受生产过程影响而变化的检验项目的检验频次应大于其他检验项目。

5. 同一品种不同包装的产品，不受包装规格和包装形式影响的检验项目可以一并检验。

（九）食品的贮存和运输

1. 根据食品的特点和卫生需要选择适宜的贮存和运输条件，必要时应配备保温、冷藏、保鲜等设施。不得将食品与有毒、有害或有异味的物品一同贮存运输。

2. 应建立和执行适当的仓储制度,发现异常应及时处理。

3. 贮存、运输和装卸食品的容器、工器具和设备应当安全、无害,保持清洁,降低食品污染的风险。

4. 贮存和运输过程中应避免日光直射、雨淋、显著的温湿度变化和剧烈撞击等,防止食品受到不良影响。

(十)产品召回管理

1. 应根据国家有关规定建立产品召回制度。

2. 当发现生产的食品不符合食品安全标准或存在其他不适于食用的情况时,应当立即停止生产,召回已经上市销售的食品,通知相关生产经营者和消费者,并记录召回和通知情况。

3. 对被召回的食品,应当进行无害化处理或者予以销毁,防止其再次流入市场。对因标签、标识或者说明书不符合食品安全标准而被召回的食品,应采取能保证食品安全、且便于重新销售时向消费者明示的补救措施。

4. 应合理划分记录生产批次,采用产品批号等方式进行标识,便于产品追溯。

(十一)培训

1. 应建立食品生产相关岗位的培训制度,对食品加工人员以及相关岗位的从业人员进行相应的食品安全知识培训。

2. 应通过培训促进各岗位从业人员遵守食品安全相关法律法规标准和执行各项食品安全管理制度的意识和责任,提高相应的知识水平。

3. 应根据食品生产不同岗位的实际需求,制定和实施食品安全年度培训计划并进行考核,做好培训记录。

4. 当食品安全相关的法律法规标准更新时,应及时开展培训。

5. 应定期审核和修订培训计划,评估培训效果,并进行常规检查,以确保培训计划的有效实施。

(十二)管理制度和人员

1. 应配备食品安全专业技术人员、管理人员,并建立保障食品安全的管理制度。

2. 食品安全管理制度应与生产规模、工艺技术水平和食品的种类特性相适应,应根据生产实际和实施经验不断完善食品安全管理制度。

3. 管理人员应了解食品安全的基本原则和操作规范,能够判断潜在的危险,采取适当的预防和纠正措施,确保有效管理。

(十三)记录和文件管理

1. 记录管理

(1)应建立记录制度,对食品生产中采购、加工、贮存、检验、销售等环节详细记录。记录内容应完整、真实,确保对产品从原料采购到产品销售的所有环节都可进行有效追溯。

1)应如实记录食品原料、食品添加剂和食品包装材料等食品相关产品的名称、规格、数量、供货者名称及联系方式、进货日期等内容。

2)应如实记录食品的加工过程(包括工艺参数、环境监测等)、产品贮存情况及产品的检验批号、检验日期、检验人员、检验方法、检验结果等内容。

3）应如实记录出厂产品的名称、规格、数量、生产日期、生产批号、购货者名称及联系方式、检验合格单、销售日期等内容。

4）应如实记录发生召回的食品名称、批次、规格、数量、发生召回的原因及后续整改方案等内容。

（2）食品原料、食品添加剂和食品包装材料等食品相关产品进货查验记录、食品出厂检验记录应由记录和审核人员复核签名，记录内容应完整。保存期限不得少于2年。

（3）应建立客户投诉处理机制。对客户提出的书面或口头意见、投诉，企业相关管理部门应作记录并查找原因，妥善处理。

2. 应建立文件的管理制度，对文件进行有效管理，确保各相关场所使用的文件均为有效版本。

3. 鼓励采用先进技术手段（如电子计算机信息系统），进行记录和文件管理。

点滴积累

中国食品GMP包含的主要内容有十三条：选址、厂区环境、厂房和车间、设施与设备、卫生管理、食品原料食品添加剂和相关食品产品、生产过程的食品安全控制、检验、食品的贮存和运输、产品召回管理、培训、管理制度和人员、记录和文件管理。

第三节　食品GMP的认证

一、食品GMP认证基础要求

1. 先决条件　合适的加工环境、工厂建筑、道路、行程、地表供水系统。

2. 设施　制作空间、贮藏空间、冷藏空间、冷冻空间的供给；排风、供水、排水、排污、照明等设施；合适的人员组成等。

3. 加工、储藏、分配操作　物质购买和贮藏；机器、机器配件、配料、包装材料、添加剂、加工辅助品的使用及合理性；成品外观、包装、标签和成品保存；成品仓库、运输和分配；成品的再加工；成品申请、抽检和试验，良好的实验室操作。

4. 卫生和食品安全检测　特殊的储藏条件，热处理、冷藏、冷冻、脱水、化学保藏；清洗计划、清洗操作、污水管理、害虫控制；个人卫生和操作；外来物控制、残存金属检测、碎玻璃检测以及化学物质检测等。

5. 管理职责　提供资源、管理和监督、质量保证和技术人员；人员培训；提供卫生监督管理程序；满意程度；产品撤销等。

二、食品GMP认证程序

食品GMP认证工作程序包括提交申请、资料审查、现场评审、产品检验、确认、签字、授证、追踪考核等步骤。

1. 食品企业递交申请书，提交的申请书按照一定格式填写，申请书包括产品类型、名称、成分规格、包装形式、质量、性能，同时还要递交一系列技术与管理资料，如注册登记证、工厂厂房配置图、机械设备配置图、技术人员学历证书和培训证书、质量管理标准书、制造作业标准书、卫生管理标准书、顾客投诉处理办法、成品回收制度等。

2. 资料审查认证机构受理申请后，在一定时间内将对所有资料进行审查，以确定是否符合申报要求。

3. 现场评审由一定人员组成的认定委员会进入现场，通过听取汇报、答疑、查阅资料、现场考察、讨论、投票等程序进行现场评审。

现场评核小组在资料审查和现场评审后，由领队召开小组内部讨论会议，讨论评核结果。现场评核结束后，由推行委员会告知评核结果，并告知认证执行机构。

4. 产品检验现场评审通过后，认证执行机构人员于工厂现场抽样，对产品进行检验。

产品检验项目：各类产品的检验项目由食品 GMP 技术委员会拟定；产品标示应与其内容物相符，其标示方法亦应符合食品 GMP 通（专）则的相关规定。

5. 确认企业通过现场评核及产品检验，并将认证产品的包装标示样稿送请认证执行机构核备后，由认证执行机构编定认证产品编号，并附相关资料报请推行委员会确认。

6. 签约申请认证企业通过确认函后，推广宣传执行机构应函请认证企业于一个月内办妥认证合约书签约手续。申请认证企业逾期视同放弃认证资格。

7. 授证申请食品 GMP 认证企业于完成签约手续后，由推广宣传执行机构代理推行委员会核发“食品 GMP 认证书”。

8. 追踪管理认证部门应于签约之日起，依据“食品 GMP 追踪管理要点”接受认证执行机构的追踪查验。依据认证企业的追踪查验结果，按食品 GMP 推行方案及本规章的相关规定，对表现较优者给予适当鼓励，对严重违规者，给予取消认证。

三、食品 GMP 认证标志及编号

食品 GMP 认证标志如彩图 1 所示。OK 手势：“安心”，代表消费者对认证产品的安全、卫生相当“安心”。笑颜：“满意”，代表消费者、对认证产品的品质相当“满意”。

食品 GMP 认证编号可采用生产线认证，也采用产品认证法，因此每一项认证产品都有它专属的食品 GMP 认证编号。食品 GMP 认证的编号是由 9 个数字所组成，编号的 1~2 码代表认证产品的产品类别；3~5 码称为工厂编号，代表认证产品制造工厂取得该产品类别先后序号；6~9 码称为产品编号，代表认证产品的序号。

点滴积累

1. 食品 GMP 认证工作程序包括提交申请、资料审查、现场评审、产品检验、确认、签字、授证、追踪考核等步骤。
2. 食品 GMP 认证编号可采生产线认证，也采用产品认证法，因此每一项认证产品都有它专属的食品 GMP 认证编号。

目标检测

一、名词解释

良好生产规范

二、填空题

1. GMP是美国于________年正式将其引入药品生产的，并且美国于1969年制定了适用于________的GMP。

2. 采购的食品原料应当查验供货者的________和文件；对无法提供________的食品原料，应当依照食品安全标准进行检验。

三、简答题

1. 中国GMP主要有哪些内容？

2. GMP认证需要哪些程序？

3. 食品车间和厂房的设计应注意哪些问题？

4. 根据GMP规范，分析本校内食品实训车间的软硬件条件，指出其中的不合规之处。

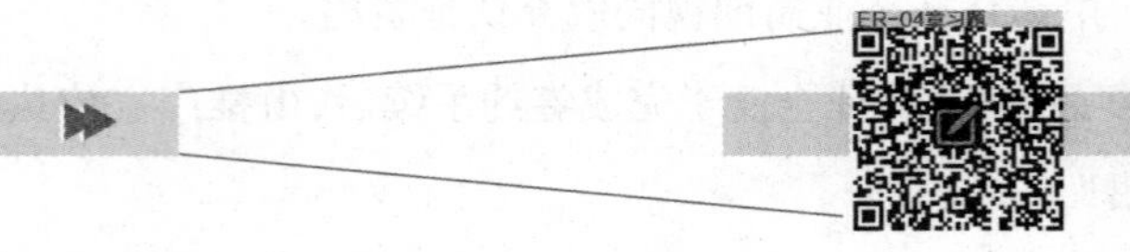

（杨福臣）

第五章

卫生标准操作程序（SSOP）的建立和实施

导学情景 √

情景描述

某一食品公司包装车间班组女工突然发现自己有头发大量脱落、食欲不振、长期失眠等症状，到医院检查结果是患了白血病，可是她身体一向健康，且无家族遗传史，怎么会得此病呢？ 调查发现，原来该女工长期负责车间清场工作，每次由她开启紫外线灯灭菌，第二天又由她关闭，而紫外线灯的开关却安装在车间内，这样，她每次开关灯时都会被紫外线照射，长期以往就造成了对她身体的严重伤害。

学前导语

食品生产企业为了使其加工的食品符合卫生要求，需要制定指导食品加工过程中如何具体实施清洗、消毒和卫生保持的作业指导文件。 这些文件包含了丰富的食品卫生控制方面的内容。 上述公司在厂房设计时是否结合了 SSOP 相关内容？ SSOP 文件中对员工健康要求一般包括哪几点？ 相对 GMP，企业在制定 SSOP 文件时应注意什么？ 我们学完本章的知识后，相信同学们一定能够顺利的回答以上问题。

第一节　SSOP 概述

一、SSOP 的概念

SSOP 是英文“Sanitation Standard Operation Procedure”的缩写，中文即卫生标准操作程序。它是食品加工企业为了保证其生产操作达到 GMP 所规定的要求，确保加工过程中消除不良因素，使其所加工的食品符合卫生要求而制定的，指导食品生产加工过程中如何实施清洗、消毒和卫生保持的作业指导文件。目的是促使生产者自觉实施 GMP 法规中的各项要求，以确保生产出安全、无掺杂使假的产品。SSOP 的正确制定和有效执行，对控制危害是非常有价值的。SSOP 是由食品加工企业帮助完成在食品生产中维护 GMP 的全面目标而使用的过程，尤其是 SSOP 描述了一套特殊的与食品卫生处理和加工厂环境的清洁程度及处理措施以满足它们的活动相联系的目标。

二、SSOP 体系起源

20 世纪 90 年代美国的食源性疾病频繁暴发，造成每年大约 700 万人感染，7000 人死亡。调查数据显示，其中有大半感染或死亡的原因和肉、禽产品有关。这一结果促使美国农业部不得不重视肉、禽生产的状况，决心建立一套包括生产、加工、运输、销售所有环节在内的肉禽类产品生产安全措施，从而保障公众的健康。

1995 年初颁布的《美国肉、禽产品 HACCP 法规》中第一次要求生产企业建立一种书面操作程序"Sanitation Standard Operation Procedure"，即 SSOP。同年 12 月，美国 FDA 颁布的《美国水产 HACCP 法规》中进一步明确了 SSOP 必须包含八个方面的内容及验证程序，从而建立了 SSOP 的完整体系。这 8 个方面的内容主要是：水（冰）的安全；与食品接触的表面（包括设备、手套、工作服）的清洁度；防止发生交叉污染；手的清洗与消毒，厕所设施的维护与卫生保持；防止食品被污染物污染；有毒化学物质的标记、储存和使用；生产人员的健康与卫生控制；虫害的防治。

从此，SSOP 一直作为 GMP 或 HACCP 的基础加以实施，成为完成 HACCP 体系的重要前提条件。

知识链接

HARPC 法规

2015 年 11 月，美国正式颁布了《人类食品现行良好操作规范和危害分析以及基于风险的预防控制措施》法规（即 HARPC 法规）。该法规要求每一个食品工厂都必须建立危害分析和以风险为基础的预防控制的安全管理体系，内容包括预防控制、核查记录、重新评估协议和自我进行危害分析。HARPC 法规开创了一种新的预防性的食品安全框架，来甄别食品供应链上潜在的威胁，并采取适当的步骤以在造成任何损害之前解决这些威胁。HARPC 法规主要基于危害分析及关键控制点（HACCP）的理念，但要求更为严格、全面且具有强制性。作为与美国食品安全现代化法案配套的法规之一，HARPC 法规要求食品生产企业在法规颁布的 1 年内完成合规过程，对小型和微型企业则分别给予 2～3 年过渡期。在过渡期之后，不合规的输美食品生产企业将无法继续出口。

点滴积累

1. SSOP 的中文是卫生标准操作程序。
2. 1995 年初颁布的《美国肉、禽产品 HACCP 法规》中第一次要求生产企业建立一种书面操作程序"Sanitation Standard Operation Procedure"，即 SSOP。

第二节　SSOP 的主要内容

一、水（冰）的安全

生产用水(冰)的卫生质量是影响食品卫生的关键因素。对于任何食品的加工,首要的一点就是保证水的安全。食品加工企业一个完整的 SSOP 计划,首先要考虑与食品接触或与食品表面接触用水(冰)的来源与处理应符合有关规定,并要考虑非生产用水及污水处理的交叉污染问题。

（一）生产加工用水的要求

在食品加工过程中,水是食品加工厂的一个最重要的组成部分,也是某些产品的组成成分。食品的清洗,设施、设备,工具、器具的清洗和消毒,饮用等都离不开安全卫生的水。

食品加工厂加工用水必须充足且来源于适当的水源。

食品企业的水源一般有城市公共用水(自来水)、地下水、海水。自来水是食品加工中最常用的水源。采用地下水作为生产用水的企业应该进行水处理,使井水达到国家饮用水标准。使用海水作为生产用水的企业,应对海水进行相应的水处理,使其净化、脱盐,达到国家饮用水的标准。

食品加工中应使用符合国家《生活饮用水卫生标准》(GB 5749—2006)规定。我国饮用水的微生物指标:菌落总数<100cfu/ml;大肠菌群不得检出;致病菌不得检出。就安全、卫生而言,我们应重点关注生产用水的细菌学指标。

（二）饮用水与污水交叉污染的预防

1. 供水管理方面　供水设施要完好,一旦损坏后能立即维修好,管道的设计要防止冷凝水集聚下滴污染裸露的加工食品,防止饮用水管、非饮用水管及污水管间交叉污染。

2. 废水排放方面　从废水排放方面预防饮用水与污染水交叉污染,应考虑以下几点:

(1)地面的坡度控制在2%以上。

(2)加工用水、台案或清洗消毒池的水不能直接流到地面。

(3)明沟的坡度设置在1%~1.5%,暗沟要加篦子。

(4)废水的流向应从清洁区到非清洁区或各区域单独排到排水网络。

(5)与外界接口应防异味,防鼠,防蚊蝇。

3. 污水处理方面　污水排放前应做必要的处理,排放应符合国家环保部门的要求。

（三）监控

1. 企业监测项目与方法

(1)余氯:试纸、比色法、化学滴定法。

(2)pH:试纸、比色法、化学滴定法。

(3)微生物:细菌总数(GB/T 5750.12—2006);大肠菌群(GB/T 5750.12—2006);粪大肠菌群。

2. 企业监测频率　企业对水的余氯检测每天一次,一年对所有水龙头都监测到;企业对水的微生物监测至少每月一次;当地卫生部门对城市公用水全项目监测每年至少一次,并有报告正本;对自备水源监测频率要增加，一年至少两次。

（四）生产用冰

直接与产品接触的冰必须采用符合饮用水标准的水制造，制冰设备和盛装冰块的器具必须保持良好的清洁卫生状况，冰的存放、粉碎、运输、盛装、贮存等都必须在卫生条件下进行，防止与地面接触造成污染。

（五）纠偏

监控时发现加工用水存在问题，不符合标准时，应立即停止使用不合格水，并查找原因，采取措施，直至水质符合国家标准后方能重新使用。发现生产用水管道有交叉连接时应终止使用这种水源，必要时应该停产整改，直到问题得到解决。对非正常情况下生产出的产品应进行彻底的检验，防止不合格产品被运销。

（六）记录

水的监控、维护及其他问题处理都要记录、保持。生产用水应具备以下几种记录和证明：

1. 每年1~2次由当地卫生部门进行的水质检验报告的正本。

2. 自备水源的水池、水塔、储存罐等有清洗消毒计划和监控记录。

3. 食品加工企业每月一次对生产用水进行细菌总数、大肠菌群的检验记录。

4. 每日对生产用水的余氯检验。

5. 生产用直接接触食品的冰，自行生产者，应具有生产记录，记录生产用水和工、器具卫生状况；如果是向冰厂采购，冰厂应具备生产冰的卫生证明。

6. 申请向国外注册的食品加工企业需根据注册国家要求项目进行监控检测并加以记录。

二、与食品接触的表面的清洁度

与食品直接接触的表面通常是加工设备（制冰机、传送带、饮料管道、储水池等）、器具、操作台、包装材料内表面、加工人员的手、工作服、手套等。间接接触的表面包括车间墙壁、顶棚、照明、通风排气等设施，未经清洁消毒的冷库，车间和卫生间的门把手，操作设备的按钮，车间内电灯开关、垃圾箱、外包装等。

食品接触表面一般要求用无毒、浅色、不吸水、不渗水、不生锈、不吸尘、抗腐蚀、耐磨、不与清洁和消毒的化学品产生反应的材料制成。

（一）食品接触表面的清洗、消毒

清洗的目的是为了提高消毒效率。清洗介质一般用清水、温水或加有洗涤剂的水溶液。大型设备每班生产结束后立即清洗，常规设备、器具在生产中根据需要随时清洗。

清洗消毒一般为5~6个步骤：清洗污物→预冲洗→用清洁剂清洗→清水冲洗→消毒（如使用化学方法消毒）→最后冲洗。

洗涤剂一般有普通洗涤剂、酸或碱洗涤剂、含氯洗涤剂、含有酶的洗涤剂等。洗涤剂效果与洗涤接触时间、清洗温度等因素有关。

1. 加工设备与工器具的清洗消毒　首先彻底清洗，再消毒（82℃热水，碱性清洁剂，含氯、碱、酸、酶、消毒剂，余氯浓度200mg/kg，紫外线，臭氧），再冲洗，需设有隔离的工器具洗涤消毒间（不同清洁度工器具分开）。

2. 员工的手、工作服、手套清洗 消毒员工手部的清洗消毒在进入车间前进行。员工手套在每班结束生产或是中间休息时要更换，手套材料应不易破损和脱落，不得采用线手套。工作服和手套集中由洗衣房清洗消毒（专用洗衣房，设施与生产能力相适应），不同清洁区域的工作服分别清洗消毒。存放工作服的房间设有臭氧、紫外线等设备，且干净、干燥和清洁。

3. 空气消毒

1）紫外线照射法：每10~15m^2安装一支30W紫外线灯，消毒时间不少于30分钟，适用于更衣室、厕所等。

2）臭氧消毒法：加工车间一般臭氧消毒1小时。适用于加工车间、更衣室等。

3）药物熏蒸法：用过氧乙酸、甲醛等对冷库和保温车进行消毒，用量为10ml/m^2。

（二）食品接触表面卫生情况的监控

监控方法分为感官检查、化学检测（消毒剂浓度）、表面微生物检查（菌落总数、沙门菌和金黄色葡萄球菌）。经过清洁消毒的设备和工器具、食品接触表面菌落总数低于100cfu/cm^2为宜，沙门菌及金黄色葡萄球菌等致病菌不得检出。对车间空气的洁净程度，可通过空气暴露法进行检验。采用普通肉琼脂，直径为9cm的平板在空气中暴露5分钟后，经37℃培养的方法进行检测。平板菌落数为30以下的，空气为清洁，评价为安全；当达到50~70，空气为低等清洁。

（三）纠偏措施

在检查发现问题时，应对所有的环节与操作进行分析，查找原因，采取适当的方法及时纠正，如对检查结果为不干净的食品接触面重新进行清洁、消毒等。

（四）记录

记录包括：生产一线人员的手部卫生记录及手套、工作服洁净检查记录；操作表面和生产所用器具的监控记录；设备的完好与卫生状况记录；车间（地面、墙面）卫生清扫及卫生状况记录；更衣室、加工车间的空气卫生程度记录；内包装物料的卫生程度记录；纠偏措施记录。

三、防止发生交叉污染

交叉污染是通过生的食品、食品加工者或食品加工环境把生物或化学的污染物转移到食品的过程。

（一）造成交叉污染的来源

工厂选址或生产车间的选址和设计不合理，清洁消毒不符合要求，加工人员个人卫生不良，生产中卫生操作不规范，生、熟产品未分开或原料和成品未隔离等都可造成交叉污染。

1. 工厂选址、设计应合理 周围环境不造成污染，厂区内不造成污染；车间工艺布局、工艺流程布局合理，该隔离就应隔离，实现生、熟加工分开，初加工、精加工、成品包装分开，清洁区域与不清洁区域分开；运输原辅料或成品的车辆专车专用；人流、水流均遵循从高清洁区到低清洁区的流向原则;物流应不造成交叉污染,可利用生产的时间和空间进行分隔;气流要进行进气的控制和正压排气。

2. 生产工艺设计与工艺技术管理要符合卫生要求 同一车间要禁止加工不同类别的产品;生产中所用到的设备、器具要严格执行清洗和消毒规程;卫生操作应规范;不同生产区域使用的器具、容器、工作服要有明显的标识,不允许随意跨区域流动;洗涤所用的水应该勤更换,采用较大流量的流动水。

3. 培养员工养成良好的卫生习惯 严禁员工有下列行为:整理完生的制品就接着整理熟的制品;处理完垃圾就接着整理食品;直接在地板上作业;离开车间后返回,或接触了不洁物不洗手消毒就直接接触食品;佩戴首饰、不戴工作帽、不穿着工作服、不穿工作鞋就进入车间或投入生产;在车间里随地吐痰,无遮蔽地打喷嚏;边工作边谈笑打闹、吃东西。

(二) 交叉污染的监控

在开工时、交班时、餐后续加工时进入生产车间;生产时连续监控;产品贮存区域(如冷库)每日检查。

(三) 纠偏措施

发生交叉污染,应立即采取措施防止再发生,纠正失误的操作,必要时让设备停止运行,甚至停产整改,直到有改进,达到要求后方能重新生产。对被怀疑已受到污染的产品要隔离放置,待检验后才能处理。必要时重新评估产品的安全性,并增加员工的培训程序。

(四) 记录

防止食品发生交叉污染的相关检查记录包括:企业人员接受卫生培训的记录;生产车间的地面、墙壁、空间、门窗设备、器具的清洗和消毒记录;个人卫生检查记录;进入车间的员工规范着装检查记录;纠偏记录。

四、手的清洗和消毒、厕所设备的维护与卫生保持

(一) 洗手消毒的设施

洗手消毒设施包括非手动开关的水龙头、冷热水、皂液器、消毒槽、干手设备、流动消毒车等,应安放于车间入口、卫生间、车间内,并应设在方便使用的地方,并有醒目标识。

车间内适当的位置应设足够数量的洗手消毒设施,以便于员工在操作过程中定时洗手、消毒,或在弄脏手后能及时洗手,最好常年有流动的消毒车。

(二) 卫生间设施

卫生间与车间建筑连为一体,应设在卫生设施区域内并尽可能离开作业区,应处在通风良好、地面干燥、光照充足、距离生产车间不太远的位置。卫生间的门、窗不能直接开向加工作业区。卫生间配有冲水、消毒设施。厕所应设有更衣、换鞋设施(数量以15~20人设1个为宜),手纸和废纸篓、洗手设施、烘手设备等。还应有专人经常打扫并随时进行消毒,卫生状况保持良好,不造成污染。

（三）洗手消毒方法

良好的进车间洗手程序：工人穿工作服→穿工作鞋→清水洗手→用皂液或无菌皂洗手→清水冲净皂液→于 50mg/kg 次氯酸钠溶液浸泡 30 秒→清水冲洗→干手（干手器或一次性纸巾或毛巾）→75%食用酒精喷手。工人进入车间详细流程如图 5-1 所示。

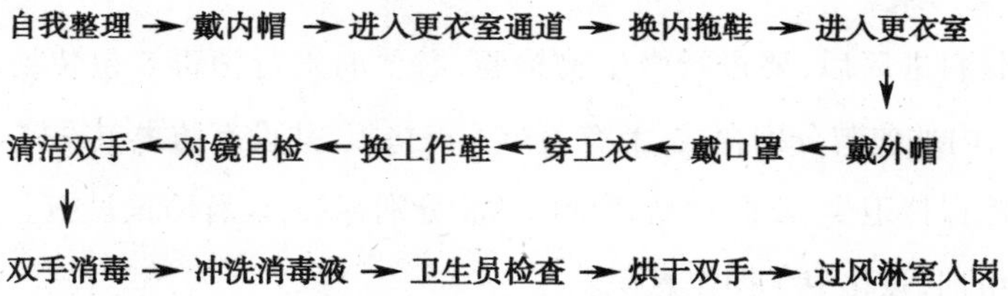

自我整理 → 戴内帽 → 进入更衣室通道 → 换内拖鞋 → 进入更衣室
↓
清洁双手 ← 对镜自检 ← 换工作鞋 ← 穿工衣 ← 戴口罩 ← 戴外帽
↓
双手消毒 → 冲洗消毒液 → 卫生员检查 → 烘干双手 → 过风淋室入岗

图 5-1 进入车间流程

洗手消毒频率：每次进入加工车间时，手接触了污染物后应根据不同加工产品规定确定消毒频率。

（四）监测

建立一个必要的手部清洗程序，来防止在加工区域或食品中污染物或潜在的致病微生物的传播。具体的检查方式和频率根据不同食品和加工方法而定。

（五）纠偏措施

检查发现问题，重新洗手消毒，及时清理不卫生情况，设施损坏的要及时维修或更换。补充洗手间里的用品，若手部消毒液浓度不适宜，则将其倒掉并配制新液。

（六）记录

该项记录应该包括：生产一线人员手部卫生检查，如手部的清洗规范的检查记录、手的消毒记录、手的棉签实验记录、手套和工作服穿戴整洁等记录；消毒剂的配制及使用记录；卫生间的设施更换、检修记录，清洁消毒记录，保持卫生周期长短记录；纠偏记录。

五、防止食品被污染物污染

在食品加工过程中，食品、食品包装材料和食品所有接触表面易被微生物、化学品及物理的污染物污染，被称为外部污染。

（一）食品被污染物污染的原因

1. 食品中物理性污染通常来自于照明设施突然爆裂产生的碎片、车间天花板或墙壁产生的脱落物、工器具上脱落的漆片或铁锈片、木器或竹器具上脱落的硬质纤维、人体掉落的头发等。

2. 食品中化学性污染有企业使用的杀虫剂、清洁剂、润滑剂、消毒剂、燃料等。

3. 食品中微生物污染来自于车间内被污染的水滴和冷凝水、空气中的尘埃或颗粒、地面污物、不卫生的包装材料、唾液、喷嚏等。

（二）食品污染的防范措施

1. 保持车间的良好通风和温度，顶棚呈圆弧形，对蒸汽量大的车间有专门的排气装置，控制车间温度，提前降温，尽量缩小温差，有效控制水滴和冷凝水的形成。

2. 适时对包装物品实施检测，防止其带菌。

3. 对灯具加装防护罩，将易脱落碎片的器具更换为耐腐蚀、易清洗的不锈钢器具。

4. 加工设备上的润滑油选用食用级的，对有毒、有害的化学品严格管理，禁止使用没有标签的化学品，保护食品不受污染。

5. 每一批包装材料进厂后，要进行微生物检验，必要时进行消毒。包装物料存放库要保持干燥、清洁、通风、防霉，内外包装分别存放，上有盖布下有垫板，并设有防虫鼠设施。

6. 食品的贮存库保持卫生，不同产品、原料、成品分别存放，设有防鼠设施。

7. 对员工进行培训，强化卫生操作意识。

（三）监控

1. 监控对象 任何可能污染食品或食品接触面的掺杂物，如潜在的有毒化合物、不卫生的水（包括不流动的水）和不卫生的表面所形成的冷凝物。

2. 监控频率 建议在生产开始时及工作时间每4小时检查一次。

（四）纠偏措施

除去不卫生表面的冷凝物，调节空气流通和房间温度以减少水蒸气凝结，用遮盖物防止冷凝物落到食品、包装材料及食品接触面上；清扫地板，清除地面积水、污物、清洗化合物残留；评估被污染的食品；培训员工正确使用化合物，丢弃没有标签的化学品。

（五）记录

对于确保食品、食品包装材料和食品接触面免受污染的记录不需要太复杂，包括以下几项：原辅料库卫生检查记录；车间消毒记录，车间空气菌落沉降实验记录；包装材料的领用、出入库记录；食品微生物检验记录；纠偏记录。

六、有毒化学物质的标记、贮存和使用

食品加工厂有可能使用的化学物质包括洗涤剂、消毒剂、杀虫剂、润滑剂、食品添加剂等。它们是进行正常生产所必需的，在操作过程中必须正确标识、贮存和按照产品说明和相关规定正确使用。

（一）有毒化合物的购买要求

所使用化学药品必须具备主管部门批准生产、销售、使用的证明，列明主要成分、毒性、使用剂量和注意事项，并标识清楚；工作容器标签必须标明容器中试剂或溶液名称、生产厂名、厂址、生产日期、批准文号、浓度、使用说明，并注明有效期。要建立化学物品的入库记录、使用登记表和核销记录，制定化学物品进库验收制度和验收记录。

（二）有毒化学物质的贮存和使用

对化学物品的保管、配制和使用人员进行必要的培训。化学物质采用单独的区域分类贮存，配备有标记带锁的柜子，防止随便乱拿，设警告标示，并远离加工区域。有毒、有害的化学物品应储藏于密闭储存区内，只有经过培训的人员才能进入该区内。存放错误的化学物品要及时归位，对标签

标识不全者,拒不购入,重新标记那些内容物模糊不清的工作容器,加强对保管和使用人员的培训,强化责任意识;及时销毁不能使用的盛装化学物品的工作容器。

（三）监控

经常检查确保符合要求,建议每天至少检查一次,并且全天都应时刻注意。

（四）纠偏措施

转移存放错误的化合物;对标记不清的拒收或退回;正确标记;处理已坏的容器;评价食品的安全性;加强对保管、使用人员的培训。

（五）记录

该类记录包括:有毒、有害物的购入和卫生部门允许使用证明的记录;有毒、有害物的使用审批记录;有毒、有害物的领用记录;有毒、有害物的配制记录;监控及纠偏记录。

七、生产人员的健康与卫生控制

（一）生产人员的健康与卫生习惯管理要求

食品企业的生产人员(包括检验人员)是直接接触食品的人,其身体健康及卫生状况直接影响食品卫生质量。根据食品卫生管理法规定,凡从事食品生产的人员必须体检合格,获有健康证方能上岗。

食品生产企业应制订体检计划,并设体检档案,凡患有有碍食品卫生的疾病,例如:病毒性肝炎、活动性肺结核、肠伤寒及其带菌者、细菌性痢疾及其带菌者、化脓性或渗出性脱屑皮肤病、手外伤未愈合者不得参加直接接触食品加工,痊愈后经体检合格后可重新上岗。

食品生产人员要养成良好的个人卫生习惯,按照卫生规定从事食品加工的生产人员要认识到疾病对食品卫生带来的危害,主动向管理人员汇报自己和他人的健康状况。

（二）监控

员工应每年进行一次健康检查,车间负责人每天都要对员工的身体健康状况进行了解。

（三）纠偏

未及时体检的员工进行体检,体检不合格的调离生产岗位,直至痊愈;不按要求穿戴,身上有异物者,立即更正;受伤者(刀伤、化脓)自我报告或检查发现。制订卫生培训计划,加强员工的卫生知识培训,并记录存档。

（四）记录

企业员工的身体健康控制监控记录应有:企业员工体检记录及健康档案;企业员工日常卫生检查记录;员工卫生培训记录;因病调离岗位或病愈健康重返岗位的员工姓名、日期、病因、治疗结果、重新体检的项目和结果(纠偏)记录。

八、虫害的防治

（一）虫害防治方法

害虫主要是指苍蝇、老鼠、蟑螂等,苍蝇和蟑螂可以传播沙门菌、葡萄球菌、产气荚膜梭菌、肉毒梭菌、志贺菌、链球菌及其他病菌；啮齿类动物是沙门菌宿主；鸟类携带有大量的病菌，如沙门菌和李斯特菌。食品加工环境中有虫害会影响食品的安全卫生，会导致消费者患病。

每个食品企业都应制定可行的全厂范围内的有害动物的扑灭及控制计划。重点放在厕所、食品下脚料出口、垃圾箱周围、原辅料与成品仓库周围、食堂周围。

防治方法包括清除虫害滋生地，清洁周边环境；预防进入车间，采用风幕、水幕、纱窗、黄色门帘、暗道、挡鼠板、翻水弯等；采用杀虫剂灭虫；车间入口用灭蝇灯；采用粘鼠胶、鼠笼等器具灭鼠，不能用灭鼠药。

（二）虫害监控

对工厂内害虫可能侵入的各个防控点要进行检查监控。监控地面杂草、灌木丛、脏水、垃圾等吸引害虫或隐藏害虫的保护屏障是否清除；设置的“捕虫器”是否完好；是否有家养动物或野生动物出现的痕迹，门窗是否完好或密封，有无纱窗、水帘等防护层；设备周边是否清洁，有无吸引害虫的食品残渣；排水沟是否清洁，水沟盖是否完好，有无吸引害虫的杂物；黑光灯捕捉器装置安装是否合理、是否定期清洁、工作是否正常。

根据检查对象的不同而不同。对于工厂内虫害可能入侵的检查，可以每月或每星期检查一次；对工厂内遗留痕迹的检查，通常为每天检查；也可根据经验来调整监控频率，如害虫、害鼠活动的季节必要时加强控制措施。

（三）纠偏措施

根据发现死鼠的数量和次数以及老鼠活动痕迹等情况，及时调整方案，必要时调整捕鼠夹的疏密或更换不同类型的捕鼠夹；根据杀虫灯检查记录以及虫害发生情况及时调整灭虫方案，必要时维修和更换或加密杀虫灯，以及其他应急措施。

（四）记录

记录包括：企业定期灭虫、灭鼠行动及检查记录；企业卫生清扫及消毒（次数、过程、范围、消毒剂种类、周期）检查记录；重点区域的虫害防治和消灭监控记录；全厂性的卫生执行纠偏记录。

知识链接

食品包装材料的卫生状况

食品包装材料的卫生状况直接关系到盛装食品的安全卫生。在众多的食品包装材料中，诸如聚乙烯复合食品包装袋和聚苯乙烯食品托盘是一种直接用来盛装食品或即食食品的包装材料，在生产过程中如果卫生控制不好，极易受到二次污染，为了防止食品包装在生产过程中发生污染，确保食品安全，生产企业应采用国际上通用的 SSOP 理念，制定与之相应的卫生保准操作程序，并在生产过程中有效实施，影响食品安全的又一“源头”才能得到控制。食品包装生产企业中有效实施 SSOP 应从以下几个方面入手：一是建立健全质量管理体系并有效运行，二是加强工人培训，使其了解卫生学基本知识，三是在有关部位设立项目的警示标牌，四是有卫生控制记录，能体现 SSOP 的执行情况，五是对违反规定的现象要及时纠偏，避免成品发生卫生问题。

以上8个方面已被中国国家认证认可监督管理委员会(简称国家认监委)所接受。国家认监委在2002年发布的《食品生产企业危害分析与关键控制点(HACCP)管理体系认证管理规定》中已明确,企业必须建立和实施卫生标准操作程序,达到以上8个方面的卫生要求。也就是说,企业制订的SSOP计划应至少包括以上8个方面的卫生控制内容,企业可以根据产品和自身加工条件的实际情况增加其他方面的内容。SSOP各个方面的内容应该是具体的、具有可操作性的,还应该有一整套相关的执行记录、监督检查和纠偏记录,否则将成为一纸空文。

点滴积累

1. SSOP主要包括8个方面的内容：水（冰）的安全、与食品接触的表面的清洁度、防止发生交叉污染、手的清洗和消毒、厕所设备的维护与卫生保持、防止食品被污染物污染、有毒化学物质的标记贮存和使用、生产人员的健康与卫生控制、虫害的防治。
2. 清洗消毒一般为5～6个步骤：清洗污物→预冲洗→用清洁剂清洗→清水冲洗→消毒(如使用化学方法消毒)→最后冲洗。

第三节　SSOP的监控与记录

在食品加工企业建立了标准卫生操作程序之后,还必须设定监控程序,实施检查、记录和纠正措施。企业设定监控程序时描述如何对SSOP的卫生操作实施监控。它们必须指定何人、何时及如何完成监控。对SSOP要实施监控,对监控结果要检查,对检查结果不合格者还必须采取措施以纠正。对以上所有的监控行动、检查结果和纠正措施都要记录,通过这些记录说明企业不仅遵守了SSOP,而且实施了适当的卫生监控。

食品加工企业日常的卫生监控记录是工厂重要的质量记录和管理资料,应使用统一的表格,并归档保存。

一、水的监控记录

生产用水应具备以下几种记录和证明：

1. 每年1~2次由当地卫生部门进行的水质检验报告的正本。

2. 自备水源的水池、水塔、贮水罐等有清洗消毒计划和监控记录。

3. 食品加工企业每月一次对生产用水进行细菌总数、大肠菌群的检验记录。

4. 每日对生产用水的余氯检验。

5. 生产用直接接触食品的冰,自行生产者,应具有生产记录,记录生产用水和工器具卫生状况,如是向冰厂购买则应具备冰厂生产冰的卫生证明。

6. 申请向国外注册的食品加工企业需根据注册国家要求项目进行监控检测并加以记录。

7. 工厂供水网络图（不同供水系统，或不同用途供水系统用不同颜色表示）。

二、表面样品的检测记录

表面样品是指与食品接触表面，例如加工设备、工器具、包装物料、加工人员的工作服、手套等。这些与食品接触的表面的清洁度直接影响食品的安全与卫生，也是验证清洁消毒的效果。

表面样品检测记录包括：

1. 加工人员的手（手套）、工作服。
2. 加工用案台桌面、刀、筐、案板。
3. 加工设备如去皮机、单冻机等。
4. 加工车间地面、墙面。
5. 加工车间、更衣室的空气。
6. 内包装物料。

检测项目为细菌总数、沙门菌及金黄色葡萄球菌。

经过清洁消毒的设备和工器具食品接触面细菌总数低于 100 个/cm^2 为宜，对卫生要求严格的工序，应低于 10 个/cm^2，沙门菌及金黄色葡萄球菌等致病菌不得检出。

对于车间空气的洁净程度，可通过空气暴露法进行检验。表 5-1 是采用普遍肉肠琼脂，直径为 9cm 平板在空气中暴露 5 分钟后，经 37℃培养的方法进行检测，对室内空气污染程度进行分级的参考数据。

表 5-1　室内空气污染程度分级参考数据标

落下菌数/（个/cm^2）	空气污染程度	评价
30 以下	清洁	安全
30~50	中等清洁	比较安全
50~70	低等清洁	应加注意
70~100	高度污染	对空气要进行消毒
100 以上	严重污染	禁止加工

三、生产人员的健康与卫生检查记录

食品加工企业的雇员，尤其是生产人员，是食品加工的直接操作者，其身体的健康与卫生状况直接关系到产品的卫生质量。因此，食品加工企业必须严格对生产人员，包括从事质量检验工作人员的卫生管理。对其检查记录包括：

1. 生产人员进入车间前的卫生点检记录　检查生产人员工作服、鞋帽是否穿戴正确；检查是否化妆、头发外露、手指甲修剪等；检查个人卫生是否清洁，有无外伤，是否患病等；检查是否按程序进行洗手消毒等。

2. 食品加工企业必须具备生产人员健康检查合格证明及档案。

3. 食品加工企业必须具备卫生培训计划及培训记录。

四、卫生监控与检查纠偏记录

食品加工企业应为生产创造一个良好的卫生环境，才能保证产品是在适合食品生产条件下及卫生条件下生产的，才不会出现掺假食品。

食品加工企业的卫生执行与检查纠偏记录包括：

1. 工厂灭虫灭鼠及检查、纠偏记录(包括生活区)。

2. 厂区的清扫及检查、纠偏记录(包括生活区)。

3. 车间、更衣室、消毒间、厕所等清扫消毒及检查纠偏记录。

4. 灭鼠图。

食品加工企业应注意做好以下三方面的工作：

1. 保持工厂道路的清洁，经常打扫和清洗路面，可有效地减少厂区内飞扬的尘土。

2. 清除厂区内一切可能聚集、孳生蚊蝇的场所，生产废料、垃圾要用密封的容器运送，做到当日废料、垃圾当日及时清除出厂。

3. 实施有效的灭鼠措施，绘制灭鼠图，不宜采用药物灭鼠。

五、化学药品购置、贮存和使用记录

食品加工企业使用的化学药品有消毒剂、灭虫药物、食品添加剂、化验室使用的化学药品以及润滑油等。

1. 常见消毒剂

(1)氯与氯制剂：常用的有漂白料、次氯酸钠、二氧化氯。常用的浓度(余氯)：洗手液50ppm，消毒工器具100ppm，消毒鞋靴200~300ppm。

(2)碘类：常用消毒工器具设备，有效碘含量25~50ppm。

(3)季铵化物：新洁尔灭属于此类，不适宜与肥皂以及阴离子洗涤剂共用，使用浓度应不少于200~1000ppm。

(4)两性表面活性剂。

(5)65%~78%的乙醇。

(6)强酸、强碱。

2. 使用的化学药品 必须具备以下证明及记录：

(1)购置化学药品具备卫生部门批准允许使用证明。

(2)贮存保管登记。

(3)领用记录。

点滴积累

1. 表面样品的检测项目为细菌总数、沙门菌及金黄色葡萄球菌。
2. 食品加工企业使用的化学药品有消毒剂、灭虫药物、食品添加剂、化验室使用的化学药品以及润滑油等。

第四节　SSOP 的评价

SSOP 是正确实施清洁和卫生活动必须遵守的程序，是由食品加工企业帮助完成在食品生产中维护 GMP 的全面目标而使用的过程。一项 SSOP 程序通常包括：操作的名称；实施操作的部位；实施操作所需要的设备及条件；实施操作的频次；实施操作所需要的时间；操作人员的责任，实施操作的每一个步骤及程序。

SSOP 是实施 HACCP 系统的必备条件之一，如果没有对食品生产环境的卫生控制，仍将会导致食品的不安全。美国 21CFR Part 110GMP 中指出："在不适合生产食品的条件下或不卫生的条件下加工的食品为掺假食品，这样的食品不适于人类食用。"无论是从人类健康的角度来看，还是从食品国际贸易的角度来看，都需要食品生产的生产者在一个良好的卫生条件下生产食品。

知识链接

操作性前提方案

操作性前提方案（operational prerequisite program，OPRP）是指通过危害分析确定的、必需的前提方案 PRP，以控制食品安全危害引入的可能性和（或）食品安全危害在产品或加工环境中污染或扩散的可能性。 SSOP 是企业为了维持卫生状况而制定的程序，一般与整个加工设施或某个区域有关，即 SSOP 是通用程序标准，用于所用产品。 前提性操作程序强调针对特定产品的特定操作中的特定危害来制定的，即操作性前提方案是针对特定产品的操作程序文件，具有服务对象特定性的特点。 当然，企业在编制操作性前提方案（OPRP）时，可以将所有产品或某类产品的操作性前提方案（OPRP）编写在一起，以适用于所有的产品或某类产品。

一、SSOP 应用评价的基本内容及要求

一个食品生产企业是否实施 SSOP 管理，可以从以下 5 个方面进行评价：

1. 确认食品生产企业是否有书面的 SSOP 计划，是否清晰描述了本企业每日在生产经营前和生产经营过程中，为了保证食品不被污染或掺假而必须采取的清洁和卫生措施及程序。食品生产经营企业可以根据本企业的规模、性质、产品的用途等因素，制定切合实际的 SSOP 计划书，并规定一旦某些食品卫生措施不起作用后所应采取的应急纠正或处理方法，绝对保证食品的安全。

2. 确认食品生产企业的 SSOP 计划书是否由上层且具有权威的领导签发的。作为企业 SSOP 计

划书，只有是本企业具有权威的人士签发的，才能保证其在本企业的有效执行；如果SSOP计划书执行时发生变动或改变，还应由原签发人审定并签字。

3. 确认食品生产企业的SSOP计划书是否明确了每日生产经营之前的卫生标准操作，并与生产经营过程中的卫生标准操作有所区别。生产经营之前的卫生标准操作程序必须规定在每日生产经营之前，应对食品接触面的物面、设备、用具等进行清洗，不仅可以洗除灰尘还可以消除鼠和昆虫活动造成的污染。

4. 确认食品生产企业承包的SSOP是否规定了负责每一项SSOP操作的工作人员，并有验证其履行工作职责的程序。企业在确定每一项SSOP操作的工作人员时，应根据岗位、职务或具体人而定，可以为一个人，也可以为多个人，关键是要保证每一项SSOP都能够有效到位。

5. 确认食品生产是否有实施SSOP计划的记录，包括应急措施的记录。记录可以是表格，也可以是计算机的电子硬件或软件。SSOP实施的记录是证明SSOP计划执行情况的重要资料，一般应当保存2年以上。

二、SSOP评价后果的处理

美国农业部食品安全检验局（FSIS）对所管辖的食品企业进行SSOP评价后，若发现未达到要求，要求及时改正；对拒不改正的，可以采取吊销许可以及采取其他严厉的行政措施。因此，FSIS在做决定之前，要反复地与下级监督人员商讨，与企业沟通，审查证据，以保证所做出的决定的正确性。

建立、维护和实施一个良好的SSOP卫生计划是实施HACCP计划的基础和前提条件，如果没有对食品生产环境的卫生控制，仍将会导致食品的不安全，实施HACCP计划将成为一句空话。

点滴积累

1. SSOP是正确实施清洁和卫生活动必须遵守的程序，是由食品加工企业帮助完成在食品生产中维护GMP的全面目标而使用的过程。
2. 建立、维护和实施一个良好的SSOP卫生计划是实施HACCP计划的基础和前提条件。

目标检测

一、名词解释

1. 卫生标准操作程序

2. 表面样品

二、填空题

1. 我国饮用水的微生物指标：细菌总数<________ cfu/ml；大肠菌群________检出；致病菌________检出。

2. 食品车间中每________ m^2 安装一支________ W紫外线灯，消毒时间不少于________分钟，适用于更衣室、厕所等。

3. 交叉污染是通过生的________、________或________把生物或化学的污染物转移到食品的过程。

4. 食品加工厂有可能使用的化学物质包括________、________、________、________等。

三、简答题

1. SSOP 的主要内容有哪些？

2. SSOP 的监控与记录文件主要有哪些？

3. 如何对 SSOP 运行情况进行评价？

（杨福臣）

第六章

危害分析及关键控制点（HACCP）体系的认证与实施

导学情景

情景描述

赣南脐橙是国家地理标志产品，赣南脐橙原产地在江西赣州市，年产量达百万吨。某企业欲与当地政府合作开发脐橙产品，发展脐橙产业。企业经过调研，决定以纯橙汁为先导，陆续开发其他产品，纯橙汁由于品质优良等各方面优势，企业考虑出口欧美等发达国家。企业已经办理好出口食品生产许可证等证件，也做了有关 HACCP 的相关工作。赣州市出入境检验检疫局工作人员考察企业时对该企业的 HACCP 文件进行审核后认为，某些关键控制点需要重新确定。企业质量管理人员对出入境检验检疫局提出的问题进行了整改后开始投入生产。

学前导语

HACCP 体系是保证生产安全食品最有效、最经济的方法，是一种结构严谨的控制体系，它为食品生产企业和政府监督机构提供了一种最理想的食品安全监测和控制方法，使食品质量管理与监督体系更完善，管理过程更科学。HACCP 的推广应用是一个长期而艰巨的过程，HACCP 的应用在当前还存在一些问题，在实际工作中要周全考虑各方面的因素确保发挥该系统的优点，给消费者提供高品质和安全的食品。本章我们将带领同学们学习 HACCP 体系的内容，解决如何给企业制定 HACCP 计划以及生产过程中出现偏差后如何调整 HACCP 体系等问题。

第一节　HACCP 体系概述

一、HACCP 体系的概念

HACCP 是 Hazard Analysis Critical Control Point 的首字母缩写，即危害分析与关键控制点。这是一种保证食品安全与卫生的预防性管理体系。它由危害分析和关键点控制两部分组成，主要是通过科学、系统的方法，分析和鉴别食品生产过程（从原材料至消费）各个环节中可能发生的各种危害（包括物理的、化学的、生物的危害），评估危害的严重性（是否造成显著危害），确定具体的预防控制措施和关键控制点并实施有效的监控，从而达到消除或减少危害，或将危害降低到可接受水平的目的。该体系强调企业本身的作用，而不是依靠对最终产品的检测或政府部门取样分析来确定产品的质量。与一般传统的监督方法相比较，HACCP注重的是食品卫生安全的预防性，具有较高的经济效益和社会效益，在国际上被认可为控制由食品起因的疾病的最有效的方法。获得了FAO/WHO联合食品法典委员会(CAC)的认同，被世界上越来越多的国家认为是预防食品污染、确保食品安全的有效措施。

二、HACCP体系的起源和发展

20世纪60年代初，美国最早使用HACCP理念控制太空食品安全。

美国是最早应用HACCP原理，并在食品加工制造过程中强制实施HACCP的监督与立法工作。1971年，Pillsbury公司在美国国家食品保护会议(National Conference on Food Protection)上首次将HACCP体系公布于众。1973年，Pillsbury公司与FDA合作进行了一项试点工作，在酸性及低酸性罐头食品生产中应用HACCP体系，并制定了相应的法规，此法规成为一项成功的HACCP体系。1974年以后，HACCP概念已大量出现在科技文献中。1985年，美国国家研究委员会和美国国家科学院的一个小组委员会提出，由于HACCP是一种控制与食品相关危害的有效方法，应在食品行业积极倡导，并建议负责控制食品安全的政府机构应颁布在食品生产过程中要求应用HACCP的相关法规。从此，美国农业食品安全检验局(FSIS)、美国水产局(NMFS)、美国FDA、美国陆军Natick研究所、一些大学及民间机构专家，组成了"食品微生物标准咨询委员会"，倡导HACCP体系在食品企业中的应用。1988年，国际食品微生物顾问委员会(ICMSF)和世界卫生组织(WHO)提出了在国家标准中导入HACCP的建议。1989年，美国发布了"HACCP体系7个基本原理"。此后，加拿大海洋渔业署、食品法典委员会(CAC)、欧共体委员会、美国FDA、美国农业部(USDA)、加拿大农业部等纷纷致力于推动HACCP在相关食品企业的应用。1995年12月起，欧盟规定对各类食品进出口强制性执行这一体系。美国要求凡是在美国生产和销售食品的企业，1998年3月前实施HACCP。2005年9月1日食品法典委员会(CAC)颁布了《食品安全管理体系——适用于食品链中各类组织的要求》标准(ISO 22000:2005)。该标准是全球协调一致的自愿性管理标准，适用于食品链内的各类组织。20世纪90年代，中国引入HACCP，历经10余年的推广，我国在HACCP研究与应用领域已走在世界前列，对提高我国食品企业的食品安全控制水平发挥了巨大作用。

三、HACCP体系在我国的发展

（一）HACCP在中国的三个发展阶段

1. 第一阶段　HACCP引入阶段(1990—1997年)

1990年3月，原国家商检局组织了含HACCP理念的"出口食品安全工程的研究和应用计划"，水产品等10类食品列入计划，近250家生产企业志愿参加，为将HACCP引入中国打下基础。

1997年3月，为做好应对美国FDA水产品HACCP法规实施的准备工作，原国家商检局派出了5人专家组参加了美国FDA举办的水产品HACCP法规及首期美国HACCP管理官员培训班。随后，美国水产品HACCP法规及管理官员培训班的教材被翻译成中文，原国家商检局在华南、华东和华北地区举办了五期水产品 HACCP 法规及管理官员培训班,300 余名受训的商检人员取得了培训合格资格,从而正式将 HACCP 引入中国。

2. 第二阶段 HACCP 应用阶段(1997—2004 年)

1997 年 10 月,原国家商检局组织了对 180 家输美出口水产品生产企业建立实施 HACCP 体系的检查,确定能否符合美国水产品 HACCP 法规所规定的要求。共有 139 家企业获得原国家商检局的认可,报美国 FDA 注册,HACCP 在中国企业的应用正式展开。

1999 年,原国家出入境检验检疫局组织原中国商检研究所(现为中国检验检疫科学研究院)及检验检疫系统专家,编写、拍摄、出版发行了以 HACCP 原理及应用为主要内容的《中国出口食品卫生注册管理指南》纸板和音像教材(含 12 张光盘)。作为中国第一套 HACCP 培训教材,培训出口食品生产企业和检验检疫人员达数十万人,有力推动了 HACCP 在中国的应用。

2001—2002 年,国家认监委组织编写了《果蔬汁 HACCP 体系的建立与实施》等 6 本 HACCP 体系培训教材,分别给出了 6 类高风险食品的 HACCP 体系应用模式和危害控制指南。2001—2004 年,国家认监委委托原中国商检研究所为检验检疫系统和出口食品生产企业人员举办了 37 期 HACCP 体系建立与实施培训班,采用上述 6 本教材,培训检验检疫系统和出口食品生产企业人员 4000 余人,对果蔬汁等 6 类出口食品的 4000 余家生产企业有效建立实施 HACCP 体系和顺利通过检验检疫强制性验证发挥了重要的指导作用,也为检验检疫监管人员开展 HACCP 体系检验检疫强制性验证提供了必要的技术基础。2004 年底,在检验检疫部门监管下的果蔬汁等 6 类出口食品生产企业全部建立实施了 HACCP 管理体系,并获得检验检疫部门卫生注册的批准。

3. 第三阶段 HACCP 发展提高阶段(2004 年至今)

由于国际食品贸易形势的新变化,技术壁垒措施越来越多地成为国际食品贸易中的调控手段,国内外官方和消费者对食品安全的要求越来越严格,越来越全面,不仅要求能够控制危害的体系,而且要求能够对食品企业进行管理的体系。国际 HACCP 理论面临新的发展。

2004 年 6 月 1 日,原中国国家质检总局发布了《食品安全管理体系要求》标准(SN/T 1443.1-2004),提出了包含 HACCP 原理的食品安全管理原则,将 HACCP 体系系统地发展为以 HACCP 为核心的食品安全管理体系(简称“HACCP 食品安全管理体系”),通过对食品企业的管理实现对危害的控制,适用于食品链中的所有食品组织。

2005 年 9 月 1 日,国际标准化组织发布了 ISO 22000:2005《食品安全管理体系——适用于食品链中各类组织的要求》标准,适用于食品链中的所有组织。国际 HACCP 理论的这次新发展,将 HACCP 体系演变成以 HACCP 原理为核心的食品安全管理体系。中国作为世界食品生产、消费和出口大国,积极参与了这次国际 HACCP 理论发展的过程,并努力推动 HACCP 食品安全管理体系的研究和应用。中国的食品企业也及时跟上,将 HACCP 体系进一步发展完善,建立并健全了企业的 HACCP 食品安全管理体系,取得显著成效,使中国的 HACCP 应用进入了发展提高阶段。

(二)中国政府对 HACCP 体系的推广

中国政府历来高度重视食品安全,将推行 HACCP 体系作为食品安全监管体制的重要手段,形成了监管体制的重要手段，形成了“政府引导、法规规范、行业自律、企业自控、科教支持、认证推动、媒体宣传、消费者响应、全社会参与自控、科教支持、认证推动、媒体宣传、消费者响应、全社会参与”的推广模式。

2002年3月，中国国家认证认可监督管理委员会发布2002年3号公告《食品生产企业危害分析与关键控制点（HACCP）管理体系认证管理规定》，成为中国第一部专门针对HACCP的行政规章。

2002年4月，原国家质检总局发布第20号令《出口食品生产企业卫生注册登记管理规定》，规定罐头等6类高风险出口食品的生产企业，必须建立实施HACCP体系后方可注册。

2003年7月，原国家质检总局发布第52号令《食品生产加工企业质量安全监督管理办法》，鼓励企业获取HACCP认证，并对获HACCP认证、验证的企业，在申请食品生产许可证时，免于企业必备条件审查。

2003年8月，原卫生部发布《食品安全行动计划》，要求在食品生产经营企业大力推行食品企业良好卫生规范（GHP）和HACCP体系。

2009年6月起，我国执行《中华人民共和国食品安全法》，规定“国家鼓励食品生产经营企业符合良好生产规范要求，实施危害分析与关键控制点体系，提高食品安全管理水平”。

知识链接

HACCP在我国的应用与发展

到目前为止，中国共颁发HACCP认证证书4020张，获证企业3926家。共有约4000家出口食品企业的HACCP体系通过了检验检疫机构的官方验证，为保障国内及出口食品质量安全发挥了有效作用。

我国应加快针对申请和实施HACCP体系的相关法律的制定进程，既要制定综合性法律也要有非常具体的法律，各部门制定或修订有关食品安全方面的法律规章时，应结合企业执行HACCP体系的实践经验，确保法律切实可行。在立法的过程中，鼓励全社会主要是消费者和食品生产者的参与，以增强立法过程的公开性和透明度。不但能完善所制定的法律，还能建立公众对食品安全规制的信心。

食品安全规制涉及多个政府部门，为避免各部门互相推诿责任或者多头领导，应加强内部协调，成立跨部门、全国性的，专门从事推进HACCP体系的管理机构，各部门在此机构下通力合作，各司其职，协调一致地为促进HACCP在我国的应用与发展提供管理支持。

四、HACCP体系的特点

HACCP是一种控制食品安全危害的预防体系，但不是一种零风险体系，是用来使食品安全危害的风险降低到最低或可接受水平的。它的概念是：以认可的原理为基础，以体系的方法进行食品安全管理，目的是要确定有可能发生在食品供应链内任何环节的危害，并施以控制，防止危害发生。其特点如下：

1. HACCP体系不是一个孤立的体系，而是建立在企业良好的食品卫生管理传统的基础上的管理体系。如GMP、职工培训、设备维护保养、产品标识、批次管理等都是HACCP体系实施的基础。如果企业的卫生条件很差，那么便不适应实施HACCP管理体系，而需要首选建立良好的卫生管理规范。

2. HACCP体系是预防性的食品安全控制体系，要对所有潜在的生物的、物理的、化学的危害进行分析，确定预防措施，防止危害发生。

3. HACCP体系是根据不同食品加工过程来确定的，要反映出某一种食品从原材料到成品、从加工场所到加工设施、从加工人员到消费者方式等到各方面的特性，其原则是具体问题具体分析，实事求是。

4. HACCP体系强调关键控制点的控制，在对所有潜在的生物的、物理的、化学的危害进行分析的基础上来确定显著危害，找出关键控制点，在食品生产中将精力集中在解决关键问题上，而不是面面俱到。

5. HACCP体系是一个基于科学分析建立的体系，需要强有力的技术支持，当然也可以寻找外援，吸收和利用他人的科学研究成果，但最重要的还是企业根据自身情况所作的实验和数据分析。

6. HACCP体系并不是没有风险，只是能减少或者降低食品安全中的风险。作为食品生产企业，光有HACCP体系是不够的，还要有具备相关的检验、卫生管理等手段来配合共同控制食品生产安全。

7. HACCP体系不是一种僵硬的、一成不变的、理论教条的、一劳永逸的模式，而是与实际工作密切相关的发展变化和不断完善的体系。

8. HACCP体系是一个应进行实践—认识—再实践—再认识的过程，而不是搞形式主义，走过场。企业在制定HACCP体系计划后，要积极推行，认真实施，不断对其有效性进行验证，在实践中加以完善和提高。

五、HACCP体系与食品GMP、SSOP和ISO 22000关系

（一）HACCP与食品GMP、SSOP的关系

GMP对食品生产、加工、包装、贮存、运输和销售进行了规范性要求，强调的是工厂设施和环境的建设及其规范化，是原则性和强制性的。着重的是企业的硬件条件，是基础性的。

SSOP是食品加工企业为保证达到GMP规定的要求，保证加工过程中消除不良的人为因素，使其所加工食品符合卫生要求而制定的，指导食品生产加工过程中如何实施清洗、消毒和保持卫生的作业指导文件，是具体的和非强制性的，着重强调的是企业的软件建设，是食品企业生产的卫生管理体系，为HACCP实施的前提条件。

HACCP是指导食品企业建立食品安全体系的基本原则，强调的是生产过程中的质量管理，是保证食品安全的预防性管理体系，为企业的软件建设。

SSOP的制定依据是GMP，GMP、SSOP是HACCP计划有效实施的基础和前提条件，HACCP体

系是确保 GMP 和 SSOP 贯彻执行的有效管理方法。

（二）HACCP 和 ISO 22000 的关系

ISO 22000 标准和 HACCP 体系都是一种风险管理工具，能使实施者合理地识别将要发生的危害，并制订一套全面有效的计划，来防止和控制危害的发生。

HACCP 体系是源于企业内部对某一产品安全性的控制体系，以生产全过程的监控为主，是在整个生产过程质量保证和控制的前提下，强调对食品安全的危害分析，确定关键控制点，进行重点控制；而 ISO22000 标准适用于整个食品链工业的食品安全管理，不仅包含了 HACCP 体系的全部内容，还融入到企业的整个管理活动中，体系完整，逻辑性强，属食品企业安全保证体系。

ISO 22000 标准是一个适用于整个食品链工业的食品安全管理体系框架。它将食品安全管理体系从侧重对 HACCP 七项原理、GMP（良好生产规范）、SSOP（卫生标准规范）等技术方面的要求，扩展到整个食品链，并作为一个体系对食品安全进行管理，增加了运用的灵活性。同时，ISO 22000 标准的条款编排形式与 ISO 9001:2000 一样，它可以与企业其他管理体系如质量管理体系和环境管理体系相结合，更有助于企业建立整合的管理体系。

点滴积累

1. HACCP 是 Hazard Analysis Critical Control Point 的首字母缩写，即危害分析与关键控制点。
2. 20 世纪 60 年代初，美国最早使用 HACCP 理念控制太空食品安全。
3. SSOP 的制定依据是 GMP，GMP、SSOP 是 HACCP 计划有效实施的基础和前提条件，HACCP 体系是确保 GMP 和 SSOP 贯彻执行的有效管理方法。

第二节　HACCP 体系的主要内容

一、HACCP 体系的基本术语

FAO/WHO 食品法典委员会（CAC）在法典指南，即《HACCP 体系及其应用准则》中规定的基本术语及其定义有：

1. 危害（hazard）　指食品中可能影响人体健康的生物性、化学性和物理性因素。

常见的危害包括：

（1）生物性危害：致病性微生物及其毒素、寄生虫、有毒动植物。

（2）化学性危害：杀虫剂、洗涤剂、抗生素、重金属、滥用添加剂等。

（3）物理性危害：金属碎片、玻璃渣、石头、木屑和放射性物质等。

2. 危害分析（hazard analysis，HA）　指收集有关的危害及导致这些危害产生和存在的条件；评估危害的严重性和危险性以判定危害的性质、程度和对人体健康的潜在影响以确定哪些危害对于食品安全是严重有威胁的。

引起食源性疾病的危害可分为3类：

（1）威胁生命致害因子（LI）：如肉毒杆菌、霍乱弧菌、鼠伤寒沙门菌、河豚毒素、麻痹性贝类毒素等。

（2）引起严重后果或慢性病的因子（SI）：如沙门菌、志贺菌、空肠弯曲菌、副溶血性弧菌、甲肝病毒、致病性大肠杆菌等。

（3）造成中度或轻微疾病的因子（MI）：如产气荚膜梭菌、蜡样芽孢杆菌、多数寄生虫、组胺类物质等。

3. 显著危害　指极有可能发生或一旦发生就可能导致消费者不可接受的健康或安全风险的危害。

4. 严重性（severity）　指某个危害的大小或存在某种危害时所致后果的严重程度。需要强调，严重性随剂量和个体的不同而不同，通常剂量越高，疾病发生的严重程度就越高。高危人群（如婴幼儿、病人、老年人）对微生物危害的敏感性比健康成人高，这些人患病的后果较严重。

5. 危险性（risk）　对危害发生可能性的估计。危险性可分为高（H）、中（M）、低（L）和忽略不计（N）。

6. 关键控制点（critical control point，CCP）　指一个操作环节，通过在该步骤实施预防或控制措施，能消除或最大程度地降低一个或几个危害。

关键控制点又可分为CCP1和CCP2两种。CCP1是一个操作环节可以消除或预防危害，如高温消毒。CCP2指一操作环节能最大程度地减少危害或延迟危害的发生，但不能完全消除危害，例如，冷藏易腐败的食品。

7. 控制措施（control measure）　指判定控制措施是否有效实行的指标。标准可以是感官指标，如色、香、味；物理性指标，如时间、温度；也可以是化学性指标，如含盐量、pH；微生物学特性指标为菌落总数、致病菌数量。

8. 监测（monitor）　指对于控制指标进行有计划的连续检测，从而评估某个CCP是否得到控制的工作。

9. 偏差（deviation）　指达不到关键指标限量。

10. 步骤（step）　指食品从初级产品到最终食用的整个食物链中的某个点、步骤、操作或阶段。

11. 验证（verification）　应用不同方法、程序、试验等评估手段，以确定食品生产是否符合HACCP计划的要求。

12. 危险性分析（risk analysis）　由3部分组成：危险性评估、危险性管理和危险性信息交流。

13. 危险性评估（risk assessment）　对人体因接触食源性危害而产生的已知或潜在危险性进行科学评价。

危险性评估由4个步骤组成：危害的识别、危害特征的研究与描述、摄入量评估、危险性特征的描述。该定义包括危险性的定量表示(以数量表示危险性)、危险性的定性表示及指出不确定性的存在。

14. 危险性管理(risk management) 根据危险性评估的结果权衡对策,并在必要时实施相应的控制措施(包括管理手段)。

15. 危险性信息交流(risk communication) 危险性评估人员、危险性管理人员、消费者以及其他有关部门就"危险性"问题所进行的信息和意见的相互交流。

16. 暴露评估(exposure assessment) 对可能摄入的生物、化学或物理危害进行定性和定量评估。

二、HACCP 体系的七大基本原理

HACCP 体系已成为世界性的食品质量控制的经济有效的手段。HACCP 原理经过反复实践与修改,被食品法典委员会(CAC)确认,由以下 7 个基本原理构成:

1. 进行危害分析和确定预防控制措施 拟定工艺中各工序的流程图,确定与食品生产各阶段(从原料生产到消费)有关的潜在危害性及其危害程度,确定显著危害,并对这些危害制定具体有效的控制措施,包括危害发生的可能性及发生后的严重性估计。预防措施分为如下几个方面:

(1)生物危害

①细菌:加热、冷冻、发酵或改变 pH、加入防腐剂、干燥及来源控制。

②病毒:蒸煮方法。

③寄生虫:动物饮食控制、环境控制、失活、人工剔除、加热、干燥、冷冻等。

(2)化学危害

①来源控制:产地证明、供应商证明、原料检测。

②生产控制:添加剂的合理使用。

③标识控制:正确标识产品和原料,标明产品的正确食用方法。

(3)物理危害

①来源控制:供应商证明、原料检测。

②生产控制:利用磁铁、金属探测器、筛网、分选机、空气干燥机、X 射线设备和感官控制。

2. 确定关键控制点 即确定能够实施控制且可以通过正确的控制措施达到预防危害、消除危害或将危害降低到可接受水平的 CCP,例如,加热、冷藏、特定的消毒程序等。应该注意的是,虽然对每个显著危害都必须加以控制,但每个引入或产生显著危害的点、步骤或工序未必都是 CCP。CCP 的确定可以借助于 CCP 判断树。

3. 建立关键限值(CL) 即指出与 CCP 相应的预防措施必须满足的要求,例如温度的高低、时间的长短、pH 的范围及盐浓度等。CL 是确保食品安全的界限,每 CCP 都必须有一个或多个 CL,一旦操作中偏离了 CL,必须采取相应的纠偏措施才能确保食品的安全性。

4. 建立监控体系 通过有计划的测试或观察,以确保 CCP 处于被控制状态,其中测试或观察要

有记录。监控应尽可能采用连续的理化方法，如无法连续监控，也要求有足够的间隙频率次数来观察测定每一个CCP的变化规律，以保证监控的有效性。凡是与CCP有关的记录和文件都应该有监控员的签名。

5. 建立纠偏行动　因为任何HACCP方案要完全避免偏差是几乎不可能的。因此，需要预先确定纠偏行为计划。如果监控结果表明加工过程失控，应立即采取适当的纠偏措施，减少或消除失控所导致的潜在危害，使加工过程重新处于控制之中。

纠偏措施的功能包括：决定是否销毁失控状态下生产的食品；纠正或消除导致失控的原因；保留纠偏措施的执行记录。

6. 建立验证程序　验证程序即除监控方法外，用来确定HACCP体系是否按HACCP计划动作或计划是否需要修改及再确认生效所使用的方法、程序或检测及评审手段。

虽然经过了危害分析，实施了CCP的监控、纠偏措施并保持有效的记录，但是并不等于HACCP体系的建立和运行能确保食品的安全性，关键在于：①验证各个CCP是否都按照HACCP计划严格执行；②确认整个HACCP计划的全面性和有效性；③验证HACCP体系是否处于正常、有效的运行状态。这3项内容构成了HACCP的验证程序。验证的方法包括：生物学方法、物理学方法、化学方法与感官方法。

7. 建立有效的记录保存与管理体系　HACCP具体方案在实施中，都要求做例行的、规定的各种记录，同时还要求建立有关适用于这些原理及应用的所有操作程序和记录的档案制度，包括计划准备、执行、监控、记录及相关信息与数据文件等都要准确和完整的保存。以文件证明HACCP体系的有效运行，记录是HACCP体系的重要部分。

知识链接

HACCP体系在其他领域的应用前景

HACCP体系的应用，重在于对其原理和理念的运用，不应局限在出口食品生产过程中。其实，很多其他领域在应用HACCP体系时也能够产生良好的效果。中国农产品产地环境开放，生产行为不受控。因此，建立一套符合中国国情的区域农产品质量安全监管模式非常有必要。以稻谷为例，运用危害分析及关键控制点(HACCP)原理分析在其生产过程中潜在的危害因子。确定产地环境、田间管理、产地准出及市场准入等环节是维系稻谷质量安全的关键控制点，提出构建由乡镇农产品质量安全监管站、县农产品质量安全监测站、地/市农产品质量安全监测中心和省农产品质量安全监测/评估/预警中心组成的四级监控体系及相应的纠偏程序与验证程序。通过对风险因子持续的监查、监测、评估、预警等，实现对区域农产品质量安全风险危害的有效管控。

目前，国内农产品的风险评估、预警工作尚处于起步阶段。农产品质量安全监控体系虽起始于种植业农产品水稻，但适用于整个农产品，然而，风险因子的评估方法与区域风险因子数据库建设还有很大的不足，这方面的探索还需要一定的时间。

点滴积累

1. HACCP 的基本原理有 7 个：进行危害分析和确定预防控制措施；确定关键控制点；建立关键限值；建立监控体系；建立纠偏行动；建立验证程序；建立有效的记录保存与管理体系。
2. 常见的危害包括：物理性危害、化学性危害、生物性危害。

第三节 HACCP 体系的建立与实施

一、建立 HACCP 体系的基础条件和必需程序

（一）建立 HACCP 体系的基础条件

HACCP 体系必须建立在现行的良好生产规范（GMP）和卫生标准操作程序（SSOP）基础上。GMP 和 SSOP 是对食品加工环境的控制，是 HACCP 的前期条件，是实施 HACCP 的基础。

1. GMP 是 HACCP 的基础之一 中华人民共和国国家标准《食品企业通用卫生规范》（GB 14881—94）、水产行业标准《水产品加工质量管理规范》（SC/T 3009—1999），包括了对生产安全、洁净、健康食品等不同方面的强制性要求或指南和所有加工人员都要遵从的卫生标准原则，主要涉及加工厂的员工及他们的行为；厂房与地面，设备及工器具；卫生操作（例如工序、有害物质控制、实验室检测等）；卫生设施及控制，包括使用水，污水处理，设备清洗；设备和仪器，设计和工艺；加工和控制（例如，原料接收、检查、生产、包装、储藏、运输等）。

2. SSOP 是 HACCP 计划的基石 主要涉及 8 个方面：即加工用水的安全；食品接触面的状况与清洁；预防交叉污染；维护洗手间、手消毒间、厕所的卫生设施；防止食品掺杂；适当地标记、贮存和使用有毒成分；员工健康状况的控制；排除虫害。这 8 个方面均有对应的 GMP 法规的卫生标准。

在某些情况下，SSOP 可以减少在 HACCP 计划中关键控制点的数量，实际上，危害是通过 SSOP 和 HACCP 关键控制点的组合来有效地控制。例如，在蒸煮的食物操作中，工厂消毒、雇员卫生和严格的操作程序与在 HACCP 计划中确定为关键控制点的实际蒸煮和冷冻步骤，在控制李斯特菌方面同样重要。

3. 产品标识（编码）、追溯和回收程序是实行 HACCP 体系的前提条件之一 对产品的容器、包装箱、甚至栈板要有恰当标识系统，以利于追溯和回收产品。要建立回收程序并测试该程序是否如设定的那样有效，不可推迟到实际回收过程中危机时刻到来时才检验回收程序是否运转有效。

（二）建立 HACCP 体系的必需程序

1. 设备的预防性维修保养计划和程序 建立并实施《生产设备和设施维护保养制度》，包括《检（试）验仪器管理规程》《药品和试剂管理规程》等相关制度。

2. 员工的教育和训练计划程序　要使HACCP计划有效实施，并使整个公司取得成功，最重要的是所有员工，包括管理人员都要了解HACCP计划，并接受其中的教育和培训。

二、制定HACCP计划要做的七项工作

1. 进行危害分析，确定有关危害，并确定用于控制有关危害的相应措施；
2. 确定关键控制点（CCP）；
3. 确定各关键控制点的关键限；
4. 制订监控程序；
5. 明确纠偏措施；
6. 建立记录制度；
7. 制定验证程序。

三、制定HACCP计划的工作步骤

1. 组成HACCP工作小组　工作小组成员是来自本企业与质量管理有关的，各主要部门和单位的代表，应包括熟悉生产工艺和工装设备的技术专家、具备食品加工卫生管理和检验知识的人员，其中，至少小组的负责人应接受过有关HACCP原理及应用知识的培训。必要时，企业也可以在这方面寻求外部专家的帮助。

2. 收集和掌握制订HACCP计划所需的有关资料　如：车间和附属用房图；设备布局情况和特点；生产工序流程情况（如：原料拼批、配料和添加剂的使用情况，产品在各工序间的停滞时间等）；工艺技术参数，尤其是时间、温度和产品滞留时间；加工过程中产品的流向，是否有交叉污染的可能；加工现场清洁区和非清洁区，或产品被污染的高险区和低险区之间的隔离情况；设备和工器具的清洁方法；厂区环境卫生；人员分工情况和卫生质量活动；产品的存贮和发运条件等。

3. 进行产品描述　可以从以下几个方面来描述：①产品的成分：如加工产品所用的原料，配料和添加剂等；②产品的组织及理化特性：如，是固体还是液体，呈胶状还是乳状，其活性水、pH是多少等；③加工的方法：如加热、冷冻、干燥、盐渍、熏制等，可对加工过程做个简述；④包装：如罐装、真空包装、空气调节等；⑤贮藏和装运的条件：如是否需要低温冷藏等；⑥商品货架期：如销售期限和最佳食用期；⑦产品的消费对象（如一般公众、婴儿、年长者）和食用或使用的方法（如加热、蒸煮等）；⑧产品所采用的质量标准，尤其要明确产品的卫生标准。

例如，用商品名称描述产品者：金枪鱼、对虾等。又如，用最终产品描述产品者：速冻鱼肉为原料的模拟蟹肉、去壳生牡蛎肉。

4. 绘制产品加工流程图　流程图是进行危害分析和识别关键控制点时使用的工具，HACCP小组可以用它来完成制定HACCP计划的其余步骤。每个产品绘制一张加工流程图，从原料接收到产品装运出厂，整个产品的前处理、加工、包装、贮藏和装运等与产品加工有关的所有环节，包括产品的各工序之间的停留时间、描述产品加工工艺、技术操作、质量要求等的附加说明等。流程图绘出来

后，要经生产现场进行核实查证，以免错漏。

5. 危害分析并确定相应的控制措施　HACCP 小组根据流程图的各工序环节，对消费者的身体健康造成危害的各种生物性、化学性和物理性因素，进行危害分析和识别出关键控制点（CCP）。

危害的来源主要有 2 个：原料在种养、收获、运输过程中形成或受环境的污染；在加工过程中形成或受污染。

危害分析和确定相应控制措施的工作步骤如下：

（1）找出潜在危害：HACCP 小组进行危害分析时，要从原料的种养环节开始，顺着产品的生产流程，逐个分析每个生产环节，列出各环节可能存在的生物性、化学性和物理性危害，即潜在危害。

（2）判断潜在危害是否为显著危害：并非所有潜在的危害都要纳入 HACCP 计划的监控范围，要通过 HACCP 实施监控的是在潜在危害中可能发生，而且一旦发生就会对消费者导致不可接受的健康风险的危害（称为显著危害）。

要判断潜在危害是否为显著危害，需要各企业 HACCP 计划的制定者们结合本企业产品生产的实际情况，如原料的来源，加工的方式、方法和流程等，在调查研究的基础上进行分析判断。危害的显著性在不同的产品，不同的工艺之间有着很大的差异，甚至同一种产品也会因规格、包装方式、预期用途的不同而有所不同。例如，拌粉半熟冻虾条的加工过程中的拌糊工序，如果说拌好的面糊在高温下停留时间过长，会利于病原体生长或金黄色葡萄球菌毒素的产生，所以这一工序时间的控制是显著危害；然而，对冻煮虾仁来说它不是显著的危害。再如，经巴氏杀菌的蟹肉加工，如果该产品是以鲜蟹肉出售的，那么巴氏杀菌过程中致病菌残留的危害就是一个显著危害；如果是供消费者煮熟后食用的，那么就不是显著危害。因此，在对危害的显著性进行分析判断的时候，要具体情况具体分析，切不可生搬硬套。

（3）确定控制危害的预防措施：显著危害确定后，即要选定用于控制危害相应措施，通过这些预防措施将危害的产生和影响消除或减少到可以接受的水平。控制一个危害可以需要多项措施，也可以一项措施来控制多个危害，如可以对原料进行验收和筛选，甚至到产区作调查访问；对产品加工过程的时间、环境温度、添加剂使用量的控制；对产品进行加热、冷冻、蒸煮、加盐、发酵、食品添加剂、气调包装等处理。各项控制措施应有明确的操作执行程序，并形成文字，以保证其得到有效的实施。

6. 识别关键控制点（CCP）　显著危害确定之后，就要找到需要通过 HACCP 计划实施监控的关键控制点。关键控制点是对显著危害具体实施监控的生产环节，它可以是一个生产工序，也可以是几个工序。这里要注意的是，不要将关键控制点与生产过程的其他质量控制点相混淆，尽管它们有时会有重叠，然而它们所监控的对象是不同的。另外，关键控制点的选择应注意体现“关键”两个字，避免设点太多，否则就会失去控制的重点。识别关键控制点的方法是多种多样的，HACCP 计划制定者可以根据自己的知识和经验去进行分析判断。HACCP 小组必须依靠其专业知识，对拟实施监控的显著危害，按照生产流程的先后顺序，通过回答问题，逐个对每个生产环节进行分析判断。

在进行上述工作时，我们使用一种危害分析工作单（表 6-1），这张表综合了上述所要进行的各项工作，完成了这张表后，我们就可以着手编写 HACCP 计划了。

表 6-1　危害分析工作单

工厂名称：____________ 工厂地址：____________ 产品描述：____________

销售和贮存方法：____________ 预期用途和消费者：____________

（1）	（2）	（3）	（4）	（5）	（6）
配料/加工步骤	确定在这步中引入的、控制的或增加的潜在危害	潜在的食品安全危害是显著的吗？（是/否）	对第 3 列的判断提出依据	应用什么预防措施来防止显著危害？	这步是关键控制点吗？（是/否）
	生物的				
	化学的				
	物理的				
	生物的				
	化学的				
	物理的				

7. 编写 HACCP 计划　一份 HACCP 计划表（表 6-2）至少应该包括以下内容：

（1）关键控制点的位置：注明关键控制点所在的生产工序或工段，如罐头加工过程的杀菌、冷却工序，低菌蟹肉的加工过程的剥壳—剔肉—分级—称重/包装工段等。

（2）需控制的显著危害：注明需要在该关键控制点上要加以控制的显著危害，如致病菌的繁殖、毒素的产生、添加剂超量使用、金属碎片等。

（3）关键限值：关键限值（CL）是一个关键控制点（CCP）上所采取的预防措施所必须满足或符合的标准。关键限值是可观察和可测量的指标，它们可以是物理、化学和生物参数，也可以是一种规定的状态。此类指标如：温度、时间、pH、水分活度、添加剂加入量或盐含量，感官指标值，如外观或组织等。通常情况下，合适的关键限值不一定是很明显或容易得到的，那么我们就需要进行实验或从科学刊物、法规性指标、技术专家的实验研究等方面收集有关的信息来建立关键限值。为了避免因偏离关键限所造成的损失，一些企业往往规定比实际关键限更为严格的限值，或称操作限值（OL）。加工人员可以在生产过程中根据操作限值作加工调整，以避免失控和采取纠编行动。HACCP 小组应就这些关键限值是否有效控制有关危害进行验证，并保存好有关验证记录。

（4）监控程序：这是 HACCP 计划中最重要的部分，在监控程序中要明确：

1）监控什么：是温度、时间还是 pH、水分，或者是原料提供方的质量证明书？

2）用什么方法进行监控：是人工观测，还是仪器仪表自动测定？监控的方法应简便快捷，易于操作。

3）监控的频率：即在规定的时间内实施监测的次数，是连续监控还是非连续的间断监控？

4）由谁负责监控：是质量监督员还是操作工？

（5）纠偏措施：纠偏措施是针对关键控制点的关键限值出现偏离，在危害出现之前所采取的纠正措施。HACCP 小组可以根据自己企业的产品特点、生产工艺等实际情况，为每个关键控制点确定相应的纠偏措施，消除导致偏离的原因，恢复和维持正常的控制状态；消除因偏离对产品质量造成的影响；是防止那些卫生质量因关键限值出现偏离而受影响的产品对消费者的健康造成危害。例如罐头的生产：当罐头在杀菌过程中，如杀菌锅为 CCP 点，温度的起落至关键限值（CL）规定的温度水平之下时，纠偏的措施可通过延长杀菌时间的办法来进行。在制定纠偏措施时应明确负责采取纠偏措施的责任人；具体纠偏的方法；对受关键限偏离影响的产品的处理方法；对纠偏措施做出记录。

(6)监控记录：对每个关键控制点的监控要形成相应的记录，这些记录所记载的监控信息，是显示关键点受控状态的证据。计划制定者要为每个关键点规定一个记录制度，即要明确：记录什么、怎样记录、何时记录、由谁记录、由谁审核等，并设计出统一、规范的记录图表。至于记录图表的具体式样，各企业可以自行决定。不过，HACCP 监控记录一般应包括以下信息：表头，即记录的名称；企业名称；记录的时间；产品的识别，即产品的品种、规格、型号，生产批号或生产线、班次；实际观察或测定的数据/结果；关键限值；记录者的识别，如签名、印鉴或工号；记录复核人的识别，如签名、印鉴或工号；复核记录的时间等。企业在实施 HACCP 计划的过程中，要切实保证 HACCP 监控记录的客观性和真实性。记录的复核应由接受过 HACCP 培训，或确实具有较丰富质量管理经验的人员来承担。

(7)验证措施：每个关键点所确定的危害是否得到了有效控制，必须通过验证。一般对各关键点监控情况进行验证的具体做法是对监控设备的定期校正；对原料、半成品或成品有针对性地抽样作检验分析；对监控记录进行复查。

(8)其他：为了便于管理和使用，每份 HACCP 计划一般以表格式样进行编印，以便查阅；计划表的首页，应列明文件编号；企业名称、地址；产品描述，包括产品名称、包装、储运和销售方式、供应对象和食用方法等；计划的批准人及批准日期等内容。

表 6-2　HACCP 计划表

工厂名称：____________ 工厂地址：____________ 产品描述：____________

销售和贮存方法：____________ 预期使用和消费者：____________

1	2	3	4	5	6	7	8	9	10
关键控制点（CCP）	显著危害	关键限值	监控对象	监控内容	监控频率	监控人员	纠偏措施	记录	验证

工厂管理员签字：__________ 日期：__________

四、HACCP 计划的验证

每个关键点所确定的危害是否得到了有效控制，必须通过验证。一般对各关键点监控情况进行验证的具体做法是对监控设备的定期校正；对原料、半成品或成品有针对性的抽样作检验分析；对监控记录进行复查。

HACCP 计划的实施能否达到预期的目的和效果，企业应当建立对 HACCP 计划进行验证的程序。这些验证活动除了上述所提到各关键点的验证外，还包括以下两种活动：

1. 确认 HACCP 计划　正式实施前，要确认 HACCP 计划的有效性。尤其是生产的原料或工艺发生了变化；验证数据出现相反的结果；关键限的偏差反复出现；在危害控制方面有了新的手段和信息；在生产中观察到了新的情况；销售方式和用户出现变化等情况。

2. 审核

（1）进行定期的内部审核：内部审核的主要内容是检查产品说明和生产流程图的准确性；检查关键控制点是否按 HACCP 计划的要求受到控制；生产过程是否是在规定的关键限内进行操作；监控记录是否准确，是否是按照规定的要求进行记录的；监控活动是否是在 HACCP 计划规定的位置进行；监控活动是否按 HACCP 计划规定的频率进行；当关键限值出现偏离时有无纠偏；监控仪器装置是否按 HACCP 计划规定的频率进行校准。

（2）定期对成品进行检验分析。

（3）审核应由具有相应资格的人员负责进行，并且要形成相应的记录。

五、HACCP 计划手册内容

1. 封面（名称、版次、制定时间）
2. 工厂背景材料（厂名、厂址、注册编号等）
3. 厂长颁布令（厂长手签）
4. 工厂简介（附厂区平面图）
5. 工厂组织结构图
6. HACCP 小组名单及职责
7. 产品加工说明
8. 产品加工工艺流程图
9. 危害分析工作单
10. HACCP 计划表
11. 验证报告
12. 记录空白表格
13. 培训计划
14. 培训记录

点滴积累

1. 建立 HACCP 体系的基础条件为：HACCP 体系必须建立在现行的良好生产规范（GMP）和卫生标准操作程序（SSOP）基础上。
2. 制定 HACCP 计划要做的七项工作进行危害分析，确定有关危害，并确定用于控制有关危害的相应措施；确定关键控制点（CCP）；确定各关键控制点的关键限值；制订监控程序；明确纠偏措施；建立记录制度；制定验证程序。
3. 制定 HACCP 计划的工作步骤。

第四节　HACCP 体系的认证

企业建立和实施 HACCP 管理体系的目的是提高企业质量管理水平和生产安全食品，通过 HACCP 认证提高置信水平。企业通过认证有利于向政府和消费者证明自身的质量保证能力，证明自己能提供满足顾客需求的安全食品和服务，因而有利于开拓市场，获取更大利润。

一、企业申请认证应满足的基本条件

首先，产品生产企业应为有明确法人地位的实体，产品有注册商标，质量稳定且批量生产；其次，企业应按 GMP 和 HACCP 基本原理的要求建立和实施质量管理体系，并有效运行；另外，企业在申请认证前，HACCP 体系应至少有效运行 3 个月，至少做过一次内审，并对内审中发现的不合格实施了确认、整改和跟踪验证。许多企业在建立体系之初，总希望获证越快越好，但随着工作的深入，企业就会认识到，建立和实施 HACCP 体系实际上是一个学习和实践的过程，必须要经过一定的时间才能完成。要想顺利通过 HACCP 认证并取得效果，学好标准是前提，编好文件是基础，有效运行是保证，而每一个环节都需要时间作为基本保证条件。

当企业具备了以上的基本条件后，可向有认证资格的认证机构提出意向申请。此时可向认证机构索取公开文件和申请表，了解有关申请者必须具备的条件、认证工作程序、收费标准等有关事项。这时认证机构通常要求企业填写企业情况调查表和意向书等。当然，不同的认证机构对此有不同的要求。在正式申请认证时，申请者应按认证机构的要求填写申请表，提交 SSOP、HACCP 计划书及其他有关证实材料。

二、认证程序及注意事项

第三方认证机构的 HACCP 认证不仅可以为企业食品安全控制水平提供有力佐证，而且将促进企业 HACCP 体系的持续改善，尤其将有效提高顾客对企业食品安全控制的信任水平。在国际食品贸易中，越来越多的进口国官方或客户要求供方企业建立 HACCP 体系并提供相关认证证书，否则产品将不被接受。HACCP 体系认证通常分为 4 个阶段，即企业申请阶段、认证审核阶段、证书保持阶段、复审换证阶段。

1. 企业申请阶段　首先，企业申请 HACCP 认证必须注意选择经国家认可的、具备资格和资深专业背景的第三方认证机构，这样才能确保认证的权威性及证书效力，确保认证结果与产品消费国官方验证体系相衔接。在我国，认证认可工作由国家市场监督管理总局统一管理，其下属机构中国国家认证认可监督管理委员会（CNCA）负责 HACCP 认证机构认可工作的实施，也就是说，企业应该选择经过 CNCA 认可的认证机构从事 HACCP 的认证工作。

食品企业在提交认证申请前，应与认证机构进行全面有效的信息沟通。HACCP 不是空中楼阁，它要求食品企业应首先具备一定的基础，这些基础包括：良好生产作业规范（GMP）、良好卫生操作（GHP）或标准卫生操作程序（SSOP），以及完善的设备维护保养计划、员工教育培训计划等。

企业应该已经按照现有中国法律法规的相关规定，如原国家出入境检验检疫局于1994年发布的《出口食品厂、库卫生要求》或食品安全国家标准《食品生产通用卫生规范》（GB 14881—2013）等建立了食品卫生控制基础，企业应该已经具备在卫生环境下对食品进行加工的生产条件。申请认证的企业应就审核依据，特别是认证所涉及产品的安全卫生标准及产品消费对象、消费国家和地区等达成一致。

认证机构将对申请方提供的认证申请书、文件资料、双方约定的审核依据等内容进行评估。认证机构将根据自身专业资源及CNAB授权的审核业务范围决定受理企业的申请，并与申请方签署认证合同。

在认证机构受理企业申请后，申请企业应提交与HACCP体系相关的程序文件和资料，例如：危害分析、HACCP计划表、确定CCP的科学依据、厂区平面图、生产工艺流程图、车间布局图等。申请企业还应声明已充分运行了HACCP体系。认证机构对企业提供和传授的所有资料和信息负有保密责任。认证费将根据企业规模、认证产品的品种、工艺、安全风险及审核所需人天数，按照CNAB制定的标准计费。

2. 认证审核阶段　认证机构受理申请后将确定审核小组，并按照拟定的审核计划对申请方的HACCP体系进行初访和审核。鉴于HACCP体系审核的技术深度，审核小组通常会包括熟悉审核产品生产的专业审核员，专业审核员是那些具有特定食品生产加工方面背景并从事以HACCP为基础的食品安全体系认证的审核员。必要时审核小组还会聘请技术专家对审核过程提供技术指导。申请方聘请的食品安全顾问可以作为观察员参加审核过程。

HACCP体系的审核过程通常分为两个阶段，第一阶段是进行文件审核，包括SSOP计划、GMP程序、员工培训计划、设备保养计划、HACCP计划等。这一阶段的评审一般需要在申请方的现场进行，以便审核组收集更多的必要信息。审核组根据收集的信息资料将进行独立的危害分析，在此基础上同申请方达成关键控制点（CCP）判定的一致。审核小组将听取申请方有关信息的反馈，并与申请方就第二阶段的审核细节达成一致。第二阶段审核必须在审核方的现场进行。审核组将主要评价HACCP体系、GMP或SSOP的适宜性、符合性、有效性。其中会对CCP的监控、纠正措施、验证、监控人员的培训教育，以及在新的危害产生时体系是否能自觉地进行危害分析并有效控制等方面给予特别的注意。

现场审核结束，审核小组将根据审核情况向申请方提交不符合项报告，申请方应在规定时间内采取有效纠正措施，并经审核小组验证后关闭不符合项，同时，审核小组将最终审核结果提交认证机构做出认证决定，认证机构将向申请人颁发认证证书。

3. 证书保持阶段　鉴于HACCP是一个安全控制体系，因此其认证证书有效期通常最多为一年，获证企业应在证书有效期内保证HACCP体系的持续运行，同时必须接受认证机构至少每半年一次的监督审核。如果获证供方在证书有效期内对其以HACCP为基础的食品安全体系进行了重大更改，应通知认证机构，认证机构将视情况增加监督认证频次或安排复审。

4. 复审换证阶段　认证机构将在获证企业HACCP证书有效期结束前安排体系的复审，通过复审认证机构将向获证企业换发新的认证证书。此外，根据法规及顾客的要求，在证书有效期内，获证方还可能接受官方及顾客对HACCP体系的验证。

根据“以HACCP为基础的食品安全体系认证机构认可实施指南”的有关规定，认证机构可确定对获证企业的以HACCP为基础的食品安全体系进行监督审核，通常为半年一次（季节性生产在生产季节至少每季度一次），如果获证企业对其HACCP为基础的食品安全体系进行了重大的更改，或者发生了影响到其认证基础的更改，还需增加监督频次。复评是又一次完整的审核，对HACCP为基础的食品安全体系在过去的认证有效期内的运行进行评审，认证机构每年对供方全部质量体系进行一次复评。

企业了解和熟悉认证的全过程，有助于企业进行认证前的准备和通过认证。认证前企业要积极做好内审和培训，严格按程序办事。认证过程中，要积极配合认证机构的审核，对审核中发现的不合格项及时查找原因，进行整改或提出整改计划，这样可以缩短认证时间，使企业早日通过认证。

点滴积累

1. HACCP体系认证通常分为4个阶段，即企业申请阶段、认证审核阶段、证书保持阶段、复审换证阶段。
2. 企业申请HACCP认证认可工作由国家市场监督管理总局统一管理，其下属机构中国国家认证认可监督管理委员会（CNCA）负责HACCP认证机构认可工作的实施。

目标检测

一、单项选择题

1. HACCP计划可不包括（　　）
   A. HACCP计划所要控制的危害　　B. 已确定危害将得到被控制的关键控制点
   C. 关键限值　　D. 负责执行每个监视程序的人员的培训内容
2. 下列哪一项是食品安全危害能被控制的，能预防、消除或降低到可以接受的水平的一个点、步骤或过程（　　）
   A. 关键控制点　　B. 控制点　　C. 操作限值　　D. 以上都不是

二、名词解释

1. HACCP体系
2. 关键控制点
3. 暴露评估

三、填空题

1. 20世纪60年代初，美国最早使用HACCP理念控制__________。
2. SSOP的制定依据是__________，GMP、SSOP是计划有效实施__________的基础和前提条件，HACCP 体系是确保 GMP 和 SSOP 贯彻执行的有效管理方法。

3. 危害分析主要是__________、__________、__________的分析。

四、简答题

1. HACCP 体系的原理有哪些？

2. 简述 HACCP 体系与良好生产规范（GMP）和卫生标准操作程序（SSOP）之间的关系。

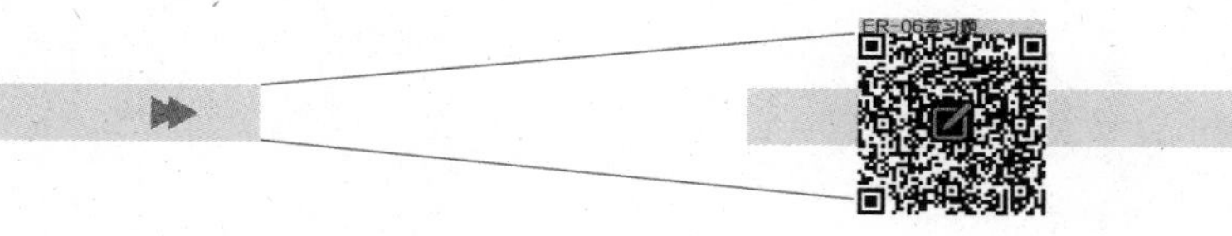

（杨福臣　王 蕊）

第七章

ISO 22000 食品安全管理体系的认证和实施

导学情景

情景描述

核查组核查某裱花蛋糕生产企业，发现在生产中使用的裱花装饰料，其原料之一为一种草莓香精，该香精为红色，于是核查员询问技术人员香精中是否含有红色素，具体种类是什么。 企业人员回答道：进货时曾被口头告知香精中含有复合红色素，但具体种类及含量属技术机密，不对外明示，所以无法考证是否符合《食品国家安全标准 食品添加剂使用标准》（GB 2760—2014）的规定。

学前导语

食品带来的危害除了威胁生命健康，还可能引起包括对治疗、误工、保险赔付和法律赔偿等巨大的经济成本。 对此，很多国家已经对食品安全制定了国家标准，而在食品行业里的公司和集团也制定了他们各自的标准或审核他们供应商的程序文件。 各国有关食品安全管理的标准不断增多，造成了要求上的混淆、不统一，因此，基于 HACCP 原理开发一个国际标准也成为各国食品行业的强烈需求，ISO 22000 食品安全管理体系就是基于这样一个前提而浮出水面的。 本章我们将带领同学们学习什么是 ISO 22000，企业如何进行 ISO 22000 的认证?

第一节 ISO 22000 体系概述

一、ISO 22000 及相关概念

（一）ISO 22000 的概念

2005 年 9 月 1 日，国际标准化组织（ISO）正式发布了 ISO 22000：2005《食品安全管理体系——对食物链中任何组织的要求》通用国际标准，简称 ISO 22000。它是基于 HACCP（食品危害分析与关键控制点体系）原理开发的一个自愿性国际标准，是对各国现行的食品安全管理标准和法规的整合，旨在保证全球的安全食品供应，对整个食品链中的组织可以作为技术标准，对企业建立有效的食品安全管理体系进行指导，使全世界的组织以统一的方法执行 HACCP 系统更加容易。

ISO 22000 既是描述食品安全管理体系要求的使用指导标准，又是可供食品生产、操作和供应的组织认证和注册的依据。ISO 22000 表达了食品安全管理中的共性要求，不是针对食品链中任何一类组织的特定要求。采用了 ISO 9000 标准体系结构，在食品危害风险识别、确认以及系统管理方面，参照了国际食品法典委员会（CAC）颁布的《食品卫生通则》中有关 HACCP 体系和应用指南部分。

ISO 22000 作为管理体系标准，要求组织应确定各种产品和（或）过程种类的使用者和消费者，并应考虑消费群体中的易感人群，应识别非预期但可能出现和产品不正确的使用和操作方法。一方面通过事先对生产（经营）全过程的分析，运用风险评估方式，对确认的关键控制点进行有效的管理；另一方面将“应急预案及响应”和“产品召回程序”作为系统失效的后续补救手段，以减少食品安全事件对消费者遭受的不良影响。该标准也要求组织与对可能影响其产品安全的上、下游组织进行有效的沟通，将食品安全保证的概念传递到食品链中的各个环节，通过体系的不断改进，系统性地降低整个食品链的安全风险。

（二）ISO 22000 产生的背景

近年来，食品安全面临着严峻的形势。首先，食源性疾病不断出现，据统计，全球每年约有 1000 万人死于食源性疾病，食源性危害的压力日益增加。其次，环境的破坏、生态的恶化、气候变暖以及新资源、新技术、新工艺带来的一些食品安全危害因素，使食品安全的控制变得更加困难。再者，食品方面的技术性贸易壁垒增加，严重阻碍了食品贸易的国际化和全球化。第四，近 20 年来，以科学的食品安全控制技术、全程监管以及过程控制预防为主的观念、良好的操作规范获得大力推行。

食品带来的危害除了威胁生命健康，还可能引起包括对治疗、误工、保险赔付和法律赔偿等巨大的经济成本。食品生产、加工、经营或供应组织认识到，顾客日益要求他们提供足够的证据，来证明他们有能力识别和控制食品安全的风险及诸多影响食品安全的因素。用于质量管理的 ISO 9001 标准并不具体涉及食品安全，因此，很多国家，如丹麦、荷兰、爱尔兰、澳大利亚等国制定了自愿性国家标准或文件等，具体提供了食品安全管理体系审核要求。各国有关食品安全管理的标准不断增多，造成了要求上的混淆、不统一。因此，基于 HACCP 原理，开发一个国际标准也成为各国食品行业的强烈需求，ISO 22000 就是基于这样一个前提而浮出水面的。

（三）ISO 22000 所涉及的范围

ISO 22000 包括通常意义上的关键因素来确保食品链中食品的安全，这些因素有：

1. 相互沟通　食物链中各部分间的信息沟通，对于确保食品链中所有环节的相关食品安全风险能够被识别并加以足够的控制是非常必要的。这意味着，组织在食品链中的各个环节，既需要与其上一环节进行沟通，也需要与其下一环节沟通。

基于系统化的风险分析得出的信息与消费者和供应商之间沟通，有助于向消费者和供应商证明关于终端产品的可行性、需求以及影响的要求。本标准要求这种沟通具有计划性和持续性的特征。

2. 体系管理　最有效的食品安全体系将被置于一个结构化的管理体系框架中进行设计、操作和更新，并将与组织的整体管理活动相结合。这将为组织和利益相关方带来最大利益。ISO 22000 标准将充分考虑 ISO 9001：2000 标准的要求，以便加强这两个标准的相互协调性，以利于它们可以联合或综合实施。

3. 风险控制　一个可以把食品链中将要传递到下一环的终端食品的安全风险控制在一个可以接受的范围内的有效系统，应该是必备方案与具体的 HACCP 计划协调结合。

（四）实施 ISO 22000 的价值

1. 可以与贸易伙伴进行有组织的、有针对性的沟通；
2. 在组织内部及食品链中实现资源利用最优化；
3. 改善文献资源管理；
4. 加强计划性，减少过程后的检验；
5. 更加有效和动态地进行食品安全风险控制；
6. 所有的控制措施都将进行风险分析；
7. 对必备方案进行系统化管理；
8. 由于关注最终结果，该标准适用范围广泛；
9. 可以作为决策的有效依据；
10. 充分提高勤奋度；
11. 聚焦于对必要的问题的控制；
12. 通过减少冗余的系统审计而节约资源。

其他利益相关方能够信任采用该标准的组织有能力识别和控制食品安全风险。此外，以下原因也可以增加该标准的价值：①是国际性的；②为协调各国国家标准提供了可能；③食品加工者正期待该标准；④为整个食品链提供了参考；⑤为第三方认证提供了框架；⑥弥补了 ISO 9001 和 HACCP 的不足；⑦为更好地理解和进一步发展 HACCP 药典做出了贡献；⑧具有清晰要求的可供审核的标准；⑨采用系统方法而不是产品方法，从而适用于管理者。

二、ISO 22000 体系及内容

2005 年，国际标准化组织（ISO）制定了 ISO 22000：2005 食品安全管理体系标准。该标准主要是建立在危害分析与关键控制点（HACCP）、良好生产规范（GMP）和卫生标准操作规范（SSOP）基础上，同时整合了 ISO 9001 标准的部分要求，直接或间接介入生产链中一个或多个环节的组织。通过前提方案（PRP）、操作性前提方案（OPRP）和 HACCP 计划的组合，确定采用的策略，以确保危害得到控制。该标准通过安全食品链的理念，使消费者、农民、食品加工商、食品零售商和政府相关部门认识到提供安全食品的重要性，并最大程度地扩展食品的追溯性，确定整个链条的脆弱环节。

（一）ISO 22000 体系的总体结构

ISO 22000：2005 共分 8 章 32 条款，分别对标准引用的术语和定义、食品安全管理体系、管

理职责、资源管理、安全产品的策划和实现、体系的确认验证和改进做出要求，总体结构如表7-1所示：

表7-1 ISO 22000总体结构

序号	内容	序号	内容
—	前言	6.3	基础设施
—	引言	6.4	工作环境
1	范围	7	安全产品的策划和实现
2	规范性引用文件	7.1	总则
3	术语和定义	7.2	前提方案
4	食品安全管理体系	7.3	实施危害分析的预备步骤
4.1	总要求	7.4	危害分析
4.2	文件要求	7.5	操作性前提方案的建立
5	管理职责	7.6	HACCP计划的建立
5.1	管理承诺	7.7	预备信息的更新、规定前提方案和HACCP计划文件的更新
5.2	食品安全方针	7.8	验证策划
5.3	食品安全管理体系策划	7.9	可追溯性系统
5.4	职责和权限	7.10	不符合控制
5.5	食品安全小组组长	8	食品安全管理体系的确认、验证和改进
5.6	沟通	8.1	总则
5.7	应急准备和响应	8.2	控制措施组合的确认
5.8	管理评审	8.3	监视和测量的控制
6	资源管理	8.4	食品安全管理体系的验证
6.1	资源提供	8.5	改进
6.2	人力资源		

（二）ISO 22000的适用范围

ISO 22000标准适用范围为食品链中所有类型的组织，包括直接介入食品链中一个或多个环节的组织（如：饲料加工者、农作物种植者、辅料生产者、食品生产者、零售商、食品服务商、配餐服务组织，提供清洁、运输、贮存和分销服务的组织），以及间接介入食品链的组织（如设备、清洁剂、包装材料和其他与食品接触材料的供应商）。食品通过供应链被送到消费者手中，这种供应链可以连接许多不同类型的组织，在食品供应链中的任何阶段都可能引入食品安全危害。因此，食品安全是食品链中每一个参与者共同的责任，需要整个食品链上的参与各方的共同努力才能确保食品安全。ISO 22000对食品链中的食品安全管理体系作了具体要求，组织必须证明它有能力控制食品隐患。因此，实施 ISO 22000 可以使食品供应链内的各类组织有效地控制食品安全管理体系。

（三）ISO 22000 的特征

ISO 22000 标准给出了食品安全管理标准的定义，明确其具有以下特征：

1. 对食物链上的所有组织都适用；
2. 吸收了 HACCP 的五个预备步骤和七项原则；
3. 为第三方认证提供了审核标准；
4. 确保控制食品安全的流程得到确认、验证、实施、检测和管理；
5. 只关注食品安全。

（四）ISO 22000 标准的内容和结构

根据 ISO 22000 标准，在原有的质量管理体系和 HACCP 体系基础上建立整合型的《食品质量安全管理体系》，首先要对 ISO 标准的内容和结构有深刻的理解，才能根据本企业的实施情况建立相应的体系。

ISO 22000 标准包括 8 个方面的内容。即：范围、规范性引用文件、术语和定义、食品安全管理系统、管理职责、资源管理、计划与安全产品的实施和食品安全管理体系的确认、验证与改进。从标准文本可以看出，本标准采用了 ISO 9000 标准体系结构，同时在一个单一的文件中融合了危害分析与关键控制点的原则，在食品危害分析识别、确认以及系统管理方面，整合了国际食品法典委员会（CAC）制定的危害分析和关键控制点（HACCP）体系和实施步骤，引用了国际食品法典委员会提出的 5 个初始步骤和 7 个原理。

1. 5 个初始步骤

（1）建立 HACCP 小组；

（2）产品描述；

（3）预期使用；

（4）绘制流程图；

（5）现场确认流程图。

2. 7 个原理

（1）对危害进行分析；

（2）确定关键控制点；

（3）建立关键限值；

（4）建立关键控制点的监视体系；

（5）当监视体系显示某个关键控制点失控时确立应当采取的纠正措施；

（6）建立验证程序以确认 HACCP 体系运行的有效性；

（7）建立文件化的体系。

ISO 22000 作为管理体系标准，要求组织应确定各种产品和（或）过程种类的使用者和消费者，并应考虑消费群体中的易感人群，应识别非预期但可能出现和产品不正确的使用和操作方法。一方面通过事先对生产（经营）全过程的分析，运用风险评估方式，对确认的关键控制点进行有效的管理；另一方面将“应急预案及响应”和“产品召回程序”作为系统失效的后续补救手段，以减少食品安全事件对消费者遭受的不良影响。该标准也要求组织与对可能影响其产品安全的上、下游组织进行有效的沟通，将食品安全保证的概念传递到食品链中的各个环节，通过体系的不断改进，系统性地降低整个食品链的安全风险。

（五）ISO 22000 与其他体系的关系

1. ISO 22000 与 HACCP 的关系　HACCP 原理奠定了保障食品安全性最可靠的科学基础，但也存在着一些不足和缺陷：强调在管理中进行事前危害分析，引入数据和对关键过程进行监控，但忽视了它应置身于一个完善的、系统的和严密的管理体系中才能更好地发挥作用。以 HACCP 原理为基础而制定的 ISO 22000 食品安全管理体系标准正是为了弥补这些不足，在广泛吸收 ISO 9001 质量管理体系基本原则和过程方法的基础上产生的，是对 HACCP 原理的丰富和完善。

ISO 22000 标准为食品企业提供了一个系统化的食品安全管理体系框架。ISO 22000 标准在整合了 HACCP 原理和国际食品法典委员会（CAC）制定的 HACCP 实施步骤的基础上，明确提出了建立前提方案（HOGMP）的要求。表 7-2 说明了 ISO 22000 与 HACCP 之间的关系：

表 7-2　ISO 22000 与 HACCP 之间的关系

HACCP 原理	HACCP 实施步骤		ISO 22000	
	建立 HACCO 小组	步骤 1	7.3.2	食品安全小组
	产品描述	步骤 2	7.3.3 7.3.5.2	产品特性 过程步骤和控制措施的描述
	识别预期用途	步骤 3	7.3.4	预期用途
	制作流程图	步骤 4	7.3.5.1	流程图
	现场确认流程图	步骤 5		
原理 1　危害分析	列出所有可能的危害 实施危害分析 考虑控制措施	步骤 6	7.4 7.4.2 7.4.3 7.4.4	危害分析 危害识别和可接受水平确定 危害评价 控制措施的选择和评估
原理 2　关键控制点的确定	确定关键控制点	步骤 7	7.6.2	关键控制点的确定
原理 3　建立关键限值	对每个关键控制点确定关键限值	步骤 8	7.6.3	关键控制点的关键限值确定
原理 4　建立关键控制点的监视系统	对每个关键控制点建立监视系统	步骤 9	7.6.4	关键控制点的监视系统
原理 5　当关键控制点失控时，建立纠正措施	建立纠正措施	步骤 10	7.6.5	监视结果超出关键限值时采取的措施

续表

HACCP 原理	HACCP 实施步骤		ISO 22000	
原理 6　建立验证程序以确认 HACCP 有效运行	建立验证程序	步骤 11	7.8 8.2	验证策划 控制措施组合的确认
原理 7　建立上述原理和应用的相关程序和记录	建立文件和记录保持	步骤 12	4.2 7.7	文件要求 预备信息的更新、描述前提方案和 HACCP 计划的文件更新

2. ISO 22000 与 ISO 9001 的关系　ISO 22000 标准可以独立于其他管理体系标准之外单独使用,也可以结合或整合组织已有的相关管理体系的要求。ISO 22000 标准与 ISO 9001 相协调,具有很强的兼容性。ISO 22000 和 ISO 9001 的结构基本相同,包括管理职责、资源管理、产品实现、验证和改进四部分。ISO 22000 与 ISO 9001 管理思想一致,都是采用过程控制方式、通过识别过程、确定控制内容、制定控制方法、验证控制方法的有效性来改进和完善体系。

ISO 22000 与 ISO 9001 的区别在于:ISO 9001 侧重于通过过程的方法,确保体系能够持续满足要求,从而保证产品的质量;ISO 22000 的目的是企业将其终产品交付到食品链下一段时,已通过控制将其中已经确定的危害消除或者降低到可接受水平。ISO 9001 包含关注与顾客沟通、质量方针、不合格品控制、产品实现等条款,ISO 22000 关注食品链中组织间与组织内的沟通、食品安全方针、突发事件准备与响应、安全产品的策划与响应、前提方案等。ISO 9001 可适用所有的组织,ISO 22000 适用于食品链内的各类组织,包括饲料生产者、初级生产者、食品制造者、运输和仓储经营者、零售商和餐饮经营者以及各类相关联的组织。

3. ISO 22000 与 GMP 的关系　良好生产规范(GMP)是政府强制性的有关食品生产、加工、包装贮存、运输和销售的卫生法规。GMP 所规定的内容是食品加工企业必须达到的最基本的条件。

ISO 22000 标准用前提方案(PRP)替代传统的良好生产规范(GMP)和卫生操作标准程序(SSOP)。良好农业操作规范(GAP)、良好兽医操作规范(GVP)、良好生产规范(GMP)、良好卫生操作规范(GHP)、良好生产操作规范(GPP)、良好分销操作规范(GDP)、良好贸易操作规范(GTP)等都属于前提方案的范畴。企业应结合适用的法律法规、GMP 法规、组织的类型和组织在食品链中的位置,制定文件化的前提方案。

4. ISO 22000 与 SSOP 的关系　SSOP 是食品加工企业为了保证达到 GMP 所规定的要求,保证所生产加工的食品符合卫生要求而制定的指导食品生产加工过程中如何实施清洗、消毒和卫生保持的作业指导文件。

点滴积累

ISO 22000 是对各国现行的食品安全管理标准和法规的整合,旨在保证全球的安全食品供应,对整个食品链中的组织可以作为技术标准。

第二节　ISO 22000体系建立与实施

一、我国食品安全的现状

长久以来,关于种种劣质食品的报道经常在各媒体上看到。例如以前出现的劣质奶粉、劣质面粉、劣质大米、劣质豆制品、染白粉丝、注水肉、苏丹红还有三聚氰胺事件等等。这些频频曝光的食品加工中的黑幕对消费者来说已不再陌生。各级监管部门针对于此的执法检查,也始终没有停止过,而且还会在每年的元旦、春节等重大节日前加大执法检查的力度。相继制订了各种法令和条例,如《中华人民共和国食品安全法》《中华人民共和国农产品质量安全法》等,可见我国对食品安全的整治力度之大。但劣质食品依然层出不穷,严重威胁着人们的生命健康,时时令民众提心吊胆。当前我国食品安全领域存在四大问题:种植养殖方面的农药残留和兽药残留、生产经营者守法意识淡薄、食品生产新技术应用所带来的食品安全问题、环境对食品安全的影响。这些问题从而导致了我国食品生产行业的发展非常不均衡。

二、我国食品安全管理体系的现状

我国总体的食品安全管理体系是逐步提高的,从1949年新中国成立至今,我国部级以上机关颁布了有关食品安全方面的法律、法规、规章、司法解释以及各类规范性文件等。特别是2015年10月1日新修订的《中华人民共和国食品安全法》实施以来,出台了一系列法规、标准,建立了一批专业的执法队伍,有关部门也颁布了一些相关的规定和管理办法,整体上使食品合格率不断上升。然而随着市场经济的不断发展和食物链中新的危害不断出现,我国的食品安全管理体系还是存在不少有待解决的问题。

1. 我国食品安全标准体系滞后　最能体现此问题的事件就是2005年2月18日英国食品标准署就含有“苏丹红一号”色素食品一事向消费者发出警告,随后我国的许多省份也查出“苏丹红一号”的食品。令人震惊的是,早在1995年欧盟食品法就已经禁止在食品中使用“苏丹红一号”,但国内过了很久才意识到这一点。某种程度上说,这一事件揭示出我国食品标准与国际标准对接度差,国内食品行业标准门槛过低,从而引起国人对食品安全评价标准的高度关注。

2. 我国食品安全标准有交叉、重复,又有空白　我国食品相关标准由国家标准、行业标准、地方标准、企业标准等4级构成,而各类食品标准又分散于农业、质监、卫生等多个部门,无公害农产品、绿色食品、有机农产品等制度繁多,多种标准在市场上往来冲突,缺乏协调机制。有的产品有几个标准并且检验方法不同、含量限度不同,致使某些标准难以执行。还有不少标准标龄过长,而且标准中关于卫生质量要素的技术要求与指标规定都不同程度地与国际标准存在一定差距,标准的科学性和可操作性也亟待提高。

3. 食品安全监管体系的现状　国家开展食品安全执法监督的基础和依据,稍有欠缺都会造成执法监督空隙，导致负面效应。作为保障我国食品安全的《食品安全法》，也无法体现从农田到餐桌的全程管理，留下了许多执法空隙和隐患。由于我国食品安全标准制度繁多，有交叉、重复，又有空白，所以多种标准在市场上往来冲突，缺乏协调机制。正因为这些标准存在多头监管，实际上就造成了“谁都管不好”的局面，容易出现一些监管的“真空地带”，出了问题，又互相推诿。对于出现的食品安全问题，不能及时处理，而且该处理的不处理，或以罚代管，这样并不能触及违法者的根本利益，他们很快就会重操旧业。故监管和处罚不力，也是导致食品中毒事件频频发生和假冒伪劣食品屡禁不止的重要原因之一。

三、ISO 22000 在我国的发展

1. ISO 22000 在我国的实施　2005 年 9 月 1 日，国际标准化组织颁布了新的国际标准 ISO 22000：2005《食品安全管理体系——食品链中各类组织的要求》（以下简称 ISO 22000）。我国已经将该标准转化为 GB/T 22000：2006《食品安全管理体系——食品链中各类组织的要求》，并于 2006 年 7 月 1 日起实施。

ISO 22000 标准的发布，不但使国际上有了食品安全管理统一的标准，同时也将原有食品安全控制体系的内容和结构进行了历史性的扩展。它使世界各国对食品安全控制水平有了统一衡量尺度，有利于消除国际食品贸易中的安全壁垒，推动各国食品安全发展。从食品安全发展的历史和国际上各国推广食品安全管理体系发展趋势看，在我国食品行业实施食品安全管理体系是一种必然。而另一方面，从当前我国食品安全现状和国家对食品安全采取的行动看，全面推广应用 ISO 22000 标准是大势所趋。

2. 我国实施 ISO 22000 标准所面临的主要问题　我国同等采用 ISO 22000：2005 的国家标准 GB/T 22000：2006 于 2006 年 7 月 1 日正式实施，标准的应用实施和相关第三方认证已全面展开。我国几乎在 ISO 22000 标准颁布的第一时间同步转化为国家标准，但较之其他发达国家而言，在宏观上，我国对 ISO 22000 标准在实施的适用性和基础条件的研究缺乏全面性和体系性，诸如标准应用模式、相关的技术标准基础体系以及辅助实施的政策和措施、与现有的 HACCP 等食品安全管理体系以及市场准入制度 QS 的兼容性和互补性等。

近年来，我国重大食品安全事件时有发生，食品安全引发的国际贸易争端也居高不下，从降低和消除食品安全危害，建立和完善企业食品安全管理体系的角度来说，推广实施 ISO 22000 标准是提高和确保整个食品产业链安全的重要手段，而目前我同企业现有的基础条件和技术水平现状，是实施 ISO 22000 标准面临的最大障碍。ISO 22000 标准相对以前的 HACCP 标准较严格和复杂。建立食品安全管理体系也需要花费一定的经济成本，能够达到该标准的企业应是具有良好的食品卫生基础条件，组织结构较为完善和管理体系健全及有一定经济基础的企业：而我国食品企业大多数生产规模小、基础设施和卫生条件差、经营分散、集约化程度不高。因此，企业规模、资金和成本、人力资源、法规和标准信息及资料、相关食品安全知识、专家和相关人员的技术支持缺乏以及基础设施和卫生条件相对较差是企业实施 ISO 22000 标准的“拦路虎”，其中缺乏专业人员是企业实际运行中面临的最大问题。

四、建立ISO 22000体系的基础条件和必需程序

1. GMP是ISO 22000的基础之一 如中华人民共和国国家标准《食品生产通用卫生规范》、水产行业标准《水产品加工质量管理规范》,包括了对生产安全、洁净、健康食品等不同方面的强制性要求或指南和所有加工人员都要遵从的卫生标准原则,主要涉及加工厂的员工及他们的行为;厂房与地面,设备及工器具;卫生操作(例如工序、有害物质控制、实验室检测等);卫生设施及控制,包括使用水,污水处理,设备清洗;设备和仪器,设计和工艺;加工和控制(例如,原料接收、检查、生产、包装、储藏、运输等)。

2. SSOP(卫生标准操作程序)是ISO 22000计划的基石 主要涉及8个方面:即加工用水的安全;食品接触面的状况与清洁;预防交叉污染;维护洗手间、手消毒间、厕所的卫生设施;防止食品掺杂;适当地标记、贮存和使用有毒成分;员工健康状况的控制;排除虫害。这8个方面均有对应的GMP法规的卫生标准。

3. 产品标识(编码)、追溯和回收程序,是实行ISO 22000体系的前提条件之一 对产品的容器、包装箱、甚至栈板要有恰当标识系统,以利于追溯和回收产品。要建立回收程序并测试该程序是否如设定的那样有效,不可推迟到实际回收过程中危机时刻到来时才检验回收程序是否运转有效。

4. 设备的预防性维修保养计划和程序

5. 员工的教育和训练计划程序 要使ISO 22000计划有效实施,并使整个公司取得成功,最重要的是所有员工,包括管理人员都要了解ISO 22000计划,并接受其中的教育和培训。

五、制定ISO 22000计划要做的七项工作

1. 进行危害分析,确定有关危害,并确定用于控制有关危害的相应措施;
2. 确定CCP;
3. 确定各CCP的关键限值;
4. 制订监控程序;
5. 明确纠偏措施;
6. 建立记录制度;
7. 制定验证程序。

六、制定ISO 22000计划的工作步骤

1. 组成ISO 22000工作小组 工作小组成员是来自本公司与质量管理有关的,各主要部门和单位的代表,应包括熟悉生产工艺和工装设备的技术专家、具备食品加工卫生管理和检验知识的人员,其中,至少小组的负责人应接受过有关ISO 22000原理及应用知识的培训。必要时,公司也可以在这方面寻求外部专家的帮助。

2. 收集和掌握制订ISO 22000计划所需的有关资料 如,车间和附属用房图;设备布局情况

和特点；生产工序流程情况（如，原料拼批、配料和添加剂的使用情况，产品在各工序间的停滞时间等）；工艺技术参数，尤其是时间、温度和产品滞留时间；加工过程中产品的流向，是否有交叉污染的可能；加工现场清洁区和非清洁区，或产品被污染的高险区和低险区之间的隔离情况；设备和工器具的清洁方法；厂区环境卫生；人员分工情况和卫生质量活动；产品的存贮和发运条件等。

3. 进行产品描述　可以从以下几个方面来描述：①产品的成分：如加工产品所用的原料，配料和添加剂等；②产品的组织及理化特性：如是固体还是液体，呈胶状还是乳状，其活性水、pH 是多少等；③加工的方法：如加热、冷冻、干燥、盐渍、熏制等，可对加工过程做个简述；④包装：如罐装、真空包装、空气调节等；⑤贮藏和装运的条件：如是否需要低温冷藏等；⑥商品货架期：如销售期限和最佳食用期；⑦产品的消费对象（如一般公众、婴儿、年长者）和食用或使用的方法（如加热、蒸煮等）；⑧产品所采用的质量标准，尤其要明确产品的卫生标准。

4. 绘制产品加工流程图　流程图是进行危害分析和识别 CCP 时使用的工具，ISO 22000 小组可以用它来完成制定 ISO 22000 计划的其余步骤。每个产品绘制一张加工流程图，从原料接收到产品装运出厂，整个产品的前处理、加工、包装、贮藏和装运等与产品加工有关的所有环节，包括产品的各工序之间的停留时间、描述产品加工工艺、技术操作、质量要求等的附加说明等。流程图绘出来后，要经生产现场进行核实查证，以免错漏。

5. 危害分析并确定相应的控制措施　ISO 22000 小组根据流程图的各工序环节，对消费者的身体健康造成危害的各种生物的、化学的和物理因素，进行危害分析和识别出 CCP。

（1）与食品安全（food safety）卫生有关的危害一般分为以下三大类：

1）生物危害：如致病菌、病毒、寄生虫等；

2）化学危害：如农药、兽药残留，违规使用的饲料添加剂，工业化学品污染物，各种有毒化学元素，如铅、砷、汞、氰化物；以及微生物代谢产生的有毒物质，如金黄色葡萄球菌肠毒素、肉毒杆菌毒素、黄曲霉毒素、贝毒素等；

3）物理危害：如碎玻璃、金属碎屑等可导致人体伤害的物质。

（2）危害的来源主要原料在种养、收获、运输过程中形成或受环境的污染和在加工过程中形成或受污染。

（3）危害分析和确定相应控制措施的工作步骤

1）找出潜在危害：ISO 22000 小组进行危害分析时，要从原料的种养环节开始，顺着产品的生产流程，逐个分析每个生产环节，列出各环节可能存在的生物的、化学的和物理的危害，即潜在危害。

2）判断潜在危害是否显著危害：并非所有潜在的危害都要纳入 ISO 22000 计划的监控范围，要通过 ISO 22000 实施监控的，是在潜在危害中可能发生，而且一旦发生就会对消费者导致不可接受的健康风险的危害（称为显著危害）。

要判断潜在危害是否显著危害，需要各公司 ISO 22000 计划的制定者们结合本公司产品生产的实际情况，如原料的来源，加工的方式、方法和流程等，在调查研究的基础上进行分析判断。危害的显著性在不同的产品，不同的工艺之间有着很大的差异，甚至同一种产品也会因规格、包装方式、预期用途的不同而有所不同。例如，拌粉半熟冻虾条的加工过程中的拌糊工序，如果说拌好面糊在高温下停留时间过长，会利于病原体生长或金黄色葡萄球菌毒素的产生，所以这一工序时间的控制是显著危害，然而，对冻煮虾仁来说它不是显著的危害。再如，经巴氏杀菌的蟹肉加工，如果该产品是以鲜蟹肉出售的，那么巴氏杀菌过程中致病菌残留的危害就是一个显著危害，如果是供消费者煮熟后食用的，那么就不是显著危害。因此，在对危害的显著性进行分析判断的时候，要具体情况具体分析，切不可生搬硬套。

3）确定控制危害的预防措施：显著危害确定后，即要选定用于控制危害相应措施，通过这些预防措施将危害的产生和影响消除或减少到可以接受的水平。控制一个危害可以需要多项措施，也可以一项措施来控制多个危害，如可以对原料进行验收和筛选，甚至到产区作调查访问；对产品加工过程的时间、环境温度、添加剂的使用量的控制；对产品进行加热、冷冻、蒸煮、加盐、发酵、食品添加剂、气调包装等处理。各项控制措施应有明确的操作执行程序，并形成文字，以保证其得到有效地实施。

4）识别CCP：显著危害确定之后，就要找到需要通过ISO 22000计划实施监控的CCP：CCP是对显著危害具体实施监控的生产环节，它可以是一个生产工序，也可以是几个工序，这里要注意的是，不要将CCP与生产过程的其他质量控制点相混淆，尽管它们有时会有重叠，然而它们所监控的对象是不同的。另外，CCP的选择应注意体现“关键”两个字，应避免设点太多，否则就会失去控制的重点。识别CCP的方法是多种多样的，ISO 22000计划制定者可以根据自己的知识和经验去进行分析判断。也可用“判断树”帮助识别关键点的供大家使用，这个判断树是帮助识别CCP的一个辅助工具，使用这个判断树的时候，ISO 22000小组必须依靠其专业知识，对拟实施监控的显著危害，按照生产流程的先后顺序，通过回答判断树依次提出的问题，逐个对每个生产环节进行分析判断。

在进行上述工作时，使用一种危害分析工作单，这张工作单综合了上述所要进行的各项工作，完成了这张工作单后，就可以着手编写ISO 22000计划了。

5）编写ISO 22000计划：一份ISO 22000计划至少应该包括以下七个方面的内容：①CCP的位置注明CCP所在的生产工序或工段，如罐头加工过程的杀菌、冷却工序，低菌蟹肉的加工过程的剥壳-剔肉-分级-称重/包装工段等；②需控制的显著危害：注明需要在该CCP上要加以控制的显著危害，如，致病菌的繁殖，毒素的产生，添加剂超量使用，金属碎片等等；③关键限值：关键限值（CL）是一个CCP上所采取的预防措施所必须满足或符合的标准。关键限值是可观察和可测量的指标，它们可以是物理、化学和生物参数，也可以是一种规定的状态。此类指标如：温度、时间、pH、水分活度、添加剂加入量或盐含量，感官指标值，如外观或组织等。通常情况下，合适的关键限值不一定是很明显或容易得到的，那么我们就需要进行实验或从科学刊物、法规性指标、技术专家的实验研究等方面收集有关的信息来建立关键限值。为了避免因偏离关键限值所造成的损失，一些公司往往规定比实际关键限值更为严格的限值，或称操作限值（OL）。加工人员可以在生产过程中根据操作限值作加工调整，以避免失控和采取纠编行动。

ISO 22000小组应就这些关键限值是否有效控制有关危害进行验证，并保存好有关验证记录；④监控程序：这是ISO 22000计划中最重要的部分，在监控程序中要明确监控什么，是温度、时间还是pH、水分，或者是原料提供方的质量证明书；用什么方法进行监控，是人工观测，还是仪器仪表自动测定，监控的方法应简便快捷，易于操作；监控的频率，即在规定的时间内实施监测的次数，是连续监控还是非连续的间断监控；由谁负责监控，是质量监督员还是操作工；⑤纠偏措施：纠偏措施是针对CCP的关键限值出现偏离，在危害出现之前所采取的纠正措施。ISO 22000小组可以根据自己公司的产品特点、生产工艺等实际情况，为每个CCP确定相应的纠偏措施，消除导致偏离的原因，恢复和维持正常的控制状态；是消除因偏离对产品质量造成的影响；是防止那些卫生质量因关键限值出现偏离而受影响的产品对消费者的健康造成危害。例如，罐头的生产，当罐头在杀菌过程中，如杀菌锅为CCP点，温度的起落至关键限值(CL)规定的温度水平之下时，纠偏的措施可通过延长杀菌时间的办法来进行。在制定纠偏措施时应明确负责采取纠偏措施的责任人；具体纠偏的方法；对受关键限偏离影响的产品的处理方法；对纠偏措施做出记录；⑥监控记录：对每个CCP的监控要形成相应的记录，这些记录所记载的监控信息，是显示关键点受控状态的证据。计划制定者要为每个关键点规定一个记录制度，即要明确记录什么，怎样记录，何时记录，由谁记录，由谁审核等等，并设计出统一、规范的记录图表。至于记录图表的具体式样，各公司可以自行决定。不过，ISO 22000监控记录一般应包括以下信息：表头，即记录的名称；公司名称；记录的时间；产品的识别，即产品的品种、规格、型号，生产批号或生产线、班次；实际观察或测定的数据/结果；关键限值；记录者的识别，如签名、印鉴或工号；记录复核人的识别，如签名、印鉴或工号；复核记录的时间等。公司在实施ISO 22000计划的过程中，要切实保证ISO 22000监控记录的客观性和真实性。记录的复核应由接受过ISO 22000培训，或确实具有较丰富质量管理经验的人员来承担；⑦验证措施：每个关键点所确定的危害是否得到了有效控制，必须通过验证。一般对各关键点监控情况进行验证的具体做法是对监控设备的定期校正；对原料、半成品或成品有针对性地抽样作检验分析；对监控记录进行复查；⑧其他：为了便于管理和使用，每份ISO 22000计划一般以表格式样进行编印，以便查阅；计划表的首页，应列明文件编号；公司名称、地址；产品描述，包括产品名称、包装、储运和销售方式、供应对象和食用方法等；计划的批准人及批准日期等内容；⑨ISO 22000计划的验证：ISO 22000计划的实施能否达到预期的目的和效果，公司应当建立对ISO 22000计划进行验证的程序，这些验证活动，除了上述所提到各关键点的验证外，还包括以下两种活动：首先是确认。ISO 22000计划正式实施前，要确认ISO 22000计划的有效性。尤其是生产的原料或工艺发生了变化；验证数据出现相反的结果；关键限的偏差反复出现；在危害控制方面有了新的手段和信息；在生产中观察到了新的情况；销售方式和用户出现变化等等情况；其次是审核，包括进行定期的内部审核和对成品进行检验分析。内部审核的主要内容是：检查产品说明和生产流程图的准确性；检查CCP是否按ISO 22000计划的要求受到控制；生产过程是否是在规定的关键限内进行操作；监控记录准确否，是否是按照规定的要求进行记录的；监控活动是否是在ISO 22000计划规定的位置进行；监控活动是否按ISO 22000计划规定的频率进行；当关键限值出现偏离时有无纠偏；监控仪器装置是否按 ISO 22000 计划规定的频率进行校准。

审核应由具有相应资格的人员负责进行，并且要形成相应的记录。

点滴积累

制定 ISO 22000 计划要做的七项工作：①进行危害分析，确定有关危害，并确定用于控制有关危害的相应措施；②确定 CCP；③确定各 CCP 的关键限；④制订监控程序；⑤明确纠偏措施；⑥建立记录制度；⑦制定验证程序。

第三节　ISO 22000 在速冻青刀豆生产中的应用

1. 成立食品安全小组　食品安全小组成员应受到过相应的教育培训，具有一定的技能和经验，适合从事影响食品安全活动的工作。小组成员应优先选择具有食品专业背景的人员并能覆盖生产、品控、销售等环节。当有需要时，组织也可以聘请外部专家作为食品安全小组成员。

2. 原料描述　青刀豆荚窄长呈扁平形或圆筒形，垂直或略弯曲，顶端有明显钻状长喙。依品种有多种形状，种皮颜色为绿色。青刀豆的籽粒和嫩荚营养丰富，蛋白质含量高，而且还含有多种矿物质、碳水化合物、维生素和人体所需的各种氨基酸。但由于青刀豆来源地不同，其农药残留、重金属污染以及病虫害情况不同。

3. 工艺流程　速冻青刀豆生产工艺一般为：原料验收→原料预处理（挑拣、护色、驱虫、清洗）→漂烫→冷却→沥水→速冻→包装→金属探测→冻藏。

4. 前提方案　组织应提供充足资源包括基础设施、工作环境、人力资源以建立、实施、保持和更新食品安全管理体系。还应建立相应前提方案以助于控制食品安全危害，包括 GMP、SSOP 等。对厂房环境、厂房设施、加工设备、卫生设施、组织结构等方面进行规范和必要的卫生检验。通过前提方案的建立可以减少 HACCP 中关键控制点的数量，从而使食品安全管理体系将更多的注意力集中到产品生产过程中的危害控制。

5. 危害分析

（1）原料验收：在原料的种植过程中，可能发生农药残留、重金属超标等情况，在后道工序中无法消除，因此，原料验收工序的潜在危害很大。

（2）原料预处理（挑拣、护色、驱虫、清洗）：原料的挑拣不细可能会造成病虫害青刀豆混在其中，可以通过二次挑拣以及后道清洗工序降低或消除此类危害；清洗不充分会造成杂质残留，后道金属探测工序可以消除此危害；护色工序中应严格按照操作规程添加规定量的食盐，利用食盐护色同时起到驱虫作用且后道漂烫工序可以杀灭微生物及虫卵；外来污染可以利用 GMP、SSOP 控制，危害较小。

（3）漂烫：漂烫是为了破坏果蔬中的氧化酶、过氧化酶的活性；杀灭原料表面的微生物；破坏青刀豆中苷类、细胞凝集素等生物毒素。若漂烫温度及时间不充分，则会造成酶活性存留、微生物残留、生物毒素残留，在后道工序中无法消除，危害很大。

（4）冷却、沥水：冷却过程中可能会有由于自来水、冷却水以及沥水过程中空气所造成的外来污染，可以利用 GMP、SSOP 控制，危害较小。

（5）速冻：速冻一般采用单体快速冻结（IQF），使青刀豆中心温度快速达到-18℃。应关注冻结设备的清洁消毒情况，若设备消毒不充分，则会造成产品中微生物残留，危害较大。

（6）包装：包装过程可能会由于人员、器具、空气造成外来污染，可以利用 GMP、SSOP 控制，危害较小。

（7）金属探测：金属探测过程中金属等异物未被检测出，在后道工序中无法消除，因此，危害很大。

（8）冻藏：速冻青刀豆的贮存温度应在-20℃以下，并尽量保持温度恒定。冻藏过程中贮存温度不符合要求则会造成微生物的繁殖，危害较大。

点滴积累

学习 ISO 22000 在速冻青刀豆生产中的应用，积累理论联系实际经验。

目标检测

一、多项选择题

1. 下列行为不正确的是（　　）
   A. 标签不得改做他用或涂改后再用，不得漏打或重复打印生产日期
   B. 盛装产品的容器（桶、筐等）超载一点没关系，不慎落地反正还可以清洗后重新使用的
   C. 原辅料、包装材料、半成品及成品都有包装可将杀虫剂喷至表面
   D. 在进入工作场所需要进行消毒操作
   E. 滚揉着的产品发现机器有问题了，立即停机自行修理，自己能解决的，不必通知质检部和有关人员
2. 下列说法不正确的是（　　）
   A. 包装材料入厂已由质检员验收证明合格，包装人员可不经检验直接使用
   B. 真空包装袋必须打印出厂日期，为了安全起见，可多打两次
   C. 在熟制的过程中下班吃饭的过程中可一直开着机器，无人在机器边操作
   D. 为了防止称量有误，可复称验证一下
   E. 成品出厂之前必须经过质检部门检测

二、简答题

1. ISO 22000 所涉及的范围。

2. ISO 22000 的 7 个原理。

3. 产品加工流程图包括哪些方面？

4. 外部沟通应包括哪几方的沟通？

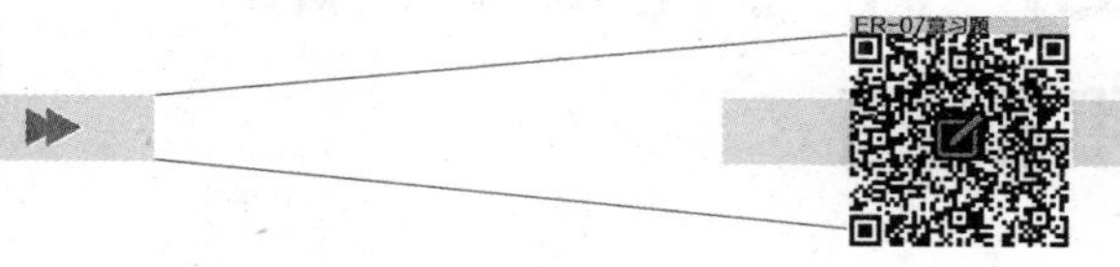

（谷 燕　黄 维）

第八章

食品生产许可（SC）的认证和实施

导学情景

情景描述

某一新设立的食品企业申请办理食品生产许可证，向所在县质量技术监督局递交了食品生产许可证申请书，同时提交了申请人的身份证复印件、拟设立食品生产企业的《名称预先核准通知书》、食品生产加工场所及其周边环境平面图和生产加工各功能区间布局平面图、食品生产工艺流程图、设备布局图、食品安全管理规章制度文本及产品执行的食品安全标准等申请材料，县质量技术监督局告知该食品企业申报程序有误，并退回企业食品申请材料。

学前导语

食品企业办理食品生产许可程序是什么？ 食品企业办理食品生产许可申请材料又有哪些？ 围绕这些问题，本章我们将带领同学们学习食品质量安全市场准入制度，让大家了解食品生产许可认证申请程序，掌握食品生产许可证申请书的填写规范和质量管理文件的编写要求，熟悉各类食品及包装材料生产许可认证的过程。

第一节　食品质量安全市场准入制度简介

一、食品市场准入制度的发展

食品质量安全市场准入制度是原国家质检总局按照国务院批准的“三定”方案确定的职能，依据《中华人民共和国产品质量法》《中华人民共和国标准化法》《中华人民共和国工业产品生产许可证管理条例》等法律、法规以及《国务院关于进一步加强产品质量工作若干问题的决定》的有关规定，为保证食品的质量安全，具备规定条件的生产者才允许进行生产经营活动、具备规定条件的食品才能允许生产销售的监管制度。

食品市场准入制度规定：从事食品生产加工的企业，必须具备保证食品质量安全必备的生产条件，按规定程序获取食品生产许可证，所生产加工的食品必须经检验合格并加贴安全市场准入标志后，方可出厂销售。没有取得食品生产许可证的企业不得生产食品，任何企业和个人不得销售无证食品。食品质量安全市场准入制度是一种政府行为，是一项行政许可制度，该项制度从生产源头上保证了企业能生产出符合质量安全要求的产品。

2002年8月，国务院发布了《国务院关于加强新阶段“菜篮子”工作的通知》（国办发〔2002〕15号），明确要求加强对“菜篮子”产品质量安全的必备条件管理，采取生产许可、出厂强制检验等监管措施；2003年7月，国务院又发布了《国务院办公厅关于实施食品药品放心工程的通知》（国办发〔2003〕65号），明确要求国家质检总局对食品生产加工企业实施食品质量安全市场准入制度，从源头上抓好食品质量。通过对食品生产加工企业及其销售的食品设置市场准入“门槛”，确保了广大消费者的健康和安全。食品质量安全市场准入制度建立和实施，是国家质检总局食品安全监管新的里程碑。

我国食品市场准入制度的发展大致可以分为两个阶段：第一阶段是初步建立并不断发展阶段。21世纪初期，随着社会经济的发展，人民生活水平的提高，我国食品工业快速发展，而在不断满足人民日益增长的需求的同时，食品安全事件也不断增加。为了维护消费者的利益，原国家质检总局依据《中华人民共和国食品卫生法》《中华人民共和国行政许可法》《食品生产加工企业质量安全监督管理实施细则》等法律法规，逐步建立起食品生产企业的市场准入制度，并在不断发展的过程中从部分类别食品市场准入发展到所有类别食品的生产都纳入到许可管理制度当中。第二阶段是食品生产许可制度全面推行阶段。这一阶段自2009年《中华人民共和国食品安全法》正式实施开始，我国食品生产许可制度更为科学明晰，许可范围涵盖了所有从事食品生产、食品流通、餐饮服务的对象。2010年原国家质检总局审议通过了《食品生产许可管理办法》，更进一步推动了我国食品生产许可制度的发展，实践性、可行性更强。

二、食品市场准入制度的基本内容

（一）食品质量安全基本内容

1. 食品质量安全　实施食品生产许可的食品是指《中华人民共和国食品安全法》第九十九条等规定的食品，即指各种供人食用或者饮用的成品和原料以及按照传统既是食品又是药品的物品，但是不包括以治疗为目的的物品，且不包括食用农产品、声称具有保健功能的食品。

质量是反映实体满足规定和隐含需要能力的特性总和。食品质量是由各种要素组成的，被称为食品所特有的特性。食品质量的定义为食品的一组特性满足要求的程度。

食品质量安全是指食品质量状况对食用者健康、安全的保证程度。食品的质量安全必须符合国家法律、行政法规和强制性标准的要求，不得存在危及人体健康和人身财产安全的不合理危险。

2. 食品质量安全的具体要求　①食品安全性要求：食品的安全性从广义上讲是“食品在食用时完全无有害物质和无微生物的污染”，从狭义上讲是“在规定的使用方式和用量的条件下长期食用。对食用者不产生可观察到的不良反应”。不良反应包括一般毒性和特异性毒性，也包括由于偶然摄入导致的急性毒性和长期微量摄入导致的慢性毒性，例如致癌和致畸形等。食品的不安全因素主要情况有：第一，食物中固有的有毒物质，如大豆中的毒素，蘑菇中的毒素；第二，食物在加工生产过程中带入的有毒物质，如农药残留物、兽药残留物等；第三，食品在加工生产时添加到食品中的添加物，如食品非法添加物质和食品滥用添加剂；第四，食品在储运过程中产生的有毒物质，如大米中的黄曲霉毒素等。简而言之，食品的安全性就是食品要符合国家法律、行政法规和涉及健康安全的国家标准等要求。②食品的内在质量要求：食品应具有必备的性能指标，包括食品的营养性、感官性、可食用性、经济性等。食品的营养性是指食品对人体所必需的各种营养物质、矿物质等的保障能力。食品的感官性是指色、香、味、形和触觉等，一般是基于引导人们的食欲而确定的。食品的可食用性是指食品可供消费者食用的能力，任何食品都具有其特定的可食用性。食品的经济性是指食品在生产、加工等各方面所付出或所消耗成本的程度。反映食品内在质量的性能指标，必须符合国家、行业强制性标准，企业明示的标准和指标等要求。食品的内在质量不合格，就会给食用者的健康带来影响。③食品的包装、标签标识要求：食品标识是现代食品的重要组成部分，反映食品的特征和功能，对消费者选择食品的心理影响重大，一些特殊食品更是直接关系消费者的健康安全。食品的包装、标签标识要规范，必须符合国家规定的要求。

（二）食品市场准入制度的主要内容

1. 食品生产企业必备条件　审查制度在国内加工销售食品的企业，必须具备保证产品质量的必备条件，并按规定程序取得生产许可证后方可生产食品，未取得食品生产许可证的企业不准生产食品。

2. 强制检验制度　未经检验或经检验不合格的食品不准出厂销售。

3. 食品市场准入标志制度　获得食品质量安全生产许可证的企业，其生产加工的食品经出厂检验合格的，在出厂销售之前，必须在食品或者其包装上加印或加贴由原国家质监总局统一规定的食品生产许可标志——“QS”标志，没有食品生产许可证编号和标志的，不得出厂销售，食品市场准入标志表明食品符合质量安全基本要求。

根据原国家质检总局《关于质量安全变为生产许可 QS 标志的通知》，企业食品生产许可证标志以“企业食品生产许可”的拼音“Qiyeshipin Shengchanxuke”的缩写“QS”表示，并标注“生产许可”中文字样。

知识链接

告别 QS，迎来 SC

2015 年 8 月 31 日国家食品药品监督管理总局 16 号令颁布的《食品生产许可管理办法》法规中明确了食品生产许可证将由“SC”（“生产”的汉语拼音字母缩写）开头，正式实施时间为 2015 年 10 月 1 日，2018 年 10 月 1 日及以后生产的食品一律不得继续使用原包装和标签以及“QS”标志。

（三）食品生产许可证编码

最新《食品生产许可管理办法》中规定，从 2015 年 10 月 1 日起，申领食品生产许可证，一律采用带“SC”标志的编码。即 SC ××××××××××××××，“SC”是“生产”的汉语拼音字母缩写，后跟 14 个阿拉伯数字，从左至右依次为：3 位食品类别编码、2 位省（自治区、直辖市）代码、2 位市（地）代码、2 位县（区）代码、4 位顺序码、1 位校验码。

1. 食品类别编码　食品类别编码 3 位数字中的第 1 位数字用来区分食品和食品添加剂。当此数字为1时，说明产品为食品类；当此数字为2时，说明该产品为食品添加剂类。

编号开头为SC1 ××属于食品类，后两位数字代表31小类食品，具体编码详见表8-1。

表8-1　食品类许可证编号第2~3位编号规定

食品类	编号	食品类	编号	食品类	编号
粮油加工品	01	薯类和膨化食品	12	淀粉及淀粉制品	23
食用油、油脂及其制品	02	糖果制品	13	糕点	24
调味品	03	茶叶及相关制品	14	豆制品	25
肉制品	04	酒类	15	蜂产品	26
乳制品	05	蔬菜制品	16	保健食品	27
饮料	06	水果制品	17	特殊医学用途配方食品	28
方便食品	07	炒货食品及坚果制品	18	婴幼儿配方食品	29
饼干	08	蛋制品	19	特殊膳食食品	30
罐头	09	可可及焙烤咖啡产品	20	其他食品	31
冷冻饮品	10	食糖	21		
速冻食品	11	水产制品	22		

编号开头为SC2 ××属于食品添加剂类，后两位数字代表3小类添加剂，具体编码详见表8-2。

表8-2　食品添加剂类许可证编号第2~3位编号规定

食品添加剂类别	一般食品添加剂	食品用香精	复配食品添加剂
编号	01	02	03

2. 省（自治区及、直辖市）、市（地）及县（区）代码　参照GB/T 2260—1999《中华人民共和国行政区划代码》的有关部门规定，省（自治区、直辖市）代码由国家市场监督管理总局统一确定，详见表8-3；市（地）、县（区）代码由省、市级市场监管局确定，并上报国家市场监督管理总局备案。

表8-3　省（自治区、直辖市）编号

（2位-省级）	编号	（2位-省级）	编号	（2位-省级）	编号	（2位-省级）	编号
北京	11	天津	12	河北	13	山西	14
内蒙古	15	辽宁	23	吉林	22	黑龙江	23
上海	31	江苏	32	浙江	33	安徽	34
福建	35	江西	36	山东	37	河南	41
湖北	42	湖南	43	广东	44	广西	45
海南	46	重庆	50	四川	51	贵州	52
云南	53	西藏	54	陕西	61	甘肃	62
青海	63	宁夏	64	新疆	65		

3. 企业顺序号码　按照获证企业产品名称分别按顺序进行编号。

"SC"编码代表着企业唯一许可编码，即食品生产许可改革后将实行"一企一证"，包括即使同一家企业从事普通食品、保健食品和食品添加剂等3类产品生产，也仅发放一张生产许可证，这样能够实现食品的追溯。

（四）食品用塑料包装、容器、工具等制品生产许可证编号

食品用塑料包装、容器、工具等制品生产许可证编号：是QS××××××××××××。12位阿拉伯数字的前2位为受理省编号，中间5位为产品编号，后5位为企业序号。

1. 受理省编号　同《食品生产许可证》中有关要求。

2. 产品编号　食品用塑料包装材料产品编号为10101；食品用塑料容器产品编号为10201；食品用塑料工具产品编号为10301。

3. 企业序号　按照获证企业产品名称分别按顺序进行编号。

三、食品生产许可制度的宗旨和特点

（一）食品生产许可制度

食品生产许可制度是工业产品生产许可制度的一个组成部分。国家市场监督管理总局负责统一管理、领导全国实施质量安全监督管理工作。国家市场监督管理总局制定并公布食品质量安全监督管理工作有关规章和规范性文件及《食品质量安全监督管理重点产品目录》、各类食品生产许可证实施细则。

（二）实施食品生产许可制度的宗旨

加强食品生产加工企业质量安全监督管理，提高食品质量安全水平，保障人民群众安全健康，控制食品生产加工企业生产条件。

食品市场准入标志的实施，表明产品取得食品生产许可证，产品经过出厂检验，表示产品符合食品质量安全基本要求。

（三）食品生产许可制度的特点

食品生产许可制度是工业产品制度的一个组成部分，具有强制性、评价性、核准性、准入性等特点。

1. 强制性　从事食品生产加工的公民、法人或其他组织，必须具备保证产品质量安全的基本条件，按照规定程序获得食品生产许可证，方可从事食品的生产。没有取得食品生产许可证的企业不得生产食品，任何企业和个人不得销售无证食品。

2. 评价性　在实施食品生产许可制度过程中，国家市场监督管理总局和省、自治区、直辖市质量技术监督局组织有关食品生产许可证核查人员和检验机构，对企业进行实地核查和产品检验，通过核查和检验确认企业是否具备持续稳定生产合格产品的能力。因此，这种能力评价表明食品生产许可制度具有评价性。

3. 核准性　我国行政审批主要有审批、审核、核准、备案和其他5种形式。"审批"是指行政审批机关对申请人报批的事项进行审查，决定批准或不予批准的行为，申请人即使符合规定的条件，也不一定获得批准；"审核"是指行政审批机关根据规定的条件，对报批的事项，进行初步审查，决定是否报有终决权的机关审批；"核准"是指根据事先规定的一定标准，行政审批机关对申请人申报的事

项进行审查，只要符合标准，就报批申请人申请；“备案”是指行为人按照行政机关的规定，向指定机关报送有关或相关材料，存案备查。对上述4种类型以外的行政审批，可归入“其他”类。

食品生产许可制度属于行政审批中的核准，除产业政策限制外，只要符合取得生产许可证的条件，就准予行政许可。

4. 准入性　对于符合取得食品生产许可证条件的食品企业，国家市场监督管理总局和省、自治区、直辖市质量技术监督局做出准予行政许可决定，颁发生产许可证书，允许其生产、销售和在经营活动中使用取得生产许可证的产品。因此，食品生产许可制度具有准入性。

四、食品生产许可制度管理的对象和适用范围

（一）食品生产许可制度管理的对象

1. 产品范围　实施食品生产许可制度管理的食品是指经过加工、制作并用于销售的供人们食用或者饮用的制品。

供人类食用或饮用的食品，包括天然食品和加工食品。天然食品是指在大自然中生长的、未经加工制作、可供人类食用的物品，如水果、蔬菜、谷物、小麦等；加工食品是指经过一定工艺进行加工、制作后生产出来的以供人们食用或饮用为目的的制成品，如大米、小麦粉、果汁饮料等，但不包括以治疗为目的的药品。

2. 产品目录　目前，按照法律法规和国家食品药品监督管理总局有关规定，实施生产许可的食品品种共包括31类，具体类别详见表8-1。

（二）食品生产许可制度管理的适用范围

凡在中华人民共和国境内从事以销售为目的的食品生产加工经营活动，必须遵守食品生产许可制度。

1. 适用地域　凡在中华人民共和国领土、领空和领海范围内生产、销售或者在经营活动中使用列入食品生产许可范围内的食品的公民、法人和社会组织，都必须遵守食品生产许可制度。

2. 适用产品　凡是生产、销售或者在经营活动中使用列入食品生产许可范围内的食品，必须按照食品生产许可规定程序获得食品生产许可证。

3. 适用主体　公民、法人和其他社会组织，只要从事生产、销售或者在经营活动中使用列入食品生产许可范围内的食品，就应当遵守食品生产许可制度相关规定。

4. 进出口食品不适用食品生产许可制度管理　进出口食品及其生产加工企业的监督遵循国家有关进出口商品监督管理规定，但对于一个国内生产加工企业生产但在境内外均有销售的食品，在国内销售食品的生产加工活动必须遵守食品生产许可制度管理。

五、食品生产许可管理的原则

1. 科学公正　指食品生产许可制度的各项要求和工作程序科学公正。维护申请人合法权益，便于行机关工作和提高工作效率。

2. 公开透明　指质量技术监督部门应当公开食品生产许可证设立依据，公布食品生产许可证

申请条件和标准、发证程序和费用，公布发布食品生产许可证书的数量和期限，公布具有资格的生产许可检验单位，公布获得食品生产许可证企业名单及产品名称、生产许可证编号和有效期等。

3. 程序合法　指实施程序合法。要求从事食品生产许可证管理工作时，从生产许可证申请受理、企业实地核查、产品质量检验、发证到证后监管等各个环节，都要依据法定的权限、方式、时限和费用标准等进行，保证程序合法。

4. 便民高效　要求行政许可办理手续简化、方便快捷。

六、实行食品生产许可制度的意义

1. 实行食品质量市场准入制度是为保证食品的质量安全所采取的一项重要措施，是保证消费者安全健康的需要。

2. 实行食品质量市场准入制度是保证食品生产加工企业的基本条件，强化食品生产法制管理的需要。

3. 实行食品质量市场准入制度是适应改革开放，创造良好经济运行环境的需要。

点滴积累

1. 食品生产许可制度是工业产品制度的一个组成部分，具有强制性、评价性、核准性、准入性等特点。
2. 食品生产许可制度管理的对象是经过加工、制作并用于销售的供人们食用或者饮用的制品，共包括 31 类。

第二节　食品生产许可（SC）认证申请程序

一、发证程序

依照最新《食品生产许可管理办法》《食品生产许可审查通则》（2016 年版）和《工业产品生产许可证管理条例》，食品生产许可证发证程序主要包括：企业提出申请、受理企业申请、企业实地核查、产品抽样与检验、审查材料汇总上报、审批与公布及发放证书，具体见图 8-1。

二、企业申请

（一）企业申请应具备的条件和要求

1. 具有与申请生产许可的食品品种、数量相适应的食品原料处理和食品加工、包装、贮存等场所，保持该场所环境整洁，并与有毒、有害场所以及其他污染源保持规定的距离。

2. 具有与申请生产许可的食品品种、数量相适应的生产设备或者设施，有相应的消毒、更衣、盥洗、采光、照明、通风、防腐、防尘、防蝇、防鼠、防虫、洗涤以及处理废水、存放垃圾和废弃物的设备或者设施。

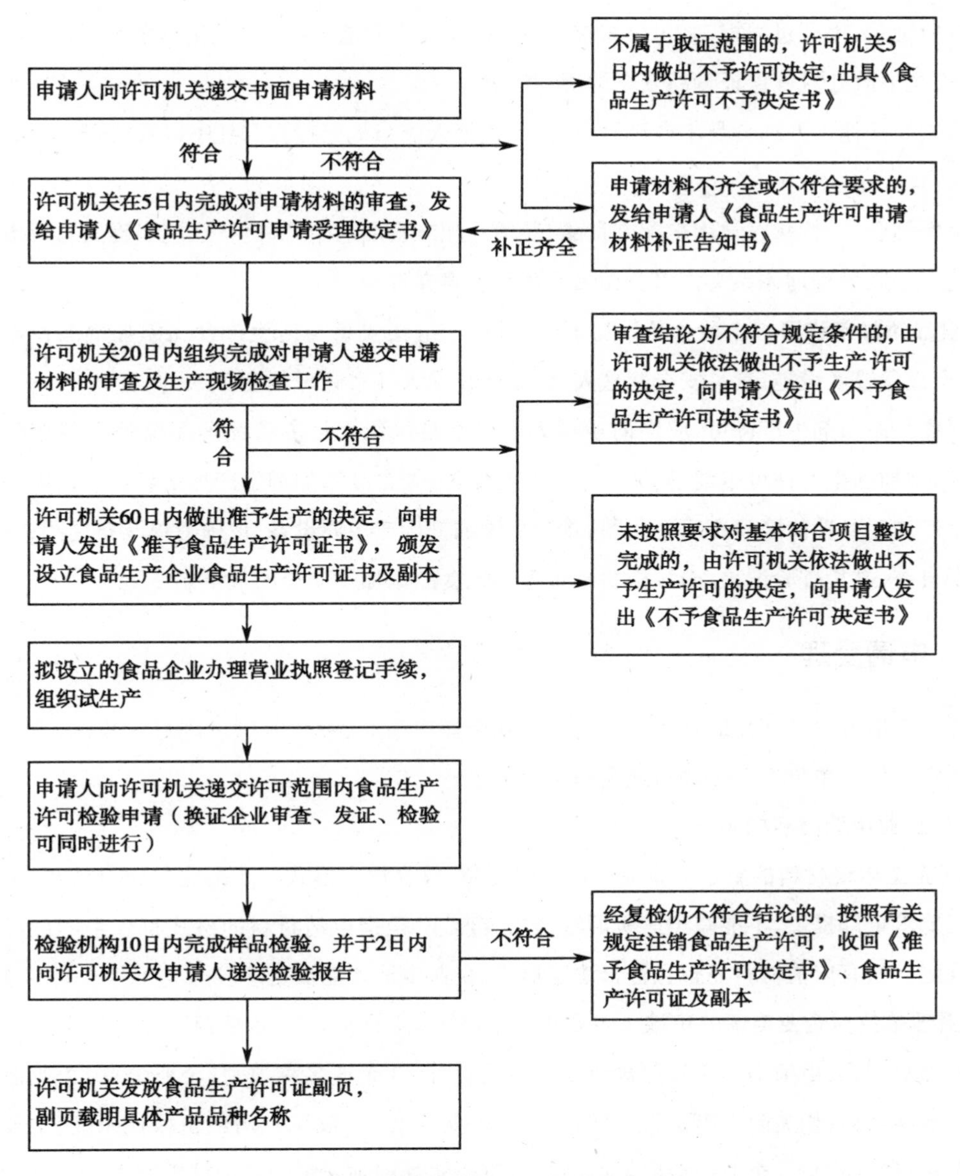

图 8-1　申请食品生产许可证流程图

3. 具有与申请生产许可的食品品种、数量相适应的合理的设备布局、工艺流程，防止待加工食品与直接入口食品、原料与成品交叉污染，避免食品接触有毒物、不洁物。

4. 具有与申请生产许可的食品品种、数量相适应的食品安全专业技术人员和管理人员。

5. 具有与申请生产许可的食品品种、数量相适应的保证食品安全的培训、从业人员健康检查和健康档案等健康管理、进货查验记录、出厂检验记录、原料验收、生产过程等食品安全管理制度。

6. 法律法规和国家产业政策对生产食品有其他要求的，应当符合该要求。

（二）企业申请应提交的申请材料

1. 食品许可　申请食品生产许可，应当向申请人所在地县级以上地方食品药品监督管理部门提交材料：①食品生产许可申请书；②营业执照复印件；③食品生产加工场所及其周围环境平面图、各功能区间布局平面图、工艺设备布局图和食品生产工艺流程图；④食品生产主要设备、设施清单；

⑤进货查验记录、生产过程控制、出厂检验记录、食品安全自查、从业人员健康管理、不安全食品召回、食品安全事故处置等保证食品安全的规章制度。

申请人委托他人办理食品生产许可申请的，代理人应当提交授权委托书以及代理人的身份证明文件。

申请保健食品、特殊医学用途配方食品、婴幼儿配方食品的生产许可，还应当提交与所生产食品相适应的生产质量管理体系文件以及相关注册和备案文件。

2. 食品添加剂许可　申请食品添加剂生产许可，应当具备与所生产食品添加剂品种相适应的场所、生产设备或者设施、食品安全管理人员、专业技术人员和管理制度。

申请食品添加剂生产许可，应当向申请人所在地县级以上地方食品药品监督管理部门提交材料：①食品添加剂生产许可申请书；②营业执照复印件；③食品添加剂生产加工场所及其周围环境平面图和生产加工各功能区间布局平面图；④食品添加剂生产主要设备、设施清单及布局图；⑤食品添加剂安全自查、进货查验记录、出厂检验记录等保证食品添加剂安全的规章制度。

三、申请受理

县级以上地方食品药品监督管理部门在收到企业申请后，对企业申请进行审核，给予受理企业申请的决定。任何单位不得无故拒绝受理企业申请。

（一）企业申请材料的审核

1. 对企业申请材料的要求　企业申请材料完整、符合法定形式。所谓完整，是指企业申请材料按照规定要求全部提供，不能缺项。所谓符合法定形式，是指申请材料的格式符合生产许可证管理的有关规定。只有申请材料完整且符合法定形式，企业申请才能被受理。

2. 受理单位对企业申请的审核　主要内容：①企业申请取证产品是否属于食品生产许可证发证产品品种范围；②申请书是否按照规定要求填写正确；③企业名称填写、企业公章、企业营业执照名称或预核准名称、相关附件等是否一致；④企业营业执照（已取得）、组织机构代码证、工人健康体检证是否在有效期内；⑤企业申请取证产品是否符合实施细则规定的其他特殊要求；⑥申请书、实施细则要求具备的资料是否齐备。

（二）企业申请的处理

1. 予以受理　对申请材料完整、符合法定形式、符合产品实施细则要求的，准予受理，并自收到企业申请之日起，向申请人发送《食品生产许可申请受理决定书》。

向申请人发放《食品生产许可申请受理决定书》主要有以下作用：①证明企业申请符合行政许可法对许可受理事项的相关规定；②以书面形式向申请人提供已经正式受理其办理生产许可申请的证明；③告知申请人自受理决定书签发之日起，行政机关应当在规定时限内完成申请事项的全部审查工作，并做出是否许可的决定；④督促行政机关提高许可工作效率，加强企业和社会对许可工作的监督。

2. 不予受理　对申请材料不符合《中华人民共和国行政许可法》和《中华人民共和国工业产品生产许可证管理条例》要求的，应当做出不予受理的决定，并自收到企业申请之日起 5 日内向申请人发出《食品生产许可申请不予受理决定书》。

申请人申请不予受理主要包括以下情况：①对申请产品依法不需要取得食品生产许可的；②申请事项不属于食品药品监督管理部门职权范围的；③申请人隐瞒有关情况或者提供虚假材料申请生产许可的，应不予受理，并给予警告，申请人在一年内再次申请生产许可证的，不予受理；④申请人以欺骗、贿赂等不正当手段取得生产许可的，申请人在三年内再次申请生产许可证的，不予受理；⑤企业被吊销食品生产许可证的，三年内企业再次申请生产许可证的，不予受理；⑥不符合国家产业政策要求的。

3. 要求补正 对申请材料不完整、不符合法定形式、不符合产品实施细则要求但可以通过补正达到要求的，应当当场或者在5日内向企业发送《食品生产许可申请材料补正告知书》一次性告知。申请材料不符合要求，生产许可证受理部门要求补正主要有两种形式：①申请材料存在可以当场更正错误的，生产许可证申请受理部门应当允许申请人当场更正；②申请材料不完整或者不符合法定形式并且不能当场补正的，生产许可申请受理部门应当当场或5日内一次性告知申请人需要补正的全部内容，要求企业提供完整的、符合法定形式的材料。

四、审查

（一）企业实地核查

县级以上地方食品药品监督管理部门应当对申请人提交的申请材料进行审查。需要对申请材料的实质内容进行核实的，应当进行现场核查。

1. 实地核查的组织机构 食品药品监督管理部门在食品生产许可现场核查时，可以根据食品生产工艺流程等要求，核查试制食品检验合格报告。

在食品添加剂生产许可现场核查时，可以根据食品添加剂品种特点，核查试制食品添加剂检验合格报告、复配食品添加剂组成等。

2. 企业实地核查过程 企业实地核查过程主要包括以下步骤：

（1）审查组织单位委派企业实地核查组：审查组是由市级以上许可证办公室组织的具有审查员资质的人员组成，从事企业实地核查工作的工作小组。审查组根据申请生产食品品种类别和审查工作量，确定审查组长和成员，人数一般为2~4名。审查组实行组长负责制。审查组成员的知识结构应搭配合理，其中审查组长由审查部门指定。参加企业实地核查的人员有审查员、技术专家等两种。

负责对申请人实施食品安全日常监督管理的食品药品监督管理部门或其派出机构应当派出监管人员作为观察员参加现场核查工作。观察员应当支持、配合并全程观察核查组的现场核查工作，但不作为核查组成员，不参与对申请人生产条件的评分及核查结论的判定。

观察员对现场核查程序、过程、结果有异议的，可在现场核查结束后3个工作日内书面向许可机关报告。

（2）审查组制订实地核查计划：企业实地核查计划是指为保证审查工作顺利进行，根据企业规模、产品复杂程度、企业分布情况等制订的计划，包括拟审查的产品、企业、核查人员的组成以及实施日期等。审查组拟定开展审查的时间，熟悉需要审查的申请材料，与申请人沟通，形成审查计划，报告审查组织部门确定。

(3)审查组织单位向企业发出实地核查通知：通知申请人，告知需要配合的事项。企业实地核查计划，需提前5日通知企业。

(4)审查组按照工作程序对企业进行实地核查。

(5)产品抽样：已设立食品生产企业、食品生产许可证延续换证的，企业实地核查通过的，审查组按照产品实施细则的要求封存样品，并告知企业所有承担该产品生产许可证检验任务的检验机构名单及联系方式，由企业自主选择。拟设立的食品生产企业资料审核和现场核查结论符合规定条件要求的，许可机关向申请人送达准予生产许可决定书和食品生产许可证及副本后，告知申请人发证检验食品抽样基数、检验项目等食品审查细则规定的事项。拟设立的食品生产企业必须在取得食品生产许可证书并依法办理营业执照工商登记手续后，方可根据生产许可检验的需要组织试产食品。许可机关接到申请人生产许可检验申请后，审查组织部门及时安排人员按细则规定的抽样方法实施抽样。企业实地核查不合格的，不再进行产品抽样检验，企业审查工作终止。

（二）产品抽样与检验

产品抽样与检验的方式审查组现场抽样，企业送检验机构检验。

1. 抽样产品　检验样品的抽取按照产品实施细则的规定进行。产品特性不同，产品实施细则中规定的抽样数值、抽样方法和送样要求也不同，具体规则在产品实施细则中有明确规定。一般应在企业的成品库里随机进行产品抽样，样品必须是经过企业检验合格的产品，产品的抽样数量和抽样份数应符合产品实施细则的规定，且抽样方法要使所抽取的样品具有代表性，抽样一式两份，抽样过程应有企业代表参加，抽样完成后将样品封好，填写抽样单，抽样人员和企业代表在抽样单上同时签字，并加盖企业的公章。

2. 企业送样　对封存的两份样品申请人应在7日内送达检验机构，一份用于检验，一份用于样品备份。申请人应当充分考虑样品的保质期，确定样品送达时间，保证样品的完好。检验机构接收样品时应认真检查样品封条、封印的完好性。对符合规定的，应当接受；对封条不完整、抽样单填写不明确、样品有破损或变质等情况的，应拒绝接收并当场告知申请人，及时通知许可机关。对接收或拒收的样品，检验机构应当在抽样单上签章并做好记录，检验机构应当妥善保管已接收的样品。

3. 产品质量检验　检验机构在收到企业的样品后，应当在保质期内按照实施细则、产品标准的要求检验样品，做出产品质量是否符合要求的判定，并在规定时限内向许可机关及申请人递送检验报告。

五、决定与听证

（一）决定

除可以当场做出行政许可决定的外，县级以上地方食品药品监督管理部门应当自受理申请之日起20个工作日内做出是否准予行政许可的决定。因特殊原因需要延长期限的，经本行政机关负责人批准，可以延长10个工作日，并应当将延长期限的理由告知申请人。

县级以上地方食品药品监督管理部门应当根据申请材料审查和现场核查等情况，对符合条件的，做出准予生产许可的决定，并自做出决定之日起10个工作日内向申请人颁发食品生产许可证；对不符合条件的，应当及时做出不予许可的书面决定并说明理由，同时告知申请人依法享有申请行政复议或者提起行政诉讼的权利。

食品添加剂生产许可申请符合条件的，由申请人所在地县级以上地方食品药品监督管理部门依法颁发食品生产许可证，并标注食品添加剂。

食品生产许可证发证日期为许可决定做出的日期，有效期为5年。

（二）听证

县级以上地方食品药品监督管理部门认为食品生产许可申请涉及公共利益的重大事项，需要听证的，应当向社会公告并举行听证。

食品生产许可直接涉及申请人与他人之间重大利益关系的，县级以上地方食品药品监督管理部门在做出行政许可决定前，应当告知申请人、利害关系人享有要求听证的权利。

申请人、利害关系人在被告知听证权利之日起5个工作日内提出听证申请的，食品药品监督管理部门应当在20个工作日内组织听证。听证期限不计算在行政许可审查期限之内。

点滴积累

1. 食品生产许可申请程序可以概括为：企业申请→受理→审查→决定→听证。
2. 食品生产许可证发证日期为许可决定做出的时间。
3. 食品生产许可证有效期为5年。

第三节　食品生产许可认证内容

一、保健类食品生产许可认证

（一）法律依据

《中华人民共和国食品安全法》《食品生产许可管理办法》《保健食品注册与备案管理办法》《保健食品良好生产规范》等相关法律法规，规范保健食品生产许可审查工作，督促企业落实主体责任，保障保健食品质量安全。

（二）职责划分

国家食品药品监督管理总局负责制定保健食品生产许可审查标准和程序，指导各省级食品药品监督管理部门开展保健食品生产许可审查工作。省级食品药品监督管理部门负责制定保健食品生产许可审查流程，组织实施本辖区保健食品生产许可审查工作。技术审查部门负责组织保健食品生产许可的书面审查、现场核查、许可检验等技术审查工作，负责审查员的遴选、培训、选派以及管理等工作，负责具体开展保健食品生产许可的书面审查。审查组具体负责保健食品生产许可的现场核查和许可检验工作。

（三）审查原则

1. 规范统一 保健食品生产企业统一颁发《食品生产许可证》，明确了保健食品生产许可审查标准，规范了审查工作流程，保障审查工作的规范有序。

2. 科学高效 按照保健食品剂型形态进行产品分类，对同剂型产品增项以及注册试制与生产许可现场一致的，可以不再进行现场核查，提高了审查工作效率。

3. 公平公正 理清技术审查与行政审批的关系，由技术审查部门组织审查组负责技术审查工作，辖区监管部门选派观察员参与现场核查，确保审查工作的公平公正。

（四）审查程序

1. 书面审查 技术审查部门接收申请材料后，应在5个工作日完成保健食品生产许可的书面审查。技术审查部门按照《保健食品生产许可书面审查记录表》的要求，对申请人的申报材料进行书面审查，并如实填写审查记录。技术审查部门应当核对申报材料原件，需要申请人补充技术性材料的，应当一次性告知申请人在5个工作日内予以补正。申报材料基本符合要求，需要对许可事项开展现场核查的，可结合现场核查核对申报材料原件。

（1）审查内容：①主体资质审查。申请人的营业执照、保健食品注册批准证明文件或备案证明合法有效，产品配方和生产工艺等技术材料真实完整，标签说明书样稿与注册或备案的技术要求一致。备案保健食品符合保健食品原料目录及技术要求。②生产条件审查。保健食品生产场所的应当合理布局，洁净车间设计符合保健食品良好生产规范要求。保健食品质量管理规章制度和体系文件健全完善，生产工艺流程清晰完整，生产设施设备与生产工艺相适应。③委托生产。保健食品委托生产的，委托方应是保健食品注册批准证书持有人，受托方应具有相同剂型保健食品生产资质及相应生产条件。委托生产的保健食品，标签说明书应当同时标注委托双方的企业名称、地址以及受托方许可证编号等内容。保健食品的原注册人可以对转备案保健食品进行委托生产。

（2）审查结论：书面审查符合要求的，技术审查部门应做出书面审查合格的结论。书面审查出现以下情形之一的，技术审查部门应做出书面审查不合格的结论：申报材料书面审查不符合要求的；申请人未按时补正申请材料的；申报材料经补正仍不符合要求的。书面审查不合格的，技术审查部门应按照本通则的要求提出未通过生产许可的审查意见。

申请人具有以下情形之一，技术审查部门可以不再组织现场核查：申请同剂型产品增项，生产工艺相同的保健食品；保健食品注册核查试制现场与生产许可同一现场，且未发生变化的；申请保健食品生产许可变更或延续，申请人声明保健食品关键生产条件未发生变化，且不影响产品质量的。

2. 组织审查组

（1）人员组成：经书面审查合格，应当开展保健食品生产许可现场核查的，技术审查部门应在3个工作日内组织审查组。审查组一般由2名以上（含2名）熟悉保健食品管理、生产工艺流程、质量检验检测等方面的人员组成，其中至少有1名审查员参与该申报材料的书面审查。审查组实行组长负责制，与申请人有利害关系的审查员应当回避。审查人员确定后，原则上不得随意变动。申请人所在地食品药品监管部门应当选派观察员，参加生产许可现场核查，负责现场核查的全程监督，但不参与审查意见。

（2）工作职责：审查组负责生产许可的现场核查和许可检验的技术审查工作，其他部门不得随意干涉审查组的审查工作。审查组应当制定审查工作方案，确定审查时间安排，明确审查人员分工、审查内容、审查纪律以及相应注意事项。审查组应当按照审查工作要求在规定时限内完成审查任务，做出审查结论，向技术审查部门提出审查意见。审查人员应当对审查材料和审查结论保密。

3. 现场核查

（1）审查程序：审查组应及时与申请人进行沟通，现场核查前两个工作日告知申请人审查时间、审查内容以及需要配合事项。审查组应在10个工作日内完成生产许可的现场核查；对因生产工艺复杂、生产周期较长等原因确需延长现场核查时限的，审查组应进行书面说明。审查组按照《保健食品生产许可现场核查记录表》的要求组织现场核查，应如实填写核查记录，并当场做出审查结论。

《保健食品生产许可现场核查记录表》包括82项审查条款，其中关键项7项，重点项28项，一般项47项，审核结论分为合格和不合格。

（2）审查内容：①生产条件审查。保健食品生产厂区整洁卫生，洁净车间布局合理，符合保健食品良好生产规范要求。空气净化系统、水处理系统运转正常，生产设施设备安置有序，与生产工艺相适应，便于保健食品的生产加工操作。计量器具和仪器仪表定期检定校验，生产厂房和设施设备定期保养维修。②品质管理审查。企业根据注册或备案的产品技术要求，制定保健食品企业标准，加强原辅料采购、生产过程控制、质量检验以及贮存管理。检验室的设置应与生产品种和规模相适应，每批保健食品按照企业标准要求进行出厂检验，并进行产品留样。③生产过程审查。企业制定保健食品生产工艺操作规程，建立生产批次管理制度，留存批生产记录。企业按照批准或备案的生产工艺要求，组织保健食品生产试制，审查组跟踪关键生产流程，动态审查主要生产工序，复核生产工艺的完整连续以及生产设备的合理布局。

（3）审查结论：现场核查项目全部符合要求的，审查组应做出现场核查合格的结论。现场核查出现以下情形之一的，审查组应做出现场核查不合格的结论，其中不适用的审查条款除外：现场核查有一项（含）以上关键项不符合要求的；现场核查有三项（含）以上重点项不符合要求的；现场核查有五项（含）以上一般项不符合要求的；现场核查有一项重点项不符合要求，三项（含）以上一般项不符合要求的；现场核查有两项重点项不符合要求，两项（含）以上一般项不符合要求的。

现场核查存在不符合要求的项目，但未达到做出不合格结论要求的，审查组应责令申请人限期整改，限期整改的期限不得超过30日。申请人完成整改后，审查组应当在5个工作日内组织复查。限期整改项目经复查符合要求的，审查组应做出现场核查合格的结论；经复查仍不符合要求的，审查组应做出现场核查不合格的结论。现场核查不合格的，审查组应按照本通则的要求提出未通过生产许可的审查意见。

4. 许可检验　经书面审查和现场核查，申请人符合以下情形之一的，审查组应当组织试制产品抽样：经书面审查合格，按照本通则的要求不再组织现场核查的；现场核查合格的；现场核查被责令限期整改的。

审查组按照3倍全检量的要求，组织试制保健食品抽样，并将样品送至具有法定资质的检验机构进行检验。检验机构按照企业标准进行全项目检验，原则上应在60日内完成检验。审查组按照保健食品注册或备案的技术要求和产品企业标准，对检验结果进行全项目复核。

试制产品检验项目全部合格的，审查组应做出许可检验合格的结论；检验项目有一项（含）以上不合格，审查组应做出许可检验不合格的结论。许可检验不合格的，审查组应按照本通则的要求提出未通过生产许可的审查意见。申请人对检验结果有异议的，可向省级食品药品监督管理部门申请复检。试制产品检验和复检的费用，由申请人自行承担。

5. 审查意见　申请人经书面审查、现场核查、许可检验，各技术环节全部审查合格的，审查组应提出通过生产许可的审查意见。对不再进行现场核查的，申请人经书面审查和许可检验合格，审查组应提出通过生产许可的审查意见。

申请人出现以下情形之一，审查组应提出未通过生产许可的审查意见：书面审查不合格的；现场核查不合格的；试制保健食品检验不合格的；现场核查责令限期整改的项目，经复查仍不合格的。技术审查部门应根据保健食品生产许可审查意见，编写《保健食品生产许可技术审查报告》，并在完成审查的5个工作日内将审查材料和审查报告报送许可审查部门。

（五）决定

1. 复查　许可审查部门收到技术审查部门报送的审查材料和审查报告后，应对审查程序和审查意见的合法性、规范性以及完整性进行复查，并在7个工作日内提出复查意见。技术审查环节经复查符合保健食品生产许可审查要求的，许可审查部门应在3个工作日内将复查意见报送许可机关。许可审查部门认为技术审查环节在审查程序和审查意见方面存在问题的，应责令技术审查部门在20个工作日内予以核实确认。

2. 决定　许可机关应在3个工作日内对复查合格的申报材料做出行政许可决定。对通过生产许可审查的申请人，应当做出准予保健食品生产许可的决定，制作准予许可决定书；对未通过生产许可审查的申请人，应当做出不予保健食品生产许可的决定，制作不予许可决定书。

3. 制证　省级食品药品监管部门按照“一企一证”的原则，对通过生产许可审查的企业，颁发《食品生产许可证》，并标注保健食品生产许可事项。《食品生产许可品种明细表》应载明保健食品类别编号、类别名称、品种明细以及其他备注事项。保健食品批准文号或备案号应在备注中载明，保健食品委托生产的，在备注中载明委托企业名称与住所等信息。原取得生产许可的保健食品，应在备注中标注原生产许可证编号。

（六）变更、延续与注销

1. 变更　申请人在生产许可证有效期内，变更生产许可证载明事项的以及变更工艺设备布局、主要生产设施设备，影响保健食品产品质量的，应当在变化后10个工作日内，按照《保健食品生产许可申报材料目录》的要求，向原发证的食品药品监督管理部门提出变更申请。食品药品监督管理部门应按照本通则的要求，根据申请人提出的许可变更事项，组织审查组、开展技术审查、复查审查结论，并做出行政许可决定。

申请增加或减少保健食品生产品种的，应当申报保健食品生产许可，品种明细参照《保健食品剂型形态分类目录》。保健食品注册或者备案的生产工艺发生变化的，申请人应当办理注册或者备案变更手续后，申请变更保健食品生产许可。

保健食品生产场所迁出原发证的食品药品监督管理部门管辖范围的，应当向其所在地省级食品药品监督管理部门重新申请保健食品生产许可。保健食品外设仓库地址发生变化的，申请人应当在变化后 10 个工作日内向原发证的食品药品监督管理部门报告。

申请人生产条件未发生变化，需要变更以下许可事项的，省级食品药品监督管理部门经审查合格，可以直接变更许可证件：变更企业名称、法定代表人的；变更住所或生产地址名称，实际地址未发生变化的；变更保健食品名称，产品的批准文号或备案号未发生变化的。

2. 延续 申请延续保健食品生产许可证有效期的，应在该生产许可有效期届满 30 个工作日前，按照《保健食品生产许可申报材料目录》的要求，向原发证的食品药品监督管理部门提出延续申请。申请保健食品生产许可延续的，省级食品药品监督管理部门不再组织试制产品检验。

申请人声明保健食品关键生产条件未发生变化，且不影响产品质量的，省级食品药品监督管理部门可以不再组织现场核查。申请人的生产条件发生变化，可能影响保健食品安全的，省级食品药品监督管理部门应当组织审查组，进行现场核查。

3. 注销 申请注销保健食品生产许可的，申请人按照《保健食品生产许可申报材料目录》的要求，向原发证的食品药品监督管理部门提出注销申请。

二、食品添加剂生产许可认证

（一）法律依据

《中华人民共和国食品安全法》《中华人民共和国食品安全法实施条例》《食品添加剂生产监督管理规定》（国家质检总局 2010 年第 127 号令）、《中华人民共和国工业产品生产许可证管理条例》《中华人民共和国工业产品生产许可证管理条例》（国家食品药品监督管理总局 2015 年 16 号令）、《中华人民共和国工业产品生产许可证管理条例实施办法》《食品添加剂生产许可审查通则》（国家质检总局 2010 年第 81 号公告）等有关法律、法规和规章。

（二）工作要求

根据最新《食品生产许可管理办法》，食品添加剂的生产许可由国家食品药品监督管理部门委托的审查机构依据企业申请组织实施生产条件审查，由食品药品监督管理部门负责生产许可审批发证工作。

从事生产许可审查的工作人员应当遵守有关法律法规、规章及本通则的规定，依法行政，秉公执法、不徇私情，不得索取或者收受企业的财物，不得谋取其他利益。

（三）申请许可的条件

1. 合法有效的营业执照；

2. 与生产食品添加剂相适应的专业技术人员；

3. 与生产食品添加剂相适应的生产场所、厂房设施：其卫生管理符合卫生安全要求；

4. 与生产食品添加剂相适应的生产设备或者设施等生产条件；

5. 与生产食品添加剂相适应的符合有关要求的技术文件和工艺文件；

6. 健全有效的质量管理和责任制度；

7. 与生产食品添加剂相适应的出厂检验能力；产品符合相关标准以及保障人体健康和人身安全的要求；

8. 符合国家产业政策的规定，不存在国家明令淘汰和禁止投资建设的工艺落后、耗能高、污染环境、浪费资源的情况；

9. 法律法规规定的其他条件。

（四）认证内容

1. 实地核查 实地核查实施前，核查组应准备核查工作文件，并就实地核查相关事项与企业进行沟通，实地核查应当在企业生产运行状态下进行。实地核查可采用查看现场、查看文件和记录、考察有关人员现场操作、企业员工测试等方式进行。以 * 号标注的条款可能对某些产品不适用，核查组应根据有关规定决定该选项是否作为核查内容。如不适用，应当在表格中选择“此项不适用”，并说明原因。实地核查判定采用分数制，满分为 150 分，总分低于 133 分判为不合格，具体见表 8-4～表8-8。

表 8-4 书面申请材料的复核性审查

序号	核查内容	核查方法	核查记录
1.1	企业营业执照、法定代表人身份证等复印材料应真实、一致和有效	现场核对申请资料	符合 □2 分 不符合 □-20 分
1.2	企业营业执照经营范围应覆盖申请的产品		符合 □2 分 不符合 □-20 分
1.3	实际生产地址与申请地址一致		符合 □2 分 不符合 □-20 分
1.4	实际生产产品与申请产品一致		符合 □2 分 不符合 □-20 分
*1.5	属于危险化学品范畴的产品的生产企业，应当有安全生产部门的有效的安全生产许可证		符合 □2 分 不符合 □-20 分 此项不适用 □2 分
*1.6	属于国家产业政策调整范围的产品，应当有省级以上国家产业政策主管部门的有效证明		符合 □2 分 不符合 □-20 分 此项不适用 □2 分

表 8-5　企业人员情况审查

序号	核查内容	核查方法	核查记录
2.1	企业负责人应当了解相关法律、法规及质量安全管理知识	座谈了解或考核	符合 □2 分 不符合 □0 分
2.2	企业质量管理负责人应当了解相关法律法规，掌握质量安全管理知识、食品及食品添加剂专业技术知识和相关的安全标准		符合 □2 分 不符合 □0 分
2.3	企业专业技术人员应当熟悉与所生产产品相适应的食品和食品添加剂相关质量安全标准，并具备与所生产产品相适应的专业技术知识和食品添加剂质量安全知识	座谈了解、查看记录或考核	符合 □2 分 不符合 □0 分
2.4	企业专业技术人员应与提交人员名单一致	现场核查、查看文件	符合 □2 分 不符合 □0 分
2.5	企业操作人员应当掌握本职岗位的作业指导书、操作规程或配方等工艺文件的相关要求	现场询问或考核	符合 □2 分 不符合 □0 分
2.6	企业操作人员在现场能够熟练操作本岗位设备	操作验证或考核	符合 □2 分 不符合 □0 分
2.7	企业检验人员具有与工作相适应的质量安全知识和检验技能	现场询问或考核	符合 □2 分 不符合 □0 分
2.8	企业检验人员应当了解检验方法、过程，能够独立完成检验工作	现场询问、操作验证或考核	符合 □2 分 不符合 □-20 分
2.9	企业检验人员应有检验资格	查看证明	符合 □2 分 不符合 □0 分
2.10	企业应当对相关从业人员进行法律法规、食品安全、卫生管理、专业技术等方面的定期培训	现场询问、查看记录	符合 □2 分 不符合 □0 分
2.11	从事生产、检验等相关工作的人员应当经过岗位培训并考核合格，持证上岗	查看记录、查验证书	符合 □2 分 不符合 □0 分
2.12	企业在岗的生产人员应当具备有效的健康检查证明	查验证书	符合 □2 分 不符合 □0 分
2.13	企业有在岗人员健康检查记录	查看记录	符合 □2 分 不符合 □0 分

核查组应当依据实际核查情况填写《食品添加剂生产许可实地核查记录》，实地核查记录不得有空白项。必要时，可以增加附页，并可用图像或视频等方式描述企业实地核查时的生产条件状态。实地核查记录、附页等资料均应有核查组长和企业负责人签字确认，参加核查人员如有不同意见，应一并签署。企业有关人员有权对实地核查全过程进行监督，并反馈意见。

表 8-6 生产场所、环境、厂房及设施情况审查

序号	核查内容	核查方法	核查记录
3.1	企业提交的平面图应完整，标示清楚，实际生产布局应与提交的平面图一致	现场核对	符合 □2 分 不符合 □0 分
3.2	企业的周围环境应与提交的周围环境平面图一致		符合 □2 分 不符合 □0 分
3.3	厂区内外环境整洁，厂区的地面、路面及运输等不应对产品的生产造成污染	现场查看	符合 □2 分 不符合 □0 分
3.4	企业生产厂区非绿化的地面、路面采用硬质材料铺设，应当便于清除积水		符合 □2 分 不符合 □0 分
3.5	厂区内垃圾应单独存放，并远离生产区，排污沟渠合理设置，不得造成污染		符合 □2 分 不符合 □0 分
3.6	生产、行政、生活辅助区的总体布局应合理，不得互相妨碍		符合 □2 分 不符合 □0 分
3.7	各种设施的标志应当清晰		符合 □2 分 不符合 □0 分
*3.8	生产区域周围环境（25m 内）不能有粉尘、有害气体、放射性物质和其他扩散性污染源，不得有昆虫大量孳生的潜在场所。在封闭式设备中完成生产过程的除外		符合 □2 分 不符合 □-20 分 此项不适用 □2 分
3.9	企业应根据产品特点和工艺要求设置原、辅料库、生产厂房、包装场所、成品库、检验室、危险品仓库等生产用房		符合 □2 分 不符合 □0 分
3.10	生产用房的总使用面积不小于 150m²		符合 □2 分 不符合 □0 分
3.11	厂房、设备布局与工艺流程三者衔接应当合理		符合 □2 分 不符合 □0 分
3.12	各生产环节没有交叉污染和混杂现象		符合 □2 分 不符合 □-20 分
3.13	可能产生有害气体、粉尘和污水污染源的生产场所必须单独设置，不得对最终产品有影响		符合 □2 分 不符合 □-20 分
3.14	企业生产场所应清洁卫生，能满足国家有关规定的卫生要求		符合 □2 分 不符合 □0 分
3.15	产品的包装场所墙壁和屋顶应当采用防潮、防腐蚀、防毒、防渗和不易脱落的无毒材料，地面应平整防滑、耐磨、无毒、耐腐蚀、不渗水、便于清洗		符合 □2 分 不符合 □0 分
3.16	需要清洗的工作区地面应有一定坡度，地面不得积水		符合 □2 分 不符合 □0 分
3.17	浴室及厕所的设置不得对生产区域产生不良影响		符合 □2 分 不符合 □0 分
*3.18	企业生产有微生物指标的产品，应设有专用内包装或灌装场所，具有空气消毒或净化设施		符合 □2 分 不符合 □0 分 此项不适用 □2 分

续表

序号	核查内容	核查方法	核查记录
*3.19	采用空气净化装置的生产车间，其空气进风口应远离排风口，距地面2.0m以上，附近不得有污染源	现场查看	符合 □2分 不符合 □0分 此项不适用 □2分
3.20	企业生产车间内照明度应满足生产加工要求		符合 □2分 不符合 □0分
3.21	位于工作台和裸露产品上方的照明设备应加防护罩		符合 □2分 不符合 □0分
3.22	厂房应有应急照明设施，对易燃易爆产品生产区域必须有防爆照明等设施		符合 □2分 不符合 □0分
*3.23	生产有微生物指标产品的生产车间和包装车间应设更衣室，配备相应的更衣设施、非手动式流水洗手、干手、消毒等设施。在封闭式设备中完成生产过程的除外		符合 □2分 不符合 □0分 此项不适用 □2分
*3.24	生产有微生物指标产品的生产车间应设置有效的防尘、防鼠、防蚊蝇、防昆虫和其他动物进入的设施。在封闭式设备中完成生产过程的除外		符合 □2分 不符合 □0分 此项不适用 □2分
3.25	企业库房应当整洁、地面平整，保持清洁和干燥。库房通风、温度、湿度和防火防鼠等设施条件应满足物品存放的要求		符合 □2分 不符合 □0分
3.26	库房内原、辅材料、半成品、成品及包装材料等各类材料和产品应分区域、离地、离墙存放。不同贮存区域应有明确的标识，账、物相符		符合 □2分 不符合 □0分

注：必要时，“生产场所、环境、厂房及设施情况审查”部分可以留下照片资料

表8-7 生产设备和检验设备情况审查

序号	核查内容	核查方法	核查记录
4.1	企业必须具备满足生产工艺需要的生产设备，应能正常运转	现场查看	符合 □2分 不符合 □-20分
4.2	现场生产设备的数量、型号及所在地应当与提交的设备清单一致		符合 □2分 不符合 □0分
4.3	生产设备应当保持清洁		符合 □2分 不符合 □0分
4.4	生产设备及管线等采取有效措施杜绝跑、冒、滴、漏		符合 □2分 不符合 □0分
4.5	生产设备应当根据工艺需要进行清洗消毒，定期维修、保养	现场查看、查看记录	符合 □2分 不符合 □0分
4.6	企业必须具有与所生产的产品相适应的、能满足检验标准规定方法或检验需求的检验设备、试验设备、计量设备和试剂	现场查看、查看文件	符合 □2分 不符合 □-20分

续表

序号	核查内容	核查方法	核查记录
4.7	出厂检验用检验设备的数量、型号应当与提交的设备清单一致	现场查看、查看文件	符合 □2分 不符合 □0分
4.8	用于生产和检验的仪器、仪表、量具、衡器等，其适用范围和精密度应符合生产和检验要求，应有合格标志和检定证明	查看证明、查看记录	符合 □2分 不符合 □0分
4.9	计量器具根据国家规定定期检定或校准，停用的设备应有明显的标识	现场查看	符合 □2分 不符合 □0分

注：1. 实地核查时，应另外附页记录企业生产设备和检验设备情况，如实记录企业实际所使用的生产设备及检验设备的名称。

2. 企业申请生产两个以上不同工艺产品，应分别描述各自的生产设备，并且分别打分。

表 8-8 质量管理情况审查

序号	核查内容	核查方法	核查记录
5.1	企业应制定有效的质量安全管理制度。质量安全管理制度明确企业各有关部门、人员的质量职责和相应的考核办法	座谈了解、查看文件或考核	符合 □2分 不符合 □0分
5.2	从事食品添加剂的包装、复合食品添加剂及食品用香精生产的人员，进入生产场所前应当洗净双手，穿戴清洁的工作衣、帽，头发不得露于帽外，不得佩戴首饰	现场查看	符合 □2分 不符合 □0分
5.3	企业应具备生产过程中所需的各种工艺规程、作业指导书等工艺文件，企业的各种工艺文件应当符合卫生部门对生产工艺的有关规定	查看文件	符合 □2分 不符合 □0分
5.4	企业应具备所执行的现行有效的国家标准或行业标准以及引用的其他标准的文本	现场查看	符合 □2分 不符合 □0分
5.5	企业应当制定原、辅材料采购管理制度	查看文件	符合 □2分 不符合 □0分
5.6	企业应制订供方评价准则，并对供方进行评价，在合格供方采购，以满足产品质量需要	查看文件、查看记录	符合 □2分 不符合 □0分
5.7	企业应依照国家标准、行业标准对原、辅材料进行检验验收。对实施生产许可管理的原、辅材料和包装，应当查验供货者的生产许可证明	现场查看、查看证明	符合 □2分 不符合 □0分
5.8	原、辅材料的进货验收应当有记录。记录内容应包括原、辅材料的名称、规格、数量、供货者名称及联系方式、进货日期等	查看记录	符合 □2分 不符合 □0分
5.9	生产管理记录保存期限不得少于2年		符合 □2分 不符合 □0分
5.10	生产用水应能满足生产工艺要求	查看文件	符合 □2分 不符合 □0分
5.11	企业应对生产中的重要工序或产品关键特性进行质量控制，并应在生产工艺流程图上标出关键的质量控制点		符合 □2分 不符合 □0分

续表

序号	核查内容	核查方法	核查记录
5.12	企业应制订关键质量控制点的操作控制程序，并依据程序实施质量控制	查看文件、现场查看	符合　□2分 不符合　□0分
5.13	企业应制定产品质量检验制度	现场查看、查看文件、查看记录	符合　□2分 不符合　□0分
5.14	企业应按规定开展产品生产过程中质量检验工作，并做好各项检验记录		符合　□2分 不符合　□0分
5.15	企业应当按国家标准或行业标准的要求，对出厂的产品进行批批检验，确保每批次产品经检验合格后出厂销售		符合　□2分 不符合　□-20分
5.16	企业应建立产品检验档案，对检验产品名称、规格、数量、生产日期、生产批号、检验结果等内容按规定进行记录，检验原始记录的保存期限不得少于产品保质期，并不得少于2年		符合　□2分 不符合　□0分
5.17	企业应对生产的每批产品留存样品，样品保存期限不得少于产品保质期	现场查看、查看记录	符合　□2分 不符合　□0分
5.18	在生产、运输和贮存过程中应使用安全卫生的工具并加强防护，防止原、辅材料、半成品、成品出现泄漏、污染		符合　□2分 不符合　□0分
5.19	企业应当建立销售管理制度，并对出厂销售产品的名称、规格、数量、生产日期、生产批号、购货者名称及联系方式、销售日期等内容进行记录，保证销售的产品可追溯性		符合　□2分 不符合　□0分
5.20	企业应当制定不合格产品召回制度，发现其产品不符合相关标准，应当立即停止生产，召回已经上市销售的产品，通知相关生产经营者和消费者停止使用，并向有关部门报告	查看文件	符合　□2分 不符合　□-20分
*5.21	企业应当对召回的产品采取补救、无害化处理、销毁等措施。并对召回和处理的产品的名称、规格、数量、生产日期、生产批号、购货者名称、召回原因及召回通知情况进行记录	查看记录	符合　□2分 不符合　□0分 此项不适用　□2分

2. 抽样检查　对实地核查合格的企业，应按有关规定对企业申请生产的产品抽样和封样。抽样方法按国家标准或行业标准规定执行。标准未作规定的，应当按照以下规则抽样：

（1）抽样应当在企业检验合格的产品中随机抽取；

（2）抽样数量应满足实际检验需要，每一个样品混匀后平均分成2份，1份用于检验，1份由检验机构保存备查。送检样品和备检样品应保证为同一批次产品。

（3）企业应预留大于抽样数10倍的产品供抽样。

国家标准或行业标准规定有质量等级的，应抽取企业申请产品中质量等级最高的产品。国家标准或行业标准中有与标样比对的检验项目时，企业应同时提供同一型号产品的标样（有特殊情况应在抽样单上注明）。

抽样时，应注意样品外包装完好无损，被抽查样品数量不够或抽不到样品的，按现场核查不合格处理。需要抽样工具和样品容器的，由企业提前准备好洁净的抽样工具和样品瓶，防止造成对样品的污染。

核查人员抽样后对样品进行封样并填写抽样单。封条上应有实地核查组织单位盖章、抽样人员签名和抽封样日期，企业工作人员应对封样确认签字，并加盖企业公章。填写抽样单时要求字迹工整、书写规范。

3. 审查结论　封样后，核查人员应告知企业登录国家食药监总局网站查询生产许可检验机构目录，由企业自主选择检验机构送检。核查人员不得明示或者暗示企业到其指定的检验机构进行检验。企业应在封样之日起7个工作日内将样品寄（送）到检验机构。寄（送）过程要防止样品损坏、封条破损。企业应当充分考虑样品的保质期，确定样品送达时间。

检验机构接收样品时应认真检查。对符合规定的，应当受理；对封条不完整、抽样单填写不明确、样品有破损或变质等情况的，应拒绝接收并当场告知企业，同时应当通知审查部门。对接收或拒收的样品，检验机构应当在抽样单上签章并做好记录。

检验机构应当妥善保管接收的样品。检验机构应当在保质期内按检验标准检验样品，并在30个工作日内完成检验。检验完成后2日内检验机构应当向组织审查部门及企业递交检验报告，见表8-9。

表8-9　食品添加剂生产许可实地核查结论

<table>
<tr><th>序号</th><th>核查项目</th><th>得分</th><th>核查结论</th></tr>
<tr><td>1</td><td>书面申请材料的复核性审查</td><td>（分）</td><td rowspan="6">核查组根据《食品添加剂生产监督管理规定》和《食品添加剂生产许可实地核查记录》，于　年 月 日至　年 月 日对该企业进行了实地核查，核查得分：________。经综合评价，本核查组对该企业的实地核查结论是________。

核查组长（签字）：

企业（盖章）
法人代表（签字）：</td></tr>
<tr><td>2</td><td>企业人员情况审查</td><td>（分）</td></tr>
<tr><td>3</td><td>生产场所、环境、厂房及设施情况审查</td><td>（分）</td></tr>
<tr><td>4</td><td>生产设备和检验设备情况审查</td><td>（分）</td></tr>
<tr><td>5</td><td>质量管理情况审查</td><td>（分）</td></tr>
<tr><td></td><td>总分</td><td>（分）</td></tr>
</table>

<table>
<tr><td rowspan="4">核查组成员</td><td>姓名（签字）</td><td>单位</td><td>职称（职务）</td><td>核查分工</td><td>核查员证书编号</td></tr>
<tr><td></td><td></td><td></td><td></td><td></td></tr>
<tr><td></td><td></td><td></td><td></td><td></td></tr>
<tr><td></td><td></td><td></td><td></td><td></td></tr>
</table>

三、食品包装材料生产许可认证

（一）食品包装材料

1. 定义　《食品用塑料包装、容器、工具等制品生产许可审查细则》中对于食品包装材料的定义是包装、盛放食品或者食品添加剂的塑料制品和塑料复合制品；食品或者食品添加剂生产、流通、使用过程中直接接触食品或者食品添加剂的塑料容器、用具、餐具等制品。

2. 分类　根据产品的形式分为4类：包装类、容器类、工具类、其他类。其中包装类包括非复合膜袋、复合膜袋、片材、编织袋；容器类包括桶、瓶、罐、杯、瓶坯；工具类包括筷、刀、叉、匙、夹、料擦（厨房用）、盒、碗、碟、盘、杯等餐具；其他类包括不能归入以上3类中的其他食品用塑料包装、容器、工具等制品。食品用塑料包装、容器、工具等制品不包括食品在生产经营过程中接触食品的机械、管道、传送带。

第一批实施市场准入制度管理的食品用塑料包装、容器、工具等制品产品包括3类32个产品（表8-10），增补品种时将另行公布产品目录。根据生产工艺相同或相近的产品划分成一个产品单元的原则，食品用塑料包装、容器、工具等制品共分为6个产品单元：包装类包括4个产品单元：非复合膜袋、复合膜袋、片材、编织袋；容器类包括1个产品单元：容器；工具类包括1个产品单元：食品用工具。

表8-10　第一批实施市场准入制度管理的食品用塑料包装、容器、工具等制品目录

产品分类	产品单元	产品品种	产品标准	备注
包装类	1. 非复合膜袋	1. 聚乙烯自粘保鲜膜	GB 10457—2009	
		2. 商品零售包装袋（食品用塑料自粘保鲜膜）	GB/T 18893—2013	
		3. 液体包装用聚乙烯吹塑薄膜	QB 1231—1991	
		4. 食品包装用聚偏二氯乙烯（PVDC）片状肠衣膜	GB/T 17030—2008	
		5. 双向拉伸聚丙烯珠光薄膜	BB/T 0002—2008	*
		6. 包装用聚乙烯吹塑薄膜	GB/T 4456—2008	
		7. 包装用双向拉伸聚酯薄膜	GB/T 16958—2008	
		8. 聚丙烯吹塑薄膜	QB/T 1956—1994	
		9. 普通用途双向拉伸聚丙烯（BOPP）薄膜	GB/T 10003—2008	
		10. 夹链自封袋	BB/T 0014—2011	*
		11. 包装用镀铝薄膜	BB/T 0030—2004	*
	2. 复合膜袋	12. 包装用塑料复合膜、袋干法复合、挤出复合	GB/T 10004—2008	
		13. 双向拉伸尼龙（BOPA）/低密度聚乙烯（LDPE）复合膜、袋	QB/T 1871—1993	
		14. 榨菜包装用复合膜、袋	QB 2197—1996	
		15. 液体食品包装用塑料复合膜、袋	GB 19741—2005	
		16. 液体食品无菌包装用纸基复合材料	GB 18192—2008	
		17. 液体食品无菌包装用复合袋	GB 18454—2001	
		18. 液体食品保鲜包装用纸基复合材料	GB 18706—2008	

续表

产品分类	产品单元	产品品种	产品标准	备注
包装类	2. 复合膜袋	19. 多层复合食品包装膜、袋	GB/T 5009.60—2003（部分废止） 已备案的企业标准	*
	3. 片材	20. 食品包装用聚氯乙烯硬片、膜	GB/T 15267—1994	
		21. 双向拉伸聚苯乙烯（BOPS）片材	GB/T 16719—2008	
		22. 聚丙烯（PP）挤出片材	QB/T 2471—2000	
	4. 编织袋	23. 塑料编织袋通用要求	GB/T 8946—2013	
容器类	5. 容器	24. 聚乙烯吹塑桶	GB/T 13508—2011	
		25. 聚酯（PET）无汽饮料瓶	QB 2357—1998	
		26. 聚碳酸酯（PC）饮用水罐	QB 2460—1999	
		27. 软塑折叠包装容器	BB/T 0013—2011	
		28. 包装容器塑料防盗瓶盖	GB/T 17876—2010	
		29. 塑料奶瓶、塑料饮水杯（壶）、塑料瓶坯	GB 4806.7—2016 经备案的企业标准	*
工具类	6. 食品用工具	30. 密胺塑料餐具	QB 1999—1994	
		31. 塑料菜板	QB/T 1870—2015	
		32. 一次性塑料餐饮具	GB 4806.7—2016 经备案的企业标准	

（二）认证内容

食品用塑料包装、容器、工具等制品生产许可内容包括食品用塑料包装、容器、工具等制品企业生产许可实地核查，具体包括：质量安全管理职责（表 8-11）、企业环境与场所要求（表 8-12）、生产资源提供（表 8-13）、采购质量控制（8-14）、生产过程控制（表 8-15）、产品质量检验（表 8-16）和生产安全防护（表 8-17）等核查内容和要点。

表 8-11　质量安全管理职责

序号	核查项目	核查内容	核查要点	结论
1.1	组织领导	1. 企业领导中应有人负责质量安全工作 2. 企业领导应当对可能影响产品质量安全的潜在紧急情况及事故制定应急措施	1. 是否指定领导中一人负责质量安全工作 2. 其职责和权利是否明确 3. 企业领导是否制定了对可能影响产品质量安全的潜在紧急情况和事故的应急措施	□合格 □一般不合格 □严重不合格

续表

序号	核查项目	核查内容	核查要点	结论
1.2	管理职责	企业应制定质量安全管理制度，规定各有关部门、人员的质量职责、权限和相互关系，特别是检验部门和人员的职责权限	1. 是否制定了质量安全管理制度 2. 是否规定了产品质量有关的部门、人员的质量职责、权限和相互关系 3. 是否规定了检验部门和人员的职责权限	□合格 □一般不合格 □严重不合格
1.3	有效实施	在企业制定的规章管理制度中应有相应的考核办法并严格实施	1. 是否规定了质量考核办法 2. 是否已开展有效实施	□合格 □一般不合格 □严重不合格

表 8-12 企业环境与场所要求

序号	核查项目	核查内容	核查要点	结论
2.1	环境要求	1.1 保持厂区内外环境整洁，厂区的地面、路面及运输等不应对产品的生产造成污染 1.2 生产、行政、生活辅助区的总体布局应合理，不得互相妨碍 1.3 应与有毒有害源保持一定距离	1. 厂区是否有整洁的生产环境，地面、路面及运输等是否未对产品的生产造成污染 2. 生产、行政、生活和辅助区的总体布局是否合理，且互相不妨碍 3. 是否与有毒有害源保持一定距离	□合格 □一般不合格 □严重不合格
		2.1 厂房应按生产工艺流程及需求进行合理布局 2.2 同一厂房内以及相邻厂房间的生产操作不得相互妨碍	1. 厂房是否按生产工艺流程及需求进行了合理布置 2. 同一厂房内以及相邻厂房间的生产是否相互妨碍	□合格 □一般不合格 □严重不合格
		3. 在设计和建设厂房时，应考虑使用时便于进行清洁工作厕所、厨房应与生产区域隔离	1. 企业厂房的建设是否考虑使用时便于进行清洁工作 2. 厕所、厨房是否与生产区域隔离	□合格 □一般不合格 □严重不合格
2.2	车间要求	1.1 生产车间应清洁安全并建立有关清洁生产的制度 1.2 生产车间墙壁、地面、天花板表面平整光滑，并能耐受清理和消毒，以减少灰尘积聚和便于清洁 1.3 车间内应有与所生产的产品相适应的防尘设施 1.4 有防止昆虫和其他动物进入的设施	1. 生产车间是否清洁安全并建立清洁生产制度 2. 生产车间墙壁、地面、天花板表面是否平整光滑，并能耐受清理和消毒，以减少灰尘积聚和便于清洁 3. 车间内是否有与生产相适应的防尘设施 4. 是否有防止昆虫和其他动物进入的设施	□合格 □一般不合格 □严重不合格
		2. 生产区和储存区应有与生产规模相适应的面积和空间	生产区和储存区是否有与生产规模相适应的面积和空间用以安置设备、物料，便于生产操作，存放物料、中间产品、待验品和成品	□合格 □一般不合格 □严重不合格

续表

序号	核查项目	核查内容	核查要点	结论
		3. 生产区内的公共设施避免出现不易清洁的部位。生产区域内的更衣室和洗手设施等公共设施不应给生产带来污染	1. 公共设施是否有不易清洁的部位 2. 生产区域内的更衣室和洗手设施等公共设施是否给生产带来污染	□合格 □一般不合格 □严重不合格
		4. 生产区应根据需求提供足够的照明，对照明度有特殊要求的生产部门可设置局部照明。厂房应有应急照明设施	1. 是否根据生产需求提供足够的照明 2. 是否有应急照明设施	□合格 □一般不合格 □严重不合格
		5. 对有特殊生产要求如无菌包装等产品，对其生产区的空气质量，应监测其生产区的空气质量，并将结果记录存档	是否对特殊需要的产品监测生产区的空气质量并将结果记录存档	□合格 □一般不合格 □严重不合格
		6. 对生产区的温度、湿度有要求的产品的生产应有能满足生产安全工艺要求的相应设施	生产区的温度和相对湿度是否能满足生产安全工艺要求	□合格 □一般不合格 □严重不合格
		7. 生产区内安装的水池、地漏不得对生产造成污染	1. 生产区内安装的水池、地漏是否对生产造成污染 2. 是否采取了相应措施对可能的污染进行控制	□合格 □一般不合格 □严重不合格
		8. 车间应分别建立人员进出和物流的通道，人员进入应有消毒、除尘或风淋（浴）等装置，工作人员必须穿着工作服进入车间，工作服应保持洁净	1. 是否建立了人员进出和物流的通道 2. 是否有消毒、除尘或风淋（浴）等装置 3. 工作人员是否穿着工作服进入车间 4. 工作服是否保持洁净	□合格 □一般不合格 □严重不合格
*2.3	生产设施	1. 企业必须具备满足生产需要的工作场所和生产设施，且维护完好 2. 应有与所生产产品相适应的清洗、消毒、防尘、防腐、通风、污物处理等设施，并维护完好	1. 是否具备满足生产需要的工作场所和生产设施，且维护完好 2. 是否有与所生产产品相适应的清洗、消毒、防尘、防腐、通风、污物处理等设施，并维护完好	□合格 □不合格
2.4	库房要求	1.1 企业的库房整洁卫生、通风良好、地面平滑 1.2 有防漏、防潮、防尘、防止昆虫及其他动物进入的设施	1. 企业的库房是否整洁卫生，通风良好，地面平滑 2. 是否有防漏、防潮、防尘、防止昆虫及其他动物等进入的设施	□合格 □一般不合格 □严重不合格
		2.1 库房内存放的物品应保存良好，一般应离地、离墙存放 2.2 原辅材料、成品（半成品）及包装材料分别存放并明确标识 2.3 有毒、有害物品必须另行单独存放，并明确标识	1. 库房内存放的物品是否保存良好，并离地、离墙存放 2. 原辅材料、成品（半成品）及包装材料是否分别存放并明确标识 3. 有毒、有害物品是否另行单独存放，是否明确标识	□合格 □一般不合格 □严重不合格

表 8-13 生产资源提供

序号	核查项目	核查内容	核查要点	结论
3.1	设备工装	*1. 企业应具有《审查细则》中规定的必备生产设备	是否具有《审查细则》中规定的必备生产设备	□合格 □不合格
		2. 企业的生产设备和工艺装备的性能和精度应能满足生产的要求	生产设备和工艺装备的性能和精度是否能满足生产的要求	□合格 □一般不合格 □严重不合格
		3. 设备应卫生整洁，避免污染。设备的布局和生产流程应当合理，防止造成产品与原材料的交叉污染	设备是否卫生整洁，有无交叉污染	□合格 □一般不合格 □严重不合格
		4.1 与设备连接的主要固定管道应标明管内物料名称、流向 4.2 生产设备应有明显的状态标志，并定期维修、保养和验证。设备安装、维修、保养的操作不得影响产品的质量 4.3 生产设备应有专门人员使用、维修、保养和记录，并由专门人员管理	1. 与设备连接的主要固定管道是否标明管内物料名称、流向 2. 是否因设备安装、维修、保养不到位影响产品质量 3. 生产、检验设备是否有使用、维修、保养记录，并由专人管理	□合格 □一般不合格 □严重不合格
3.2	检验设备	1.1 企业应具备《审查细则》中规定的必备出厂检验设备 1.2 其适用范围和精密度应符合产品质量标准的检验要求，并有明显的合格标志，并定期校准 1.3 生产具有微生物限量要求的复合膜时，应配置独立的菌检室和菌检设备	1. 是否有审查细则中规定的必备出厂检验设备 2. 所具备检验设备和计量器具是否符合产品质量标准的检验要求，是否有明显的合格标志，并定期校验 3. 生产具有微生物限量要求的复合膜，是否配置独立的菌检室和菌检设备	□合格 □一般不合格 □严重不合格
3.3	人员要求	1.1 企业领导应了解与生产有关的法律法规（如企业的质量责任和义务等），并具有一定的质量安全管理常识。了解企业领导在质量安全管理中的职责与作用 1.2 企业领导应有相关的专业技术知识。应了解产品标准、主要性能指标等；了解产品生产工艺流程、检验要求	1. 是否有基本的质量安全管理常识。是否了解产品卫生法对企业的要求（如企业的质量责任和义务等）；是否了解企业领导在质量安全管理中的职责与作用 2. 是否有相关的专业技术知识。是否了解产品标准、主要性能指标等；是否了解产品生产工艺流程、检验要求	□合格 □一般不合格 □严重不合格
		2. 企业技术人员应掌握专业技术知识，并具有一定的质量安全管理知识	1. 是否熟悉自己的岗位职责 2. 是否掌握相关的专业技术知识 3. 是否有一定的质量安全管理知识	□合格 □一般不合格 □严重不合格

续表

序号	核查项目	核查内容	核查要点	结论
		3.1 生产操作人员应熟悉自己的岗位职责，能熟练地进行生产操作 3.2 应能看懂相关的图纸、配方和工艺文件 3.3 电工、叉车工等特殊岗位工作人员应持证上岗	1. 生产操作人员是否熟悉自己的岗位职责，是否能熟练地进行生产操作 2. 是否能看懂相关的图纸、配方和工艺文件 3. 电工、叉车工等特殊岗位工作人员是否持证上岗	□合格 □一般不合格 □严重不合格
		4. 检验人员应熟悉产品检验规定，具有与工作相适应的质量安全知识、技能和相应的资格	1. 是否熟悉产品检验相关规定 2. 是否具有与工作相适应的质量安全知识、技能和相应的资格	□合格 □一般不合格 □严重不合格
		5. 企业应对与产品质量安全相关的人员进行必要的培训和考核。企业应对直接接触产品的从业人员进行卫生法规和相应技术、技能的培训，对个人卫生进行控制，相关人员应按食品卫生法的要求取得健康证明；企业应建立文件程序对人员的个人卫生状况进行监控，并保存相关记录	1. 企业是否对直接接触产品的从业人员进行卫生法规和相应的技术培训，对个人卫生状况进行控制 2. 企业是否建立文件程序对人员的个人卫生状况进行监控，并保存相关记录	□合格 □一般不合格 □严重不合格
3.4	技术标准	企业应有和执行《审查细则》中规定的现行有效的国家标准、行业标准及地方标准并具有相应的原材料标准。企业制定的产品标准或内控标准应达到或严于相应的国家标准或行业标准的要求	1. 是否具有《审查细则》中规定的产品标准和相关标准 2. 企业制定的产品标准或内控标准是否能达到或严于相应的国家标准或行业标准的要求	□合格 □一般不合格 □严重不合格
3.5	工艺文件	1. 企业应具备生产过程中所需的各种规程、作业指导书等工艺文件	企业是否制定了生产过程中所需的各种规程、作业指导书等工艺文件	□合格 □一般不合格 □严重不合格
		2. 企业的工艺文件应正确、完整、统一，并对关键控制点制定相应的工艺措施	1. 工艺文件是否正确、完整，工艺参数是否明确 ①检查工艺文件，确定各工序的工艺参数和设备工装、检具的技术要求是否正确、明确 ②检查工艺文件目录明细表、工艺过程卡、工序卡、作业指导书、检验规程等工艺文件内容是否完整 2. 各部门使用的工艺文件是否统一 3. 对关键控制点是否制定相应的控制措施	□合格 □一般不合格 □严重不合格

续表

序号	核查项目	核查内容	核查要点	结论
3.6	文件管理	企业应制定技术文件管理制度，文件的发布应经过正式批准，使用部门可随时获得文件的有效版本，文件的修改应符合规定要求。企业应有部门或专（兼）职人员负责技术文件管理	1. 是否制定了技术文件管理制度 2. 发布的文件是否经正式批准 3. 使用部门是否能随时获得文件的有效版本 4. 文件的修改是否符合规定 5. 是否有部门或专（兼）职人员负责技术文件管理	□合格 □一般不合格 □严重不合格

表 8-14 采购质量控制

序号	核查项目	核查内容	核查要点	结论
4.1	原辅材料采购	1.1 企业应制定原辅材料采购的管理制度，对原辅材料供应商进行选择、管理，对原辅材料的采购、检验或验证实施有效控制，保证产品所用原材料满足规定要求 1.2 企业如有外协加工等委托服务项目，应制定相应的质量安全管理控制办法	1. 是否制定了采购质量控制制度，制度内容是否完整合理 2. 是否制定了外协加工等委托服务项目的质量安全管理控制办法 3. 质量安全管理控制办法是否完整合理	□合格 □一般不合格 □严重不合格
		*2. 原辅材料必须提供检验合格证明或报告，必须使用食品用原辅材料	1. 原辅材料是否具备合格检验证明或报告 2. 查看原辅材料产品标识及有关证明，核查原辅材料是否为食品用原辅材料	□合格 □不合格
		3. 企业应对原辅材料供方进行评价，选择合格供应商。企业应保存关键材料供应商、选择评价和日常管理记录，保存原料进货检验/验证记录及供应商提供的合格证明。保存期限不应短于相应产品的保质期	是否制定了供方评价准则；是否按规定进行了供方评价；是否保存供方及外协单位名单和供货、协作记录；是否对供方及协作进行质量控制	□合格 □一般不合格 □严重不合格
		*4. 企业应制定原辅材料使用台账，原材料不得使用回收料及受污染的原料	1. 企业是否制定原辅材料使用台账，对原辅材料的使用进行详细的记录 2. 企业是否使用回收料进行生产	□合格 □不合格
4.2	采购文件	企业应制定采购计划、采购清单、采购协议、采购合同等采购文件，并按采购文件进行采购	1. 是否有采购文件（如：采购计划、采购清单、采购合同等） 2. 采购文件是否明确了验收规定 3. 采购文件是否经正式批准 4. 是否按采购文件进行采购	□合格 □一般不合格 □严重不合格

续表

序号	核查项目	核查内容	核查要点	结论
4.3	采购验证	企业应按规定对采购的原辅材料以及外协件进行质量检验或者根据有关规定进行质量验证，检验或验证的记录应该齐全	1. 是否对采购及外协件的质量检验或验证做出规定 2. 是否按规定进行检验或验证 3. 是否保留完整齐全的检验或验证记录	□合格 □一般不合格 □严重不合格

表 8-15　生产过程控制

序号	核查项目	核查内容	核查要点	结论
5.1	工艺管理	1. 企业应建立质量安全小组或有专(兼)职人员，企业应识别工艺过程质量安全的危害因素，并设定关键控制点	1. 是否对影响质量安全的危害因素进行识别 2. 是否对重要工序或产品关键特性设置了质量控制点 3. 是否在工艺流程图上标出了关键控制点	□合格 □一般不合格 □严重不合格
		*2. 应对生产过程中原辅材料的使用进行监控，不得使用非食品包装用原材料的助剂及添加剂。助剂及添加剂的使用应符合《审查细则》的相关要求	1. 是否使用了非食品用原辅材料的助剂及添加剂 2. 助剂及添加剂的使用是否符合相关要求	□合格 □不合格
		3. 企业职工应严格执行工艺管理制度，按操作规程、作业指导书等工艺文件进行生产操作	是否按制度、规程等工艺文件进行生产操作	□合格 □一般不合格 □严重不合格
		4. 企业应制定关键控制点的管理办法，并按照规定进行控制。对生产过程中的关键控制工序建立可追溯性记录	1. 是否制订关键控制点的管理办法和操作控制程序，其内容是否完整 2. 是否按程序实施质量控制 3. 是否具备可追溯性记录	□合格 □一般不合格 □严重不合格
5.2	过程检验	企业在生产过程中应按规定开展过程检验，应根据工艺规程的有关参数要求，对过程产品进行检验。作好检验记录，并对检验状态进行标识。（过程检验包括首件检验、巡回检验和完工检验）	1. 是否对产品质量检验做出规定 2. 是否按规定进行检验 3. 是否作检验记录 4. 是否对检验状况进行标识	□合格 □一般不合格 □严重不合格
5.3	搬运贮存	在搬运和贮存过程中应加强防护，防止原辅材料、半成品、成品出现损伤、污染	1. 有无适宜的搬运工具、必要的工位器具、贮存场所和防护措施 2. 原辅材料、半成品、成品是否出现损伤、污染	□合格 □一般不合格 □严重不合格

续表

序号	核查项目	核查内容	核查要点	结论
5.4*	包装标识	1. 申证产品应在产品包装或标签上注明“食品用”字样。应有产品说明书或产品标签，注明使用方法、使用注意事项、用途、使用环境、使用温度、主要原辅材料名称等内容 2. 对于标识“耐高温”“可蒸煮”或“微波炉使用”的，企业应提供相应的依据	1. 是否有产品说明书或产品标签，产品说明书或产品标签的内容是否齐全 2. 产品包装或标签上是否注明“食品用” 3. 对于标识“耐高温”“可蒸煮”或“微波炉使用”的，企业是否能够提供相应的依据	□合格 □不合格

表 8-16　产品质量检验

序号	核查项目	核查内容	核查要点	结论
6.1	检验管理	1.1 企业应设立质量检验部门，并设置专（兼）职检验人员 1.2 对存在的质量问题，质量检验部门应具有否决权	1. 是否有检验部门或专（兼）职检验人员，能否独立行使权力 2. 是否制定了检验管理制度和检验设备计量器具管理制度 3. 质量检验部门是否对存在的质量问题具有否决权	□合格 □一般不合格 □严重不合格
		2. 企业应根据标准要求对所生产产品进行型式试验。如有委托检验项目，必须委托具有法定检验资质的机构进行检验	1. 是否按标准规定对产品进行型式试验 2. 如有委托检验项目，是否委托有法定检验资质的检验机构进行检验	□合格 □一般不合格 □严重不合格
6.2	出厂检验	企业应按产品标准的要求，对产品进行出厂检验，做好原始记录，并出具产品检验合格证明	1. 是否有出厂检验规定 2. 是否具备出厂检验记录/报告或证明	□合格 □一般不合格 □严重不合格
6.3	不合格品	1. 企业应制定不合格品的管理办法，对检验不合格的产品，要根据不合格的严重程度，由检验、技术、质量安全管理部门按照规定的职责和程序，分别做出相应处置	1. 是否对在原材料及生产过程和成品中出现的不合格品进行处置 2. 是否对不合格品的处置进行了记录	□合格 □一般不合格 □严重不合格
		2. 应建立销售记录，详细记录产品的销售流向，制定对已售出的不合格产品的召回制度	1. 是否建立了销售记录，详细记录了产品的销售流向 2. 是否建立了不合格品召回制度	□合格 □一般不合格 □严重不合格
6.4	退货品	对退货品应制定退货品管理制度，对不合格退货品要按不合格品处理	是否对退货品制定了相应管理制度	□合格 □一般不合格 □严重不合格

表 8-17 生产安全防护

序号	核查项目	核查内容	核查要点	结论
7.1	安全生产	1. 企业应根据国家有关法律法规制订及实施安全生产制度，并做好有效实施记录	1. 是否制订了安全生产制度 2. 危险部位是否有必要的防护措施 3. 是否对易燃、易爆等危险品进行隔离和防护	□合格 □一般不合格 □严重不合格
		*2. 企业在生产、运输、贮存过程中，应防止有毒化学品的污染，生产厂不得同时生产有毒化学物品	1. 企业在生产、运输、贮存过程中，是否受到有毒化学品的污染 2. 企业是否同时生产有毒化学物品	□合格 □不合格
		3. 废水、废气、废料排放、噪声污染及卫生要求等应符合国家有关规定	1. 三废排放是否符合规定 2. 是否存在危害人身健康情况	□合格 □一般不合格 □严重不合格

注：以上各表中带“*”项是安全生产中关键项

点滴积累

1. 书面审查：技术审查部门接收申请材料后，应在 5 个工作日完成保健食品生产许可的书面审查，需要申请人补充技术性材料的，应当一次性告知申请人在 5 个工作日内予以补正。
2. 审查组一般由 2 名及以上熟悉保健食品管理、生产工艺流程、质量检验检测等方面的人员组成，实行组长负责制。
3. 食品用塑料包装、容器、工具等制品生产许可内容包括食品用塑料包装、容器、工具等制品企业生产许可实地核查。

第四节 食品生产许可文件准备

一、保健类食品

1. 材料申报

（1）保健食品生产许可申请人应当是取得《营业执照》的合法主体，符合《食品生产许可管理办法》要求的相应条件。

（2）申请人填报《食品生产许可申请书》，并按照《保健食品生产许可申报材料目录》的要求，向其所在地省级食品药品监督管理部门提交申请材料。

（3）保健食品生产实行品种许可，申请人应参照《保健食品剂型形态分类目录》的要求，填报申请生产的保健食品品种明细。

（4）申请人应对所有申报材料的真实性负责。

2. 受理 省级食品药品监督管理部门对申请人提出的保健食品生产许可申请，应当按照《食品生产许可管理办法》的要求，分别做出受理或不予受理的决定。

3. 移送 保健食品生产许可申请材料受理后，受理部门应在2个工作日内将受理材料移送至保健食品生产许可技术审查部门。

二、食品添加剂

（一）需提交的申请材料

1. 食品添加剂生产许可证（换）发证申请

（1）《全国工业产品生产许可申请书》；

（2）申请人营业执照复印件；

（3）申请生产许可的食品添加剂有关生产工艺文本；

（4）与申请生产许可的食品添加剂相适应的生产场所的合法使用权证明材料，及其周围环境平面图和厂房设施、设备布局平面图复印件；

（5）与申请生产许可的食品添加剂相适应的生产设备、设施的合法使用权证明材料及清单，检验设备的合法使用权证明材料及清单；

（6）与申请生产许可的食品添加剂相适应的质量管理和责任制度文本；

（7）与申请生产许可的食品添加剂相适应的专业技术人员名单；

（8）生产所执行的食品添加剂标准文本；

（9）法律法规规定的其他材料；

（10）原生产许可证正本、副本、明细原件及复印件（换证时提供）。

2. 食品添加剂生产许可证增项、迁址、增加生产厂点申请

（1）食品添加剂生产许可证（换）发证申请材料的全部材料；

（2）生产许可证正本、副本、明细原件及复印件。

3. 食品添加剂生产许可证企业名称、住所名称变更申请

（1）《全国工业产品生产许可证变更申请书》；

（2）变更前、后的营业执照复印件；

（3）工商行政管理部门出具的更名证明原件；

（4）市质量技术监督局关于生产地址和条件未发生变化的证明原件；

（5）原生产许可证正本、副本及明细原件。

4. 食品添加剂生产许可证生产地址名称变更（未迁址）申请

（1）《全国工业产品生产许可证变更申请书》；

（2）变更前的营业执照复印件；

（3）地名办公室或地方人民政府等部门出具的地名名称变更更名；

（4）市质量技术监督局关于生产地址和条件未发生变化的证明原件；

（5）原生产许可证正本、副本及明细原件。

5. 食品添加剂生产许可证遗失补领申请

（1）《全国工业产品生产许可证补领申请书》；

（2）企业营业执照复印件；

（3）在省级以上媒体发布原生产许可证书遗失和作废声明的证明。

6. 集团公司与所属单位一起进行食品添加剂生产许可证换（发）证申请　集团公司及其所属子公司、分公司或者生产基地（以下统称所属单位）具有法人资格的，可以单独申请办理生产许可证；不具有法人资格的，不能以所属单位名义单独申请办理生产许可证。各所属单位无论是否具有法人资格，均可以与集团公司一起提出办理生产许可证申请，需提交以下材料：

（1）集团公司与分公司分别填写申请书，集团公司申请书封面加盖集团公司公章，分公司申请书封面应加盖集团公司和分公司公章；

（2）集团公司出具的与所属分公司的关系证明原件（需集团公司法定代表人签名）；

（3）集团公司和所属分公司营业执照复印件（需提交原件核对）；

（4）食品添加剂生产许可证（换）发证申请材料的全部材料。

说明：

（1）若以上几条同时申请时，请按照相应申请事项要求提交申请材料，相同材料不需重复提交。

（2）企业提交的各证书复印件、附件以及申请书封皮等均需加装置企业公章确认。

（二）许可程序

1. 申请　申请人需通过省、自治区、直辖市食品药品监督管理部门网上提交申请，提交成功后到省、自治区、直辖市食药监部门提交书面申请材料。

2. 受理　食品药品监督管理部门自收到申请材料之日起 5 个工作日内做出受理决定、不予受理决定，或者一次性告知企业需要补正的内容。需要补正申请材料的，食药监局将退回申请材料，本次行政许可程序终止。申请人补正申请材料后再次提出的申请为一项新的申请。

3. 实地核查　省、自治区、直辖市食品药品监督管理部门自受理申请之日起 21 个工作日内组织审查员对申请人进行实地核查。

4. 审批　省、自治区、直辖市食品药品监督管理部门自做出受理决定之日起 42 个工作日内（产品检验、送样时间不计算在内）做出行政许可决定。

5. 送达　符合许可条件的，食药监部门在决定准予行政许可之日起 10 个工作日制作并送达《食品添加剂许可证书》；不符合许可条件的，食药监局制作并送达《食品添加剂生产许可申请不予行政许可决定书》，书面告知申请人，并说明理由。

6. 查询　申请人可登录其所在的行政区域内的食药监部门网站实时查询办理进程。

三、食品包装材料

（一）需提交的申请材料

根据《食品用包装、容器、工具等制品生产许可通则》《食品用塑料包装、容器、工具等制品生产许可审查细则》《食品用包装、容器、工具等制品生产许可教程》等相关标准等的具体要求，企业需提供下列 29 种文件资料：

(1)营业执照复印件；

(2)组织机构代码证复印件；

(3)经备案的企业标准；

(4)当地环保部门核发的符合要求的证明文件复印件(环境影响批复及验收报告或环保主管部门出具的证明文件)；

(5)企业生产使用的原辅材料符合国家法律法规及强制性标准规定、安全卫生要求的《企业自我声明》；

(6)企业生产使用的原辅材料的种类超出国家标准规定的范围时，提交安全评价机构出具的安全评价报告；

(7)产品型式检验报告；

(8)产品使用说明书或产品标签；

(9)质量生产管理制度：规定各有关部门、人员的质量职责、权限和项目关系，特别是检验部门和人员的职责权限；

(10)质量考核办法；

(11)清洁生产制度；

(12)生产设备清单(包括：设备名称、规格型号、数量、生产厂等)；

(13)检验仪器、设备清单(包括：仪器、设备名称、规格型号、数量、生产厂等)；

(14)现有标准清单；

(15)生产过程中所需的各种规程、作业指导书等工艺文件；

(16)工艺文件目录明细表、工艺过程卡、工序卡、作业指导书、检验规程；

(17)文件管理制度；

(18)采购质量控制制度；

(19)原辅材料合格检验证明或报告；

(20)原辅材料供方评价准则；

(21)原辅材料使用台账；

(22)采购文件(如：采购计划、采购清单、采购合同)；

(23)工艺流程图及标注关键控制点；

(24)关键控制点的管理办法和操作控制程序；

(25)检验管理制度和检验设备计量器具管理制度；

(26)不合格品管理办法；

(27)销售记录、已售出的不合格品召回制度；

(28)退货品管理制度；

(29)安全生产制度。

以上所列出的资料是一些必备文件资料，具体核查时还要查阅子文件以及有关记录文件，并且按照《食品用塑料包装、容器、工具等制品生产许可审查细则》的53项要求进行详细考核和评比。

（二）判定规则

1. 单项判定　理化指标（蒸发残渣、高锰酸钾消耗量、重金属、氯乙烯单体、偏氯乙烯、锑、脱色试验）中有一项不合格时，判定样品的理化指标不合格，不再进行复检。其他检验项目中如有不合格项，从备用样品中取双倍样品进行复检，若复检全部合格则判该项目为合格；若仍不合格时，则判该项目为不合格。

2. 综合判定　全部检验项目都合格时，判定该批产品本次检验结果符合标准要求，符合发放生产许可证要求。有一项（包括一项）以上不合格时，则判定该批产品本次检验结果为不合格，不符合发放生产许可证要求。

（三）检验时限

检验机构应当在收到企业样品之日起30日内完成检验工作，并出具检验报告。

（四）"SC"标志的标识

企业应在获证后12个月内在其获证产品、外包装或其产品标签上自行印（贴）"SC"标志。

点滴积累

1. 保健食品生产许可申请材料受理后，受理部门应在2个工作日内将受理材料移送至保健食品生产许可技术审查部门。
2. 对于食品添加剂申请，受理部门自做出受理决定之日起42个工作日内做出行政许可决定。
3. 对于食品添加剂申请，受理部门在决定准予行政许可之日起10个工作日制作并送达《食品添加剂许可证书》。

第五节　食品生产许可的实施

一、核查实施

（一）首次会议

召开审查首次会议，是审查组进入企业后，实施企业实地核查的第一项活动，其目的是双方人员会面，形成实地核查的气氛，并就有关活动做出安排。首次会议参加人员为审查组全体成员、受审查企业的主要负责人、有关职能部门和生产车间的负责人等，为有利于企业对工业产品生产许可制度的理解和实地核查的顺利进行，允许并希望企业选派更多的人员参加会议。会议由审查组长主持，会议的具体内容有：

（1）双方人员介绍：审查组长向企业介绍审查组成员的身份和工作单位，企业负责人向审查组介绍企业领导及各部门负责人；

（2）说明企业实地核查的目的、依据、范围和主要内容；

（3）明确现场实地核查工程进度和审查组成员分工；

(4)说明不合格项和实地核查结论确定的原则；

(5)说明审查和抽样的方法具有客观代表性和一定的风险性；

(6)说明审查的主要方式审查文件、查看记录、察看现场、考察操作、交谈、考试等；

(7)确定企业需要审查组回避的事项并作保密承诺(审查组向企业承诺绝不将企业的技术、工艺、配方等商业秘密透露给第三方)；

(8)告知企业应给予必要的配合并请企业配备陪同人员；

(9)向企业说明审查组的工作纪律,请企业监督审查组的工作；

(10)澄清疑问；

(11)请企业负责人介绍企业概况和准备工作情况；

(12)宣布首次会议结束,企业生产现场实地核查活动开始。

（二）现场审查

现场审查是指审查组依照审查记录表和产品实施细则的要求,运用抽样的方法寻找客观证据,对申请企业的基本条件进行核查并做出评价的一系列具体活动。一般来说,在首次会议结束后,审查组应安排对企业的生产现场进行参观。通常由企业有关负责人带领,按照申请产品的生产工艺过程对企业的主要生产场地、设施等做一次比较完整的观察。通过现场参观,审查组对企业概貌、场地设施、生产过程、工艺水平、现场管理等有比较全面的了解,有利于审查组对核查活动的重点项目、重点工序进行有针对性的检查评价,得出客观的结论。

审查组在完成上述活动后,由审查员根据分工的范围依照审查记录表和产品生产实施细则的核查项目和核查内容,对企业相应的生产设施设备和质量管理等逐一进行详细的检查评价,按审查发现的实际情况做好审查记录,并按“符合”“基本符合”“不符合”,分别对各个核查项目做出评价结论。

现场审查活动应注意下列问题：

(1)审查组长应当注意掌握参观的时间、范围和重点。必要时,应根据参观了解到的基本情况,对核查计划及分工进行适当调整。

(2)审查组长应当注意审核组内部,并及时和实地核查组织单位进行沟通。

(3)审查组应该对企业名称、住所、生产地址、申请产品单位等情况。如有差异应及时向实地核查组织单位反映并进行修正,必要时应对企业实地核查实施计划进行调整。

(4)审查员在对企业生产现场进行核查时,应有企业陪同人员在一起,这样当核查出问题时,便于企业确定。

(5)在对企业的生产现场以及管理文件、技术文件等进行核查时,如发现有不符合的地方,应做准确的记录,保持记录的可追溯性。

(6)审查员在分工范围内所发现的情况或问题涉及其他审查人员分工范围的,应及时和相关审查员沟通并予以核查。

(7)对发现的不符合项的确定,应反复核实,以保证其客观性和准确性。

（三）审查组内部会议

审查组内会议一般在完成具体核查活动后召开，如在核查中遇到特殊情况，审查组长也可以决定随时召开审查组内部会议。

1. 会议主要内容

（1）审查组成员介绍各自负责的核查情况，主要介绍存在的问题；

（2）填写审查记录；

（3）相互讨论，确定企业现场核查中的不符合项和核查结论。有争议的问题应取得一致意见，如不能取得一致意见，由审查组长确定；

（4）企业存在的问题不构成不符合项的，需向企业提出整改建议；

（5）对不符合项形成书面的整改要求（详见表 8-18）。

表 8-18　食品生产许可审查改进表

<table>
<tr><td colspan="2">申请人名称：企业营业执照（名称预核准通知书）上的注册名称</td><td colspan="2">生产场所地址：企业生产所在地</td></tr>
<tr><td colspan="2">食品品种类别：企业生产产品品种</td><td>邮编：</td><td>电话：有效的企业联系电话</td></tr>
<tr><td colspan="2">申证单元：生产许可证的产品名称及申证单元</td><td>联系人：企业负责办理许可证工作人员的姓名</td><td>传真：有效的企业联系传真</td></tr>
<tr><td colspan="4">整改完成日期：现场核查 10 日内完成基本符合项的整改</td></tr>
<tr><td>序号</td><td>改进项内容</td><td>改进情况</td><td>改进审核结论</td></tr>
<tr><td>1</td><td>现场核查过程中基本不符合项</td><td>基本不符合项的改进情况</td><td>基本不符合项审核情况</td></tr>
<tr><td>2</td><td>…</td><td>…</td><td>…</td></tr>
<tr><td>3</td><td></td><td></td><td></td></tr>
<tr><td>4</td><td></td><td></td><td></td></tr>
<tr><td>5</td><td></td><td></td><td></td></tr>
<tr><td>6</td><td></td><td></td><td></td></tr>
<tr><td>7</td><td></td><td></td><td></td></tr>
<tr><td>8</td><td></td><td></td><td></td></tr>
<tr><td colspan="4">核查人员签名：　　申请人签名　　市场监管局确认人签名：
（盖局章）
年　月　日　　年　月　日　　年　月　日</td></tr>
</table>

注：1. 本表一式三份，核查组填写后分别交申请人，区、县级市场监管局，组织审查单位；

2. 申请人应在 10 日内完成基本符合项的整改，并将整改情况向所在地的县级市场监管局报告；逾期未完成整改、整改不到位或 10 日内未向所在地的县级市场监管局报告的，许可机关将依法做出不予食品生产许可决定；

3. 县市场监管局对改进情况进行核实后填写改进审核结论，并签字、加盖单位公章。

2. 核查中遇到特殊情况召开审查组内会议

(1)现场集中参观发现企业根本不具备必备的生产设施、生产设备和检测设备等情况。此时应立即召开审查组内部会议,如做出不符合规定条件结论,可终止现场核查,并由审查组长向企业负责人沟通。若企业希望借助于审查推动管理工作以获得更多帮助时,也可以按原计划继续审查。

(2)发现企业有严重弄虚作假情况,包括:①用其他企业的检测设备代替本企业检测设备提供审查;②设置隐蔽库房、生产网点,逃避审查;③其他违法行为。此时应召开审查组内部会议,并及时向审查组织单位汇报,并记录有关情况,审查组成员签名后交审查组织单位处理。

(3)审查员在分工范围遇到自己不能继续审查的复杂问题,应及时向组长汇报,必要时,可建议审查组长召开内部会议集体讨论。

（四）审查情况沟通会议

现场审查活动完成后,在召开末次会议之前,就现场实地核查所发现的基本符合项情况、形成的书面基本符合项和实地核查结论等事宜,与企业的主要领导进行正式的沟通,听取企业领导的意见并得到其认同和确认。

若企业领导对基本符合项和实地核查结论提出疑义,审查组长应耐心做出详细说明。对于个别有异议的问题或对方提出新的情况,审查组长应安排必要的补充核查进行再次验证。如果证实核查结果有偏差,审查组应对该基本符合项进行修正,甚至撤销该基本符合项。如果证实核查结果无偏差,则应坚持原则,并应努力说服对方,取得双方意见基本一致。

审核情况沟通会是确保核查结论客观公正科学准确的好形式。必要的沟通可以减少实地核查工作的失误,避免在末次会议上出现不愉快的尴尬局面,使整个实地核查工作得以按计划圆满、顺利地完成。

（五）末次会议

审查组在完成全部的核查活动,确定了企业存在的基本符合项和形成实地核查报告后,可通知企业召开末次会议,末次会议的参加人员与首次会议应基本一致。末次会议由审查组长主持,内容主要有:

(1)重申核查的目的、依据、范围;

(2)说明抽样的风险和审查结果的客观性、代表性;

(3)通报审查情况,说明企业存在的基本符合项及有关问题,要求企业整改,并说明对企业整改的跟踪验证方式;

(4)宣告企业实地核查报告(审查组不能当场确定审查结果的,由实地核查组织机构以书面形式通知企业实地核查结果);

(5)说明审查报告最终由实地核查组织批准确定;

(6)重申保密承诺;

(7)对企业给以核查工作的支持和配合表示谢意;

(8)（实地核查结论合格时）向企业说明许可证标识、获证后的监督等有关事项；

(9)请企业负责人讲话；

(10)宣告企业实地核查工作结束。

（六）产品抽样

对于延续换证企业，实地核查合格的，审查组按照产品实施细则的要求封存样品，并告知企业所有承担该产品生产许可证检验任务的检验机构名单及联系方式，由企业自主选择。企业实地核查不合格的，不再进行产品抽样检验，企业审查工作终止。

二、核查报告

（一）核查报告内容

在企业生产现场实地核查过程中，审查组按照审查记录表中规定的审查项目、审查内容对申请企业逐项进行核查、评定，并填写审查记录。企业现场核查全部工作完成后，审查组应编写《对申请人规定条件的审查报告》。

（二）核查提交文件

企业实地核查工作结束后，审查组应在规定的时限内将全部审查资料上报企业实地核查组织机构。审查组应提交如下核查资料：

(1)企业申请书及其他申请材料；

(2)企业实地核查记录；

(3)实地核查不合格报告及整改要求；

(4)企业实地核查报告；

(5)产品抽样单；

(6)实地核查组织单位要求的其他材料（如企业申请产品名称型号规格确认表、企业必备检测仪器设备核查表、人员考试试卷等）；

(7)实地核查活动中形成的其他必要材料等。

三、核查要求

（一）申请材料审核

审查组依据法律法规规定，审核申请人制定的组织生产食品的各项质量安全管理制度是否完备，文本内容是否符合要求。

审核申请人制定的专业技术人员、管理人员岗位分工是否与生产相适应，岗位职责文本内容、说明等对相关人员专业、经历等要求是否明确。

（二）生产场所核查

1. 厂区环境主要核查厂区内外环境是否与申请材料申述情况一致，是否符合相关卫生规范及条件要求。

2. 生产车间主要核查车间布局及环境是否与申请材料申述情况一致，以及车间布局的合规性。

3. 原辅料及成品库房主要核查各功能库房面积、防护条件、温湿度控制等是否与申请材料申述情况一致，以及是否能满足生产食品品种、数量存放要求等。

4. 生产设备设施主要核查所具有的生产设备设施是否与申请材料申述情况一致，以及对申请生产食品品种、数量的生产工艺和质量安全的要求是否满足。

5. 检验条件申请材料中申明自行出厂检验的，主要核查出厂检验设备是否齐全、精度是否满足要求、是否与申请材料申述情况一致。申明委托检验的，核查委托合同是否满足要求及其与申请材料是否符合。

6. 工艺流程主要核查工艺流程布局、设备布局是否与申请材料申述情况一致，及其与审查细则的合规性。

7. 相关人员主要核查专业技术人员与管理人员是否与申请材料申述情况一致。

点滴积累

1. 食品生产许可的实施步骤主要包含核查实施和核查报告两个环节。
2. 核查实施主要包括首次会议、现场审查、审查组内部会议、审查情况沟通会议、末次会议、产品抽样。

目标检测

一、单项选择题

1.《食品生产许可证申请书》中申请生产食品品种类别及申证单元按照相应的（　　）规定填写

A. 食品安全法　　B. 食品生产许可审查细则

C. 地方行政法规　　D. 国家标准

2. 对供货者无法提供有效合格证明文件的食品原料，企业应依照食品安全标准、自行检验、（　　），并保存检验记录

A. 常规检验　　B. 产品检验

C. 委托检验　　D. 过程检验

3. 食品生产加工企业获得后（　　）单独申请食品生产许可证

A. 卫生许可证　　B. 组织机构代码证

C. 营业执照　　D. 卫生许可证和组织机构代码证

4. 生产许可企业要对从业人员进行（　　）、进货查验记录、出厂检验记录、原料验收、生产过程等食品安全管理制度

A. 健康检查　　B. 职业培训

C. 技术支持　　D. 生产管理

5. 企业名称发生变化时，应当在名称变更后（　　）日内向原受理食品生产许可证申请的食品药品监督管理部门提出食品生产许可证更名申请

A. 5　　B. 10

C. 15　　D. 20

6.《食品安全国家标准 食品添加剂使用标准》于(　　)发布

A. 2011.4.20　　B. 2011.5.20

C. 2011.6.1　　D. 2011.10.1

7. 食品生产加工企业隐瞒有关情况或者提供虚假材料申请食品生产许可的，不予受理或者不予许可，给予警告。该食品生产加工企业(　　)年内不得再次申请食品生产许可

A. 0.5　　B. 1

C. 2　　D. 3

8. 企业应保持资质的一致性，以下错误的是(　　)

A. 企业实际生产食品的场所、生产食品的范围等应与食品生产许可证书内容一致

B. 企业在生产许可证有效期内，生产条件、检验手段、生产技术或者工艺发生变化的，应按规定报告

C. 食品生产许可证载明的企业名称应与营业执照一致

D. 企业在生产许可证有效期内，生产条件、检验手段、生产技术或者工艺发生变化的，不用按规定报告

9. 被吊销食品生产许可证的企业，(　　)年内不得再次申请食品生产许可证

A. 1　　B. 2

C. 3　　D. 5

10. 封存的2份样品由申请人在(　　)内送达检验机构，1份用于检验，1份用于样品备份

A. 3日　　B. 7日

C. 15日　　D. 30日

二、简答题

1. 食品生产许可证与全国工业产品许可证的区别有哪些？

2. 食品生产加工企业按照地域管辖和分级管理的原则，到所在地的市（地）级以上食药监部门提出办理食品生产许可证的申请；企业填写申请书，准备相关材料，然后报所在地的食药监部门；接到食药监部门通知后，领取《食品生产许可证受理通知书》；接受审查组对企业必备条件和出厂检验能力的现场审查；符合发展条件的企业，即可领取食品生产许可证及其副本。新办一个食品企业，是否就必须按照上述程序通过“SC”认证？企业暂时还没有通过“SC”认证，就不能在包装上打“SC”标志？就不能进入市场吗？

3. 食品生产许可证颁发的条件是什么？

4. 我国食品生产许可制度及其执行情况的现状分析及改进建议？

三、案例分析题

2011年7月，某县质监局执法人员在日常检查中，发现某纯净水厂正在生产桶装饮用纯净水，

但是该产品上并未标注生产许可证标志。经询问，该厂未取得食品生产许可证。请问当事人的行为是否属于违法行为？该厂如何办理“证”？

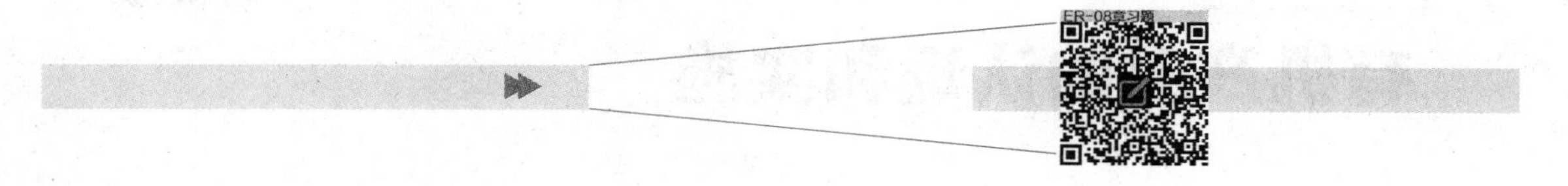

（芮 闯）

第九章

有机产品的认证和实施

导学情景 √

情境描述

1986 年 10 月 25 日，位于英国东南部的一个风光绮丽的小镇——阿福什德镇发现了第一头患疯牛病的牛。 1986 年始发于英国的疯牛病，最初只是被认为是一种普通的动物疫情，直到 1996 年英国政府公开证实了它对人类的致命性。 从 1996 年开始，欧盟对英国牛肉实施出口禁令，1997 年英国政府开始在疯牛病问题上与欧盟开展合作，并在内外压力下强化了对危机的预防、监控和处理的机制，使该危机在英国有所控制。 但是，2000 年，疯牛病在德、法等欧盟国家相继发作，导致了新一轮疯牛病恐慌，疯牛病危机成为欧洲人心头挥之不去的阴影。

学前导语

有关专家认为疯牛病是由于采用了羊肉、骨粉等动物性饲料产品造成的。 由此我们可以发现，现代常规农业为了提高生产效率有时会采取一些违背自然规律的手段，这会给食品安全带来巨大隐患。 而有机产品生产过程中绝对禁止使用化学物质，可以解决农药、化肥对土壤造成的污染。

第一节 有机农业与有机产品

一、有机农业与有机产品概述

（一）有机农业的产生和发展

工业化革命后产生了以高度集中、高度专业化、高劳动生产率为特征的现代常规农业，成为世界农业发展的主流。但是现代常规农业在给人类带来高度的劳动生产率和丰富的物质产品的同时，由于大量使用化肥、农药等农用化学品，使环境和食品受到不同程度的污染，土地生产能力持续下降，使农业可持续发展面临困境。因此，人类亟须寻找有利于人类可持续发展的农业生产方式。正是在这种理性认识的基础上，全球有机农业得到了迅速的发展。

世界上最早的有机农场是由美国的罗代尔（Rodale）先生于 20 世纪 40 年代建立的“罗代尔农场”。1972 年，全球性非政府组织——国际有机农业运动联盟（IFOAM）在欧洲成立的，它的成立是有机农业运动发展的里程碑。

目前，国际有机农业发展和有机农产品生产的法规与管理体系主要可以分为 3 个层次：一是联合国层次;二是国际性非政府组织层次;三是国家层次。

1. 联合国层次的有机农业和有机农产品标准是由联合国粮农组织(FAO)与世界卫生组织(WHO)制定的,是《食品法典》的一部分。

2. 非政府组织制定的有机农业标准以IFOAM的有机农业基本标准为代表,许多国家在制定有机农业标准时都参考IFOAM的基本标准。

3. 国家层次的有机农业标准以欧盟、美国为代表。

(二) 有机农业的概念

有机农业是指遵照有机农业生产标准,在生产中不采用基因工程获得的生物及其产物,不使用化学合成的农药、化肥、生长调节剂、饲料添加剂等物质,而是遵循自然规律和生态学原理,协调种植业和养殖业的平衡,采用一系列可持续发展的农业技术,维持持续稳定的农业生产过程。

有机农业是传统农业与现代科技的结晶,生产中绝对禁止使用化学物质。因此,有机农业生产方式不仅可以解决农药、化肥对土壤造成的环境污染,还可以防止有益生物因化学农药而大量死亡,以及有害生物因化学农药而产生抗性的负面影响,增加生物种群的多样化,维持生态系统的稳定性。

(三) 有机产品的概念

有机产品是指来自于有机农业生产体系,根据国际有机农业生产要求和相应的标准生产、加工和销售,并通过独立的有机认证机构认证的供人类消费、动物食用的产品。

有机食品是指供人类食用的有机产品,包括水果、蔬菜、粮食、禽畜产品、奶制品、蜂蜜、水产品、调料等。

(四) 有机产品的特征

有机产品必须同时具备4个条件:第一,原料必须来自有机农业生产体系,或采用有机方式采集的野生天然产品;第二,产品在整个生产过程中必须严格遵循有机产品的加工、包装、贮藏、运输等要求;第三,生产者在有机产品的生产和流通过程中,有完善的跟踪审查体系和完整的生产和销售的档案记录;第四,必须通过独立的有机产品认证机构的认证审查。

二、有机农业生态系统理论

(一) 有机农业生态系统的特点

有机农业生态系统吸收自然生态系统的稳定、持续和相对封闭物质循环的精华,又融合了农业生态系统的经济和发展目标的综合生态系统。表9-1给出了有机农业生态系统和自然生态系统、农业生态系统的关系。

表9-1　有机农业生态系统与农业生态系统、自然生态系统的关系

项目	农业生态系统	自然生态系统	有机农业生态系统
概念	以农作物为中心,人为地重新建立起来的一类生态系统。它受人类各种农业、工业、社会以及娱乐等方面活动而改变	在一定自然条件和土壤条件下,具有一定的生物群落和一定的结构,并能凭借这一结构进行物质循环,能量转换,起着相互促进,相互制约的功能	建立以作物为核心,遵从自然生态系统的结构和功能的环境、作物和人类需求的系统

续表

项目	农业生态系统	自然生态系统	有机农业生态系统
目标	为获得更多的农畜产品以满足人类的生存需要,人们向系统内输入大量外来物质。农业生态系统是补充施肥系统	自发地向着种群稳定、物质循环能量转化与自然资源相适应的顶级群落发展;生物的组成、物质供应多少由自我定结,即所谓的自我施肥系统	在保护和增殖自然资源、向系统输入与自然环境相容的物质,保证获得良好的产量和产品品质的补充施肥系统
结构和稳定性	生物物种是人工培育或选择的结果,抗逆性差;生物物种单一,结构简单,系统稳定性差,容易遭受自然灾害,为了防除灾害,不得不投入更多的劳力、物质、资金、技术和能量	生物物种,主要是自然长期选择的结果,生物种类多,结构复杂,系统的稳定性和抗逆性强,经济价值有高有低	选择适生性强的抗性品种,通过多样化种植,逐步建立稳定的生态系统,逐步减少人工物质的投入
调控的因素	靠人工调控和自然调控结合,多属外部调控	通过自然力作用于系统内部的反馈作用来自我调节	以自然力的自我调控为主,通过外部调控、内部协调提高系统的生产力
开放性	开放性大于自然生态系统,生态系统产生的大量有机物质输出系统外,要维持系统的输入输出平衡,必须有大量的有机物质、无机物质和能量的投入	所产生的有机物质基本上都保存在系统内,许多矿物质营养的循环在系统内取得平衡,是自给自足的系统	充分利用系统内部的有机物和矿物质,其开放程度介于自然生态系统和农业生态系统之间
社会经济	受自然规律控制,也受社会经济规律制约,如社会制度、经济政策、市场需求等	生态系统按其演化的进程可分为幼年期、成长期和成熟期,表现为时间特征和由简单到复杂的定向变化特征,即有自身发展的演化规律	在遵循自然规律的基础上,满足社会需求

(二)有机农业生态系统的物质基础——物质循环

有机农业生态系统组成包括生物组分和环境组分。生物组分包括生产者、消费者和分解还原者三大部分;环境组分包括空气、阳光、无机物质、有机物质和气候因素。有机农业生态系统中的物质循环见图 9-1。

营养物质循环就是把人、动植物、土地和农场视为一个相互关联的整体,把农业生产系统中的各种有机废弃物,重新投入到农业生产系统内。也就是说,有机农业不是单一的作物种植,而是种养结合、农林牧副渔合理配置,从而实现物质循环利用的综合农业系统。

(三)有机农业生态系统的标志——生态平衡

生态平衡是指在一定的时间和相对稳定的条件下,生态系统内各部分(生物、环境、人)的结构和功能处于相互适应与协调的动态平衡。生态平衡是生态系统的一种良好状态,是有机农业生产追求的目标。

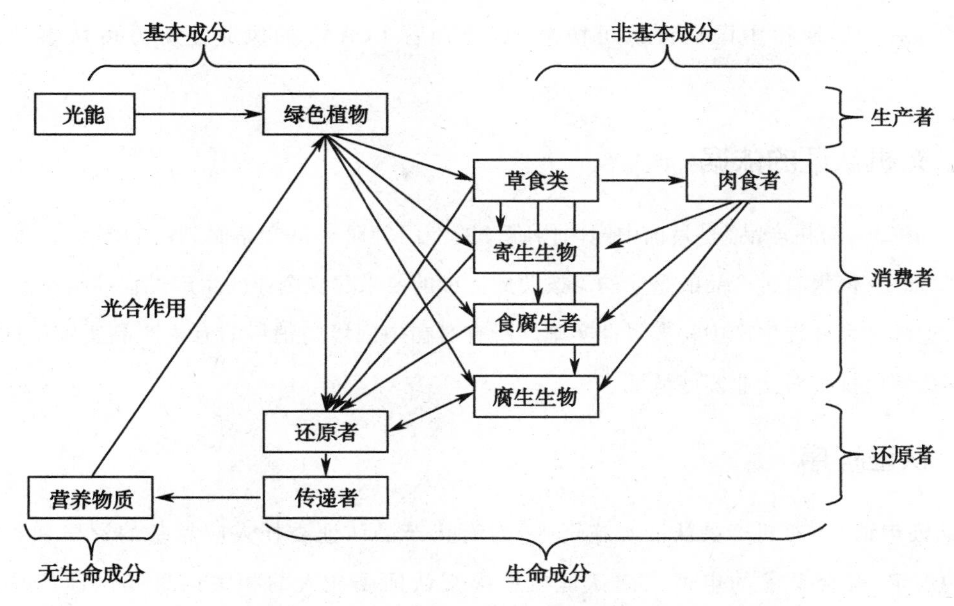

图 9-1　有机农业生态系统中的物质循环

点滴积累 √

1. 有机农业遵照有机农业生产标准，在生产中不采用基因工程获得的生物及其产物，不使用化学合成的农药、化肥、生长调节剂、饲料添加剂等物质，而是遵循自然规律和生态学原理，协调种植业和养殖业的平衡，采用一系列可持续发展的农业技术，维持持续稳定的农业生产过程。
2. 有机产品根据国际有机农业生产要求和相应的标准生产、加工和销售，并通过独立的有机认证机构认证的供人类消费、动物食用的产品。

第二节　《有机产品认证实施规则》介绍

《有机产品认证实施规则》是对认证机构开展有机产品认证程序的统一要求，所有在中国境内销售的有机产品都应遵守本规则的要求，包括在国内生产、销售的有机产品和从国外进口的有机产品。

一、对有机认证机构的要求

从事有机产品认证活动的认证机构，应当具备《中华人民共和国认证认可条例》规定的条件和从事有机产品认证的技术能力，并获得国家认监委的批准。

二、对有机认证人员的要求

认证机构从事认证活动的人员应当具备必要的个人素质；具有相关专业教育和工作经历；接受过有机产品生产、加工、经营、食品安全及认证技术等方面的培训，具备相应的知识和技能。

认证检查员应取得中国认证认可协会(以下简称CCAA)的执业注册方可从事认证检查工作。

三、有机认证的依据

GB/T 19630《有机产品》是目前中国国内唯一的专门针对有机产品而制定的国家标准,所有在中国生产/加工/销售有机产品的企业均需按照此标准的要求建立企业的生产过程控制体系、质量管理体系与追踪体系并在生产中切实贯彻实施。所有对在中国境内销售的有机产品实施认证的认证机构均需按照此标准对企业实施认证。

四、认证程序

1. 认证申请　《有机产品认证实施规则》对有机产品认证委托人应具备的资格和条件进行了详细的规定,符合要求的申请人向认证机构提交认证委托人的相关信息和认证产品的相关信息。

2. 认证受理　认证机构向申请人公开认证相关的信息,以确保申请人能够对认证范围、程序、要求等有较为充分的了解。

对符合要求的认证委托人,认证机构应根据有机产品认证依据、程序等要求,对提交的申请文件和资料进行评审并保存评审记录。

认证评审工作完成后,对于受理和不予受理的认证项目,认证机构均应书面通知申请人。

3. 现场检查准备与实施　根据所申请产品的对应的认证范围,认证机构应委派具有相应资质和能力的检查员组成检查组。

认证机构在确定检查员并征得申请人同意之后,需向检查组书面下达检查任务通知书,告知申请人的基本信息、检查的范围、重点、检查组成员、人日数等信息,对于保持认证的企业,还应包括上年度认证机构提出的不符合项,为检查组制订检查计划、开展现场检查提供充分的信息。检查组接到认证机构下发的检查任务通知书后,需制订详细的检查计划,以确保双方就检查的安排得到充分的沟通。

检查的时间应当安排在申请认证的产品生产和加工的高风险阶段。现场检查要对受检查方的全部生产活动范围逐一进行检查,不允许抽样。对于加工产品,现场检查要对加工场所涉及的所有范围进行检查。对直接由多个农户负责生产的组织,现场检查要访问到所有农户。需在非生产、加工场所进行二次分装/分割的,也应对二次分装/分割的场所进行现场检查,以保证认证产品的完整性。

国家标准《有机产品》对有机产品的产地环境质量提出了要求,产地有关环境质量的证明材料应是具备相应的检测条件和能力,并通过计量认证或者取得实验室认可的监测机构出具的监(检)测报告。

在投入品使用时只能使用有机标准附录中列出的有机产品生产/加工中允许使用的投入品,除此之外的物质均不得使用。

检查报告应按照认证机构应规定检查报告的格式。通过检查记录、检查报告等书面文件，提供充分的信息使认证机构能做出客观的认证决定。检查报告需由检查组及受检查方双方签字确认后提交认证机构。

4. 认证决定 认证机构应根据认证申请材料、检查报告、检测报告及其他相关信息，综合评价申请人的生产过程控制体系、质量管理体系、追踪体系与国家标准《有机产品》及相关法律、法规的符合性，做出是否给予申请人批准、保持、扩大、缩小、暂停、撤销认证的评定意见，该意见是认证机构是否给予颁发认证证书的依据。

五、认证后管理

认证机构应当每年对获证组织至少实施一次例行的现场检查。如果在产品的种类特殊、风险较大(如蔬菜)、生产企业管理体系稳定性较差、当地的诚信水平总体较低的情况下，还需增加检查频次。如果同一认证的品种在证书有效期内有多个生产季的，则每个生产季均需进行现场检查。

获证组织在销售认证产品前向认证机构申请销售证。认证机构应对获证组织与顾客签订的供货协议、销售的认证产品范围和数量进行审核。对符合要求的，颁发有机产品销售证。销售证由获证组织在销售获证产品时转交给购买单位。获证组织应保存销售证的复印件，以备认证机构审核。

六、再认证

有机产品认证证书的有效期一年。再认证是指获证组织为保证证书和所认证的产品持续满足其有机状态，在认证证书到期前，再次向认证机构提出认证申请，并接受认证机构的再次检查。获证组织应至少在认证证书有效期结束前 3 个月向认证机构提出再认证申请。

认证机构应当在认证证书有效期内进行再认证检查。因不可抗拒原因，不能在认证证书有效期内进行再认证检查时，获证组织应在证书有效期内向认证机构提出书面申请，说明原因。经认证机构确认，再认证可在认证证书有效期后的 3 个月内实施，但不得超过 3 个月。延长期内生产的产品，不得作为有机产品进行销售。

七、认证证书、认证标志的管理

1. 认证证书基本格式 有机产品认证证书有效期为一年。认证证书的编号应当从“中国食品农产品认证信息系统”中获取，认证机构不得自行编制认证证书编号发放认证证书。

2. 认证证书的变更 获证产品在认证证书有效期内，有下列情形之一的，认证委托人应当向认证机构申请认证证书的变更：有机产品生产、加工单位名称或者法人性质发生变更的；产品种类和数量减少的；有机产品转换期满的；其他需要变更的情形。

3. 认证证书的注销 有下列情形之一的，认证机构应当注销获证组织认证证书，并对外公布：认证证书有效期届满前，未申请延续使用的；获证产品不再生产的；认证委托人申请注销的；其他依法应当注销的情形。

4. 认证证书的暂停　有下列情形之一的，认证机构应当暂停认证证书1～3个月，并对外公布：未按规定使用认证证书或认证标志的；获证产品的生产、加工过程或者管理体系不符合认证要求，且在30日内不能采取有效纠正和（或）纠正措施的；未按要求对信息进行通报的；认证监督部门责令暂停认证证书的；其他需要暂停认证证书的情形。

暂停的持续时间可由认证机构决定，根据导致认证资格暂停的原因的严重程度，确定暂停期限。暂停期满后，如果获证组织仍未能针对导致暂停的问题采取了有效的纠正及纠正措施，将会撤销获证组织的认证证书。

5. 认证证书的撤销　有下列情况之一的，认证机构应当撤销认证证书，并对外公布：获证产品质量不符合国家相关法规、标准强制要求或者被检出禁用物质残留的；生产、加工过程中使用了有机产品国家标准禁用物质或者受到禁用物质污染的；虚报、瞒报获证所需信息的；超范围使用认证标志的；产地环境质量不符合认证要求的；认证证书暂停期间，认证委托人未采取有效纠正和（或）纠正措施的；对相关方重大投诉未能采取有效处理措施的；获证组织因违反国家农产品、食品安全管理相关法律法规，受到相关行政处罚的；获证组织不接受认证监管部门、认证机构对其实施监督的；认证监督部门责令撤销认证证书的；其他需要撤销认证证书的。

6. 认证证书的恢复　认证证书被注销或撤销后，不能以任何理由予以恢复。

被暂停证书的获证组织，需认证证书暂停期满且完成不符合项纠正和（或）纠正措施并经认证机构确认后方可恢复认证证书。

7. 证书与标志使用　认证证书和认证标志的管理、使用应当符合《认证证书和认证标志管理办法》《有机产品认证管理办法》和《有机产品》国家标准的规定。

获证产品或者产品的最小销售包装上应当加中国有机产品认证标志及其唯一编号、认证机构名称或者其标识。

认证证书暂停期间，认证机构应当通知并监督获证组织停止使用有机产品认证证书和标志，暂时封存仓库中带有有机产品认证标志的相应批次产品；获证组织应将注销、撤销的有机产品认证证书和未使用的标志交回认证机构或获证组织应在认证机构的监督下销毁剩余标志和带有有机产品认证标志的产品包装。必要时，召回相应批次带有有机产品认证标志的产品。

点滴积累

1. 我国有机产品认证依据是GB/T 19630《有机产品》。
2. 有机产品认证机构应具备的条件应当具备《中华人民共和国认证认可条例》规定的条件和从事有机产品认证的技术能力，并获得国家认监委的批准。
3. 有机产品认证证书的有效期一年。 在认证证书到期前，再次向认证机构提出认证申请，并接受认证机构的再次检查。

第三节　《有机产品》标准解读

一、生产部分主要内容解读

（一）范围

GB/T 19630. 1《有机产品 第 1 部分:生产》规定了植物、动物和微生物产品的有机生产通用规范和要求。本部分适用于有机植物、动物和微生物产品的生产、收获和收获后处理、包装、贮藏和运输。

（二）主要的术语和定义

《有机产品 第 1 部分：生产》标准原文

1. 转换期　从按照有机标准开始管理至生产单元和产品获得有机认证之间的时段。

2. 平行生产　在同一生产单元中,同时生产相同或难以区分的有机、有机转换或常规产品的情况。

3. 缓冲带　在有机和常规地块之间有目的设置的、可明确界定的用来限制或阻挡邻近田块的禁用物质漂移的过渡区域。

4. 基因工程生物/转基因生物　通过基因工程技术/转基因技术改变了其基因的植物、动物、微生物。不包括接合生殖、转导与杂交等技术得到的生物体。

（三）通则

1. 有机生产单元的边界应清晰,所有权和经营权应明确,并且已按照 GB/T 19630. 4 的要求建立并实施有机生产管理体系。有机生产单元是一个相对独立、完整的有机产品管理、生产体系。生产单元可以是申请人自有,也可为申请人的契约生产单元,但申请人应有明确的身份证明和经营范围(营业执照),并对销售认证的产品负法律责任。

2. 由常规生产向有机生产发展需要经过转换,经过转换期后播种或收获的植物产品或经过转换期后的动物产品才可作为有机产品销售。生产者在转换期间应完全符合有机生产要求。转换期是有机农业的基本特征之一,也是获得有机认证的前提条件。

3. 有机农业拒绝转基因技术及其产品。因此,标准规定在引入包括繁殖材料、农业生产资料等在内的所有投入品时,应避免引入转基因生物及其衍生物。同一个农场内禁止既种植有机作物又种植不同品种的转基因同类作物。

4. 有机农业中不仅不允许使用化学合成的肥料、植物保护产品,而且对于其他允许使用的投入品也是有条件的。GB/T 19630. 1 关于投入品使用的优先次序规定十分明确,只有在栽培和(或)养殖管理措施不足以维持土壤肥力和保证植物与养殖动物健康的情况下,才可以使用其附录 A、附录 B 列出的投入品。

（四）植物生产的主要要求

1. 植物生产中转换期的推算是从当季作物获得认证往前推算。一年生植物是从播种时间开始往前推算至少 24 个月;而对于饲料作物以外的其他多年生植物的转换期则是至少为第一次收获前

36个月。在转换期间,农业生产操作都必须按照有机标准的要求进行管理。所有地块都必须经过至少12个月的转换期,也就是说,即使是新开垦的荒地,或是撂荒多年的耕地,也必须经过12个月的转换。

2. 对于被迫使用禁用物质的现象,标准给了一定的宽松,比如当地块使用的禁用物质是当地政府机构为处理某种病害或虫害而强制使用的,确保在转换期结束之前,土壤中或多年生作物体内的残留达到非显著水平即可。

3. 应在有机和常规生产区域之间设置有效的缓冲带或物理屏障,以防止有机生产地块受到污染。缓冲带上种植的植物不能认证为有机产品。

4. 在品种的选择上应充分考虑保护植物的遗传多样性。有机生产者要尽力争取使用有机种子和种苗,只有在无法获得有机种子时,才能使用常规种子,但不应该受到禁用物质的处理和污染。

5. 有机农业要求首先应采用适当的耕作与栽培措施来维持和提高土壤肥力。如果生产中施用了过多的含氮有机肥,会使土壤中亚硝酸盐含量增加,从而对人类健康造成威胁。因此,施用有机肥也需要适度。

6. 田间病虫害防治中禁止使用人工合成的化学农药,对病虫害防治采取综合治理的措施。

7. 植物收获后在场入仓库前的清洁、分拣、脱粒、脱壳、切割、保鲜、干燥等简单加工过程因为属于认证范围,必须按照相关标准执行。

8. 对污染控制方面,要防止常规农田的水渗透或漫入有机地块,可能的外部来源的肥料造成禁用物质对有机生产的污染,常规农业系统中的设备在用于有机生产前,应采取清洁措施,避免常规产品混杂和禁用物质污染。

(五)畜禽养殖的主要要求

1. 不同畜禽的生理特点、养殖和生长周期各异,不同畜禽产品的形成机制也不同,因此对于转换期时间的要求也各不相同。肉用牛、马属动物、驼,12个月;肉用羊和猪,6个月;乳用畜,6个月;肉用家禽,10周;蛋用家禽,6周;其他种类的转换期长于其养殖期的3/4。

2. 当养殖场存在平行生产的情况时,首先要制定关于平行生产的管理规程,确保有机生产的独立完整性,不能与非有机生产相混淆。

3. 畜禽的引入时应引入有机畜禽。当不能得到有机畜禽时,可引入常规畜禽,但应符合以下条件:肉牛、马、驼,不超过6月龄且已断乳;猪、羊,不超过6周龄且已断乳;乳用牛,不超过4周龄,接受过初乳喂养且主要是以全乳喂养的犊牛;肉用鸡,不超过2日龄(其他禽类可放宽到2周龄);蛋用鸡,不超过18周龄。

4. 畜禽应以有机饲料饲养。饲料中至少应有50%来自本养殖场饲料生产基地或本地区有合作关系的有机农场。当有机饲料短缺时,可饲喂常规饲料。但每种动物的常规饲料消耗量在全年消耗量中所占比例不得超过有机标准要求的比例。有机养殖更加强调使动物接近自然生长状态,根据动物自身的生理消化特点进行饲喂,因此有机标准对养殖动物饲料中粗饲料的比例做出了具体的规定。

5. 畜禽的饲养环境应满足下列条件:保证畜禽充足的活动空间和睡眠时间;水禽应能在水体中活动;空气流通,光照充足,但避免过度的太阳照射;保持适当的温度和湿度;垫料应符合对饲料的要求；畜禽饮用水水质应达到生活饮用水标准的要求；不使用有害的建筑材料和设备。禽蛋生产对光照要求较高，因为光照对提高家禽的生产能力有重要作用，但每天的总光照时间不得超过 16 小时。不应采取使畜禽无法接触土地的笼养和完全圈养、舍饲、拴养等限制畜禽自然行为的饲养方式。

6. 有机饲养的方式就是要使动物增强自身免疫力以获得对疾病的最大抗性。有机生产关于病害防治的原则都是一样的，强调预防为主、治疗为辅，基本策略是采取综合性预防措施控制动物疾病发生，保障动物健康。有机养殖强调自然疗法，要求首先使用中草药等植物源物质或针灸、顺势治疗等方法。有机养殖业允许接种疫苗，但不得使用转基因疫苗，除非为国家强制接种的疫苗。抗生素、化学合成药物以及生长促进剂是严格禁止的。

7. 有机养殖提倡采用动物自然繁殖的方式。对于胚胎移植、克隆等涉及转基因技术并且严重影响遗传多样性的现代生物技术手段，有机养殖是绝对禁止的。

8. 运输和宰杀动物的操作应力求平和，并合乎动物福利原则。不应使用电棍及类似设备驱赶动物。不应在运输前和运输过程中对动物使用化学合成的镇静剂。应在政府批准的或具有资质的屠宰场进行屠宰，且应确保良好的卫生条件。

二、加工部分主要内容解读

（一）范围

GB/T 19630.2《有机产品 第 2 部分：加工》适用于以按有机产品生产的未加工产品为原料进行的加工及包装、储藏和运输的全过程，包括食品、饲料和纺织品。

（二）要求

1. 有机产品的配料主要来自有机农业生产体系，配料百分比的计算不需考虑所加的水和食用盐。应对平行加工进行有效控制。有机产品加工应考虑不对环境产生负面影响或将负面影响减少到最低。

ER-9-2

《有机产品 第 2 部分：加工》国家标准第 1 号修改单

2. 在生产过程中一些特殊情况下如工艺需要时或在受客观条件限制，允许在加工中使用少量的非有机配料，但一定要注意，非有机配料必须不能是人工合成的禁用物质，也不允许是基因工程的产品。获得认证的原料在终产品中所占的重量或体积比率必须在 95% 以上。

3. 食品添加剂和饲料添加剂的使用条件分别符合原卫生部发布的《食品安全国家标准 食品添加剂使用标准》和农业部发布的《饲料和饲料添加剂管理条例》《饲料添加剂品种目录》等规定，严禁超量或超范围使用添加剂。使用矿物质（包括微量元素）和维生素必须是天然来源的。配料、添加剂和加工助剂均不应来自转基因物质和技术。

4. 有机食品加工工艺宗旨是不可以破坏食品和饲料的主要营养成分，可以使用加热、冷藏、微波、发酵等工艺为主的传统工艺。如采用提取，提取溶剂仅限于标准提及的物质。加工厂应该尽量设立有机产品加工专用车间或生产线。如果存在平行加工，就需要加工者通过清洗、分区域、标识等方式，将有机与非有机产品的原料、半成品、成品区分开来，并严格做好记录，确保有机产品的完整性。

5. 加工用水分为加工产品直接接触的水和清洁用水，两种用水的水质都达到生活饮用水的卫生标准的要求。由于离子辐照会改变食品的分子结构，其使用对人类的影响还在争议之中，因此有机加工中是禁止使用的。

6. 对待有机加工中的有害生物（鼠类、苍蝇、昆虫等）同样也应以防为主，预防的方式包括定期清理、清扫、清洗加工、储存、运输设施和仓库、运输工具等，消除有害生物生存的条件。使用的消毒剂应经国家主管部门批准。有机加工与贮藏场所在紧急情况下允许使用中草药喷雾和熏蒸，不应使用硫黄熏蒸。

7. 有机加工要求有机产品采用专用包装箱袋和容器。不能使用含有合成杀菌剂、防腐剂和熏蒸剂的包装材料，不能使用接触过禁用物质的包装袋或容器盛装有机产品。

8. 有机产品在储藏过程中不得受到其他物质的污染。储藏产品的仓库应干净、无虫害，无有害物质残留。有机产品应单独存放。如果不得不与非有机产品共同存放，应在仓库内划出特定区域，并采取必要的措施确保有机产品不与其他产品混放。

9. 运输时运输工具在装载有机产品前应清洁，有机产品在运输过程中应避免与常规产品混杂或受到污染，为了便于区分外包装上应该加贴有机认证标志及有关说明。

三、标识与销售部分主要内容解读

（一）范围

GB/T 19630.3《有机产品 第3部分：标识与销售》规定了有机产品标识和销售的通用规范及要求，有机产品的标识和销售都应首先符合这些通用规范及要求。

（二）术语和定义

《有机产品 第3部分：标识与销售》国家标准第1号修改单

1. 标识 在销售的产品上、产品的包装上、产品的标签上或者随同产品提供的说明性材料上，以书写的、印刷的文字或者图形的形式对产品所作的标示。

2. 认证标志 证明产品生产或者加工过程符合有机标准并通过认证的专有符号、图案或者符号、图案以及文字的组合。

（三）产品的标识要求

1. 有机产品的标识应首先符合我国对产品标识的法律法规要求，应按照国家有关法律法规、标准的要求进行标识。

2. “有机”术语或其他间接暗示为有机产品的字样、图案、符号，以及中国有机产品认证标志只应用于按照有机产品标准的要求生产和加工的有机产品的标识，除非“有机”表述的意思与有机标准完全无关。

3. 标识中的文字、图形或符号等应清晰、醒目。图形、符号应直观、规范。文字、图形、符号的颜色与背景色或底色应为对比色。

4. 有机配料含量等于或者高于95%并获得有机产品认证的产品，方可在产品名称前标识“有机”，在产品或者包装上加施中国有机产品认证标志。有机配料含量低于95%、等于或者高于70%的产品，可在产品名称前标识“有机配料生产”。有机配料含量低于70%的加工产品，只可在产品配料表中将获得认证的有机配料标识为“有机”。

（四）中国有机产品认证标志

中国有机产品认证标志的图形与颜色要求如彩图2所示。

标识为“有机”的产品应在获证产品或者产品的最小销售包装上加施中国有机产品认证标志及其唯一编号、认证机构名称或者其标识。中国有机产品认证标志可以根据产品的特性，采取粘贴或印刷等方式直接加施在产品或产品的最小销售包装上。对于散装或裸装产品，以及鲜活动物产品，应在销售专区的适当位置展示中国有机产品认证标志和认证证书复印件。印制的中国有机产品认证标志应当清楚、明显。印制在获证产品标签、说明书及广告宣传材料上的中国有机产品认证标志，可以按比例放大或者缩小，但不得变形、变色。

（五）销售

为保证有机产品的完整性和可追溯性，销售者在销售过程中应采取但不限于下列措施：有机产品应避免与非有机产品的混合；有机产品避免与有机标准禁止使用的物质接触；建立有机产品的购买、运输、储存、出入库和销售等记录。有机产品进货时，销售商应索取有机产品认证证书、有机产品销售证等证明材料，有机配料低于95%并标识“有机配料生产”等字样的产品，其证明材料应能证明有机产品的来源。生产商、销售商在采购时应对有机产品认证证书的真伪进行验证，并留存认证证书复印件。对于散装或裸装产品，以及鲜活动物产品，应在销售场所设立有机产品销售专区或陈列专柜，并与非有机产品销售区、柜分开。在有机产品的销售专区或陈列专柜，应在显著位置摆放有机产品认证证书复印件。

点滴积累

1. 《有机产品》标准由GB/T 19630.1《有机产品 第1部分：生产》、GB/T 19630.2《有机产品 第2部分：加工》、GB/T 19630.3《有机产品 第3部分：标识与销售》、GB/T 19630.4《有机产品 第4部分：管理体系》四部分组成。
2. 转换期指从按照有机标准开始管理至生产单元和产品获得有机认证之间的时段。
3. 畜禽养殖的转换期：不同畜禽产品的形成机制也不同，因此对于转换期时间的要求也各不相同。肉用牛、马属动物、驼，12个月；肉用羊和猪，6个月；乳用畜，6个月；肉用家禽，10周；蛋用家禽，6周；其他种类的转换期长于其养殖期的四分之三。

ER-9-4

有机产品第4部分：管理体系》标准原文

第四节　中国有机产品认证认可监管体系

一、有机认证相关的法律法规

（一）《中华人民共和国认证认可条例》

《中华人民共和国认证认可条例》对认证机构设立、认证、认可活动的监督管理进行了规定，分总则、认证机构、认证、认可、监督管理、法律责任、附则等共七章七十八条。按照国务院所确定的认证认可工作要坚持统一规划、强化监管、规范市场、提高效能和与国际接轨的原则,《中华人民共和国认证认可条例》确立了以下基本制度:

1. 施行统一的认证认可监督管理制度;
2. 国家实行统一的认可制度;
3. 对认证机构的设立实行许可制度;
4. 对实验室、检查机构能力的认定制度;
5. 实行自愿性认证和一定范围内产品必须经过认证(强制性产品认证)相结合的制度;
6. 允许外资进入并加强监督管理的制度;
7. 对认证培训机构、认证咨询机构加强监督管理。

(二)《有机产品认证管理办法》

《有机产品认证管理办法》是我国现行对有机产品认证、流通、标识、监督管理的强制性要求,以国家质检总局2013年第155号令发布,自2014年4月1日起施行,《有机产品认证管理办法》的发布和实施,无论对于政府部门的统一监管、企业的生产活动、认证机构的认证行为,还是对于消费者购买相关产品,都具有极其重要的积极意义。共分七章四十四条。主要内容如下:

第一章　总则,规定了立法目的和立法依据,明确了有机产品的定义、有机产品标准和合格评定程序的制定规范,并对有机产品的监督管理体制、适用范围等进行了具体规范。

第二章　认证实施,规定了从事有机产品认证活动的认证机构及其人员的具体要求;对从事有机产品的产地环境检测、产品样品检测活动的机构的资质要求做出了规定。并规定了有机产品认证的具体过程,并对有机产品认证机构的跟踪检查等义务性要求做出了规定。

第三章　有机产品进口,规定了向中国进口的有机产品需经中国有机产品认证机构的认证等相关要求

第四章　认证证书和标志,规定了有机产品认证证书的基本格式、内容以及标志的基本式样,并明确了有机产品认证证书和标志在使用中的具体要求。

第五章　监督检查,规定了认监委和地方质检部门对有机产品的监督检查工作中的具体监管方式,对获得有机产品认证的生产、加工、经营单位和个人以及进口有机产品进行了具体规范,并对有机产品认证认可活动中的申诉、投诉制度做出了层级规定。

第六章　罚则,规定了对有机产品认证认可活动中的违法行为的处罚。

第七章　附则,规定了对有机产品认证认可活动的收费要求,并明确了本办法的具体施行时间和解释权。

(三)《中华人民共和国产品质量法》

国家根据国际通用的质量管理标准,推行企业质量体系认证制度。企业根据自愿原则可以向国务院产品质量监督部门认可的或者国务院产品质量监督部门授权的部门认可的认证机构申请企业质量体系认证。经认证合格的,由认证机构颁发企业质量体系认证证书。国家参照国际先进的产品标准和技术要求,推行产品质量认证制度。企业根据自愿原则可以向国务院产品质量监督部门认可

的或者国务院产品质量监督部门授权的部门认可的认证机构申请产品质量认证。经认证合格的，由认证机构颁发产品质量认证证书，准许企业在产品或者其包装上使用产品质量认证标志。

（四）《中华人民共和国标准化法》

企业对有国家标准或者行业标准的产品，可以向国务院标准化行政主管部门或者国务院标准化行政主管部门授权的部门申请产品质量认证。认证合格的，由认证部门授予认证证书，准许在产品或者其包装上使用规定的认证标志。已经取得认证证书的产品不符合国家标准或者行业标准的，以及产品未经认证或者认证不合格的，不得使用认证标志出厂销售。

（五）《中华人民共和国食品安全法》

1. 国家鼓励食品生产经营企业符合良好生产规范要求，实施危害分析与关键控制点体系，提高食品安全管理水平。

2. 食品检验机构按照国家有关认证认可的规定取得资质认定后，方可从事食品检验活动。但是，法律另有规定的除外。

（六）《中华人民共和国农产品质量安全法》

1. 销售的农产品必须符合农产品质量安全标准，生产者可以申请使用无公害农产品标志。农产品质量符合国家规定的有关优质农产品标准的，生产者可以申请使用相应的农产品质量标志。

2. 从事农产品质量安全检测的机构，必须具备相应的检测条件和能力，由省级以上人民政府农业行政主管部门或者其授权的部门考核合格。

农产品质量安全检测机构应当依法经计量认证合格。

（七）其他法律法规、标准

1.《认证机构管理办法》（国家质检总局令第 193 号）；

2.《认证证书和认证标志管理办法》（国家质检总局令第 162 号）；

3.《有机产品认证目录》（国家认监委 2012 年第 2 号）及增补目录；

4.《食品中真菌毒素限量》（GB 2761）；

5.《食品中污染物限量》（GB 2762）；

6.《食品中农药的最大残留限量》（GB 2763）。

二、有机产品检查员注册要求

中国认证认可协会（CCAA）是中国国家认证认可监督管理委员会（CNCA）授权的依法从事认证人员认证（注册）的机构，开展管理体系审核员、产品认证检查员、服务认证审查员和认证咨询师等人员的认证（注册）工作。

（一）申请人注册要求

1. 申请要求 申请人应按 CCAA 要求完成注册申请。CCAA 受理申请后开始评价注册程序。

2. 检查员资格经历要求 申请人应具有国家承认的与注册专业相关或相近专业大学专科（含）以上学历。还要具有满足《有机产品认证检查员注册准则》要求的全职工作经历。

满足上述要求的基础上需通过有机产品认证检查员注册全国统一考试。

申请人通过考试后作为检查组见习人员，应完成至少6次食品、农产品领域认证审核或认证检查经历。对于每个所要注册专业，应完成至少2次有机产品认证检查经历。且在CCAA有效受理日前3年内获得。

申请人通过考试和完成检查经历后由推荐机构评定其专业能力，包括个人素质、教育培训、专业工作经历、工作业绩、检查实践等方面充分评价，做出推荐意见，并填写入CCAA人员注册系统中“专业能力评定”项内。

（二）评价过程

CCAA注册管理人员对注册申请资料进行评价，确认申请人符合要求。

检查员注册申请人应在申请前3年内通过CCAA有机产品认证检查员考试。以证实其满足相关规定的要求。笔试要求见《CCAA有机产品认证检查员考试大纲》。

CCAA对检查员推荐机构是否满足要求进行核实、评价及绩效监视。对于符合要求的推荐机构，CCAA采信其评定结果。检查员推荐机构依据其能力评价准则的要求，对申请人的能力进行证实，并提交有关证据、记录。

每名注册申请人应由一名注册担保人担保。注册担保人应对申请人个人素质的适宜性和专业工作经历的真实性做出担保。

CCAA评价人员根据评价考核过程中收集的信息形成评价考核结论，给出申请人是否适宜注册的意见。CCAA注册管理人员对评价考核结论、注册意见进行审定，做出是否予以注册的决定。

点滴积累

1. 检查员资格经历要求包括对教育经历、工作经历、培训与考试、审核评定、检查经历。
2. 有机检查员的考核方式笔试考核、能力考核。
3. 有机检查员笔试考核范围见《CCAA有机产品认证检查员考试大纲》。

目标检测

一、单项选择题

1. 下列属于有机农业生态系统环境组分的事（　　）
   A. 阳光　　B. 肉食者　　C. 寄生虫　　D. 绿色植物
2. 有机畜禽养殖中羊的转换期为（　　）个月
   A. 12　　B. 6　　C. 24　　D. 18
3. 有机检查员申请人至少具有（　　）年与注册专业相关的工作经历
   A. 2　　B. 3　　C. 4　　D. 5
4. 饲养蛋禽可用人工照明来延长光照时间，但每天的总光照时间不得超过（　　）小时
   A. 12　　B. 16　　C. 18　　D. 24
5. 畜禽应以有机饲料饲养。饲料中至少应有（　　）来自本养殖场饲料种植基地或本地区有合作关系的有机农场

A. 20%　　B. 30%　　C. 40%　　D. 50%

6. 有机配料含量等于或者高于(　　)并获得有机产品认证的产品,方可在产品名称前标识“有机”。

A. 95%　　B. 90%　　C. 85%　　D. 80%

二、多项选择题

1. 认证委托人在何种情况下,有机产品认证证书会被暂停(　　)

A. 未按规定使用认证证书或认证标志的

B. 获证产品的生产、加工过程或者管理体系不符合认证要求,且在30日内不能采取有效纠正和(或)纠正措施的

C. 未按要求对信息进行通报的

D. 认证监督部门责令暂停认证证书的

E. 在认证注册之后的后续监督检查中发现严重不符合项,不再符合认证标准的要求

2. 获证产品在认证证书有效期内,有下列情形之一的,认证委托人应当向认证机构申请认证证书的变更(　　)

A. 有机产品生产、加工单位名称或者法人性质发生变更的

B. 产品种类和数量减少的

C. 有机产品转换期满的

D. 有机防伪标签数量发生变更

E. 生产中使用了禁用物质

3. 畜禽的饲养环境应满足的条件有(　　)

A. 保证畜禽充足的活动空间和睡眠时间

B. 水禽应能在水体中活动

C. 空气流通,光照充足,但避免过度的太阳照射

D. 保持适当的温度和湿度

E. 禽类饲养可以进行24小时光照

4. 在某大型超市销售某基地有机蔬菜前,应做以下(　　)工作

A. 对产品进行检测　　B. 索取基地有机产品认证证书

C. 让基地办理有机产品销售证　　D. 与基地签订有机产品供货协议

E. 对生产场所进行严格消毒

三、简答题

1. 有机农业生态系统的组成包括哪些组分?

2. 有机认证程序包括哪些步骤?

3. 有机产品的特征有哪些?

四、案例分析题

案例1:有些生活在偏远地区的人常说:“我们的食品是深山中采集的,是野生的、是纯天然的、是有机的。”这种说法是否准确,为什么?

案例2:有的进口食品销售商称其销售的进口食品在来源国进行了有机食品认证,所以是“进口的有机食品”。这种说法是否准确,为什么?

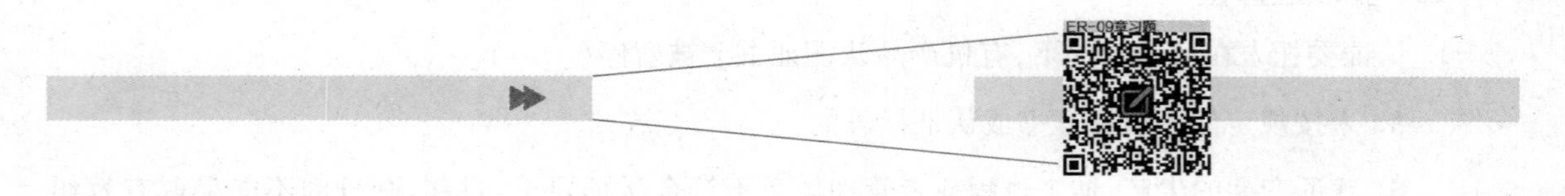

(佟海龙)

第十章

绿色食品的认证和实施

导学情景

情景描述

某畜禽有限公司通过市场调查发现，许多消费者信赖标有绿色食品标志的商品。为打开产品销路，该公司未经绿色食品证明商标注册人许可，擅自在其生产包装的鸡蛋等商品上使用绿色食品标志。

经查，该畜禽有限公司于2012年3月自行设计包装内容，印制礼盒包装4000个。上述礼盒包装左上角均加贴绿色食品标志，并印有"经中国绿色食品发展中心许可使用"字样，且加注注册标记。该公司还在绿色食品标志周围加上了太阳、叶片等设计元素，包装盒中央印有"健康来自绿色，品质源于××"的宣传语。

学前导语

绿色食品由于其无污染、安全、优质、营养的优势深受广大人民群众喜爱。由于国际上与环境保护有关的事物通常都冠之以"绿色"，因此定名为绿色食品。本章我们将带领同学们学习什么是绿色食品，如何对绿色食品进行认证。

第一节　绿色食品概述

一、绿色食品及相关概念

（一）绿色食品的概念

绿色食品是指遵循可持续发展原则，按照特定生产方式生产，经专门机构认定，许可使用绿色食品标志，无污染的安全、优质、营养类食品。由于与环境保护有关的事物国际上通常都冠之以"绿色"，为了更加突出这类食品出自良好生态环境，因此定名为绿色食品。

（二）绿色食品的分级

我国规定绿色食品分为AA级和A级两类。

AA级绿色食品是指生产环境符合中国农业部《绿色食品产地环境质量》NY/T 391—2013的要求，生产过程中不使用任何有害化学合成物质，按特定的生产操作规程生产、加工，产品质量及包装经检测、检查符合特定标准，经中国绿色食品发展中心认定并允许使用AA级绿色食品标志的产品。

A 级绿色食品是指生产产地的环境符合 NY/T 391—2013 的要求，在生产过程中严格按照绿色食品生产资料使用准则和生产操作规程要求，限量使用限定的化学合成生产资料，产品质量符合绿色食品标准，经专门机构认定，许可使用 A 级绿色食品标志的产品。

在绿色食品的申报审批过程中，AA 级绿色食品完全与国际接轨，各项标准均达到或严于国际同类食品。但在我国现有条件下，大量开发 AA 级绿色食品有一定的难度，将 A 级绿色食品作为向 AA 级绿色食品过渡的一个过渡期产品，不仅在国内市场上有很强的竞争力，在国外普通食品市场上也有很强的竞争力。

二、绿色食品的标志及商标

（一）绿色食品的标志

绿色食品标志作为一种产品质量证明商标，其商标专用权受《中华人民共和国商标法》保护。标志使用是食品通过专门机构认证，许可企业依法使用。

绿色食品标志是由中国绿色食品发展中心在国家工商行政管理局商标局正式注册的质量证明商标，用以证明食品商品具有无污染的安全、优质、营养的品质特性，它包括绿色食品标志图形、中文“绿色食品”、英文“Green Food”及中英文与图形组合四种形式（彩图 3）。

绿色食品标志图形由三部分构成：上方的太阳、下方的叶片和中心的蓓蕾，象征自然生态；颜色为绿色，象征着生命、农业、环保；图形为正圆形，意为保护。AA 级绿色食品标志与字体为绿色，底色为白色；A 级绿色食品标志与字体为白色，底色为绿色。整个图形描绘了一幅明媚阳光照耀下的和谐生机，告诉人们绿色食品是出自纯净、良好生态环境的安全、无污染食品，能给人们带来蓬勃的生命力。绿色食品标志还提醒人们要保护环境和防止污染，通过改善人与环境的关系，创造自然界新的和谐。

绿色食品标志管理的手段包括技术手段和法律手段。技术手段是指按照绿色食品标准体系对绿色食品产地环境、生产过程及产品质量进行认证，只有符合绿色食品标准的企业和产品才能使用绿色食品标志商标；法律手段是指对使用绿色食品标志的企业和产品实行商标管理。绿色食品标志商标已由中国绿色食品发展中心在国家工商行政管理局注册，专用权受《中华人民共和国商标法》保护。

（二）绿色食品的商标

绿色食品商标是中国绿色食品发展中心在国家工商行政管理总局商标局注册的证明商标。用以证明遵循可持续发展原则，按照特定方式生产，经专门机构认定的无污染、安全、优质、营养类的食品。

注册证号：第 892107～892139，共 33 件

商标注册人：中国绿色食品发展中心

绿色食品产品新编号形式：LB-××-××××××××××　A（AA）（表 10-1）。

表 10-1　绿色食品产品新编号形式

LB	××	××××××××××	A，AA
标志代码	产品分类	批准年度批准月份国别省份产品序号	产品分级

例如，LB-40-9801010123A，LB代表“绿标”，40代表“产品类别”，98代表“年份”，01代表“月份”，01代表“北京”，0123代表“当年批准的第123个产品”，A代表“A级绿色食品”（AA级绿色产品）。

三、绿色食品的特点及优势

（一）绿色食品的特点

无污染、安全、优质、营养是绿色食品的基本特征。无污染是指绿色食品生产、加工过程中，除食品固有物理、化学和生物学特性外，没有能引起食用危害的物理、化学和生物学因素。而在安全、优质、营养的特征中，绿色食品首先强调的是安全性，这是绿色食品的基本特性。除了安全性以外，优质和营养也是绿色食品的重要质量特征，即绿色食品应具有优良的感官、品质质量和较高的营养价值。绿色食品与普通食品相比较，具有以下3个显著特征：

1. 产品出自最佳生态环境 绿色食品生产从原料产地的生态环境入手，通过对原料产地及周围的生态环境因子严格监测，判断是否具备生产绿色食品的基础条件。

2. 对产品实行全程质量控制 绿色食品生产实施“从土地到餐桌”全程质量控制。通过产前环节的环境监测和原料检测，产品环节具体生产、加工操作规程的落实，以及产后环节产品质量、卫生指标、包装、保鲜、运输、贮藏、销售控制，确保绿色食品的整体产品质量，并提高整个生产过程的技术含量。

3. 对产品依法实行标志管理 绿色食品标志是一个质量证明商标，属知识产权范畴，受《中华人民共和国商标法》保护。

（二）绿色食品的优势

1. 提出了环保、安全的鲜明概念；
2. 确立了“从农场到餐桌”全程质量控制的技术路线；
3. 建立了一套具有国际先进水平的技术标准体系；
4. 创建了农产品质量安全认证制度；
5. 开创了我国质量证明商标的先河；
6. 创新了符合国情和事业特点的工作运行机制。

四、绿色食品发展现状及前景

（一）生产绿色食品应遵循的原则

生产和发展绿色食品都应遵守可持续发展原则。“可持续发展”是指既满足当代人的各种需要，又保护生态环境，且不对后代人的生存和发展构成危害的发展方式，它特别关注的是各种经济活动的生态合理性。遵守可持续发展原则，是绿色食品事业的出发点，也是绿色食品生产、加工要遵循的基本原则。

（二）我国绿色食品发展情况

从1990年5月15日中国正式宣布开始发展绿色食品以来，中国绿色食品事业经历了3个阶段:第一阶段,从农垦系统启动的基础建设阶段(1990—1993年);第二阶段,加速发展阶段(1994—1996年);第三阶段,向社会化、市场化、国际化全面推进阶段。

绿色食品标准参照联合国粮农组织(FAO)与世界卫生组织(WHO)的国际食品法典委员会(CAC)标准以及欧盟、美国、日本等发达国家或组织的标准制定,整体上达到国际先进水平。

绿色食品认证按照国际标准化组织(ISO)和我国相关部门制定的基本规则及规范来开展,具备科学性、公正性和权威性。

绿色食品标志为质量证明商标,依据我国《商标法》《集体商标、证明商标注册和管理办法》《农业部绿色食品标志管理办法》等法律法规监督管理,以维护绿色食品的品牌信誉,保护广大消费者的合法权益。

绿色食品按照"从农场到餐桌"全程质量控制的技术路线,创建了"两端监测、过程控制、质量认证、标识管理"的质量安全保障制度。

点滴积累

1. 绿色食品是遵循可持续发展原则，按照特定生产方式生产，经专门机构认定，许可使用绿色食品标志，无污染的安全、优质、营养类食品。
2. 绿色食品标志图形由三部分构成：上方的太阳、下方的叶片和中心的蓓蕾。
3. 绿色食品商标的编号形式为：

LB	××	××××××××××	A，AA
标志代码	产品分类	批准年度批准月份国别省份产品序号	产品分级

第二节　绿色食品生产与实施

一、绿色食品标准的概念

绿色食品标准是应用科学技术原理,结合绿色食品生产实践,借鉴国内外相关标准所制定的,在绿色食品生产中必须遵守、绿色食品质量认证时必须依据的技术性文件。

绿色食品标准是绿色食品认证和管理的依据和基础,是整个绿色食品事业的重要技术支撑,它是全体从事绿色食品工作的同志们长期经验总结和智慧结晶;它是由农业部发布的推荐性农业行业标准(NY/T),是绿色食品生产企业须遵照执行的标准。

二、绿色食品标准体系的构成

绿色食品的标准为农业部发布的推荐性行业标准,但是对于绿色食品生产企业来说,为强制性执行标准。它对绿色食品产前、产中和产后全过程质量控制技术和指标做了全面的规定,构成了一个科学、完整的标准体系。绿色食品标准以全程质量控制为核心,由4个部分构成(图10-1)。

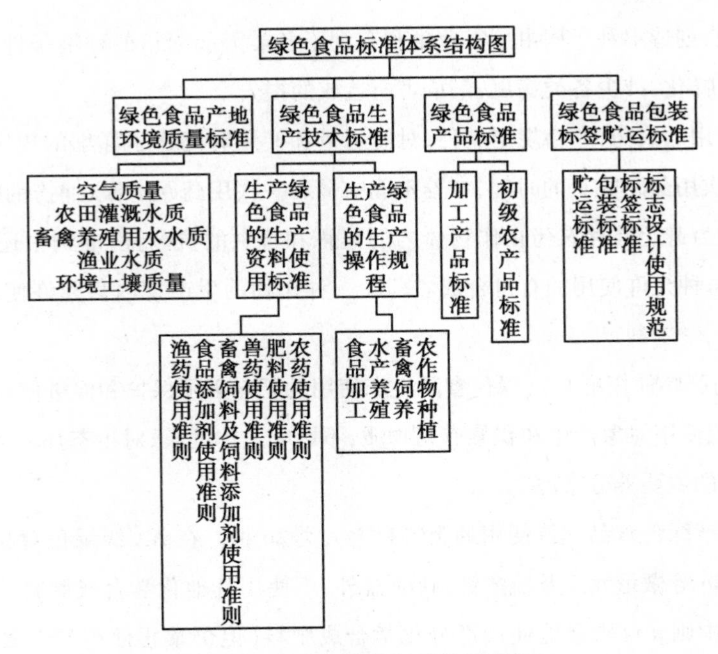

图 10-1 绿色食品标准体系结构

(一)绿色食品产地环境质量标准

根据农业生态的特点和绿色食品生产对生态环境的要求,充分依据现有国家环保标准,规定了产地的空气质量标准、农田灌溉水质标准和土壤环境质量标准的各项指标以及浓度限值、监测和评价方法。强调绿色生产必须产自良好的生态环境地域,以保证绿色食品最终产品的无污染、安全性,促进对绿色食品产地环境的保护和改善。适用于绿色食品(AA 级和 A 级)生产的农田、菜地、果园、牧场、养殖场和加工厂。

NY/T 391—2013 农业部行业标准《绿色食品产地环境质量》规定,绿色食品生产基地应选择在无污染和生态条件良好的地区。基地选点应远离工矿区和公路铁路干线,避开工业和城市污染源的影响,同时绿色食品生产基地应具有可持续的生产能力。绿色食品产地空气质量中各项污染物含量、产地农田灌溉水中各项污染物含量、产地渔业用水中各项污染物含量、产地畜禽养殖用水中各项污染物含量、产地各种不同土壤中的各项污染物含量不应超过规定限值。

(二)绿色食品生产技术标准

绿色食品生产技术标准是绿色食品标准体系的核心,根据内外相关律法规、标准,结合我国现实生产水平和绿色食品的安全优质理念,分别制定了绿色食品生产资料基本使用准则和绿色食品生产技术操作规程。绿色食品生产资料使用准则是对生产绿色食品过程中物质投入的一个原则性规定,包括肥料使用准则、农药使用准则、兽药使用准则、食品添加剂使用准则等,以及畜禽饲养防疫准则、海洋捕捞水产品养殖规范等。绿色食品生产技术操作规程是以上述准则为依据,按农作物种类、畜禽种类和不同农业区域的生产特性分别制定的,用于指导绿色食品生产活动、规范绿色食品生产技术的操作规范,包括农产品种植、畜禽养殖、水产养殖和食品加工等技术操作规范。

1. 生产资料使用准则

(1)《绿色食品农药使用准则》:绿色食品生产应从"作物—病虫草"等整个生态系统出发,综合运用各种防治措施，创造不利于病虫草害孳生和有利于各类天敌繁衍的环境条件，保持农业生态系统的平衡和生物多样化，减少各类病虫害、草害所造成的损失。

对允许限量使用的农药，严格规定品种；对使用量和使用时间作了详细的规定。对安全间隔期（种植业中最后一次用药距收获的时间，在养殖业中最后一次用药距屠宰、捕捞的时间称休药期）也作了明确的规定。为避免同种农药在作物体内的累积和害虫的抗药性，准则中还规定在A级绿色食品生产过程中，每种允许使用的有机合成农药在一种作物的生产期内只允许使用一次，确保环境和食品不受污染。

（2）《绿色食品肥料使用准则》：绿色食品生产使用的肥料必须保护和促进使用对象的生长及其品质的提高；不造成使用对象产生和积累有害物质，不影响人体健康；对生态环境无不良影响。规定农家肥是绿色食品的主要养分来源。

准则中规定生产绿色食品允许使用的肥料有七大类26种。在AA级绿色食品生产中除可使用Cu、Fe、Mn、Zn、B、Mo等微量元素及硫酸钾、磷酸盐外，不使用其他化学合成肥料，完全和国际接轨。A级绿色食品生产中则允许限量地使用部分化学合成肥料（但仍禁止使用硝态氮肥），以对环境和作物（营养、味道、品质和植物抗性）不产生不良后果的方法使用。

（3）生产绿色食品的其他生产资料及使用原则：生产绿色食品的其他生产资料还有兽药、水产养殖用药、食品添加剂、饲料添加剂等是否合理使用，直接影响到绿色食品的质量。为此中国绿色食品发展中心制定了《绿色食品 兽药使用准则》《绿色食品 渔药使用准则》《绿色食品 食品添加剂使用准则》《绿色食品 畜禽饲料及饲料添加剂使用准则》等标准，对这些生产资料的允许使用品种、使用剂量、最高残留量和最后一次休药期天数做出了详细的规定，确保绿色食品的质量。

2. 绿色食品生产操作规程　绿色食品生产操作规程是绿色食品生产资料使用准则在一个物种上的细化和落实，包括农产品种植、畜禽养殖、水产养殖和食品加等4个方面。

（1）种植业生产操作规程：系指农作物的整地播种、施肥、浇水、喷药及收获等5个环节中必须遵守的规定，其主要内容包括植保方面、作物栽培方面、品种选育方面、在耕作制度方面等。

（2）畜牧业生产操作规程：系指在畜禽选种、饲养、防治疫病等环节的具体操作规定，主要包括饲养地、饲料原料、饲料添加剂、生态防病技术等方面。

（3）水产养殖业生产操作规程：系指水产养殖过程中的绿色食品生产操作规程，主要包括水质、饲养地、饲料原料、饲料添加剂、防病用药、生态防病技术等方面。

（4）食品加工业绿色食品生产操作规程：包括加工区环境卫生、加工用水、加工原料、加工设备及产品包装材料、食品添加剂的使用等方面。

（三）绿色食品产品标准

该标准是衡量绿色食品最终产品质量的指标尺度。绿色食品产品标准反映了绿色食品生产、管理和质量控制的水平，突出了绿色食品产品无污染、安全的卫生品质，是绿色食品产品认证检验和年度抽检的重要依据。

中国绿色食品发展中心2015年1月重新修订编制了《绿色食品产品适用标准目录》（2015版），进一步明确了绿色食品产品标准的涵盖产品范围，并根据有关规定和标准对具体适用产品做了增减调整。该适用标准目录共有标准 116 项，包括种植业产品标准 37 个，畜禽产品标准 6 个，渔业产品标准 9 个，加工产品标准 58 个，参照执行的国家标准和行业标准 6 个，贯穿绿色食品生产全过程。

（四）绿色食品包装标签、贮藏、运输标准

为确保绿色食品在生产后期包装和运输过程中不受外界污染而制定一系列标准，主要包括包装通用准则和贮藏运输准则两项标准。《绿色食品包装标签标准》规定了进行绿色食品产品包装时应遵守的原则，包装材料选用的范围、种类，包装上的标识内容等。《绿色食品贮藏运输准则》对绿色食品贮运的条件、方法、时间做出规定。以保证绿色食品在贮运过程中不遭受污染、不改变品质，并有利于环保、节能。

点滴积累

1. 绿色食品标准是应用科学技术原理，结合绿色食品生产实践，借鉴国内外相关标准所制定的，在绿色食品生产中必须遵守、绿色食品质量认证时必须依据的技术性文件。
2. 绿色食品标准体系由绿色食品产地环境质量标准，绿色食品生产技术标准，绿色食品产品标准，绿色食品包装标签、贮藏运输标准构成。

第三节　绿色食品认证程序

一、申报绿色食品认证的前提条件

（一）申请人的资格

凡自认为符合绿色食品基地标准的绿色食品生产单位均可作为绿色食品生产基地的申请人。申请人必须是企业法人，社会团体、民间组织、政府和行政机构等不可作为绿色食品的申请人。同时，还要求申请人具备以下条件：

1. 具备绿色食品生产的环境条件和技术条件。
2. 生产具备一定规模、具有较完善的质量管理体系和较强的抗风险能力。
3. 加工企业须生产经营一年以上方可受理申请。
4. 有下列情况之一者，不能作为申请人：与中心和省绿办有经济或其他利益关系的；可能引致消费者对产品来源产生误解或不信任的，如批发市场、粮库等；纯属商业经营的企业（如百货大楼、超市等）。

（二）申报绿色食品企业的条件

按照《绿色食品标志管理办法》第五条中规定："凡具有绿色食品生产条件的单位和个人均可作为绿色食品标志使用权的申请人。"为了进一步规范管理，对标志申请人条件具体做了如下规定：

1. 申请人必须要能控制产品生产过程，落实绿色食品生产操作规程，确保产品质量符合绿色食品标准要求。
2. 申报企业要具有一定规模，能承担绿色食品标志使用费。

3. 乡、镇以下从事生产管理、服务的企业作为申请人，必须要有生产基地，并直接组织生产；乡、镇以上的经营、服务企业必须要有隶属于本企业，稳定的生产基地。

4. 申报加工产品企业的生产经营须一年以上。

（三）绿色食品标志申报范围

1. 商标类别划分　绿色食品标志是经中国绿色食品发展中心在国家工商行政管理局商标局注册的质量证明商标，按国家商标类别划分的第 5、29、30、31、32、33 类中的大多数产品均可申报绿色食品标志。

2. "食"或"健"字　只要经原卫生部以"食"或"健"字登记的，均可申报绿色食品标志。

3. 药食同源　经原卫生部公告的既是食品又是药品的品种，如紫苏、菊花、陈皮、红花等，也可申报绿色食品标志。

4. 不受理产品　药品、香烟不可申报绿色食品标志；绿色食品拒绝转基因技术，由转基因原料生产（饲养）加工的任何产品均不受理；暂不受理油炸方便面、叶菜类酱菜（盐渍品）、火腿肠及作用机理不甚清楚的产品（如减肥茶）的申请。但酱菜类成品符合下述条件的可以受理申报 A 级绿色食品：

1）原料为非叶菜类蔬菜产品。

2）原料蔬菜收获后必须及时加工。在常温条件下贮藏运输时间不超过 48 小时，在冷藏条件下贮藏运输时间不超过 96 小时。

3）不得在酱腌菜中使用化学合成添加剂。

4）生产企业必须执行 GMP 规定。

5）酱腌菜成品的亚硝酸盐含量必须<4mg/kg。

二、绿色食品标志的认证程序

绿色食品标志是经中国绿色食品发展中心注册的质量证明商标，企业如需在其生产的产品上使用绿色食品标志须按图 10-2 程序提出申报。

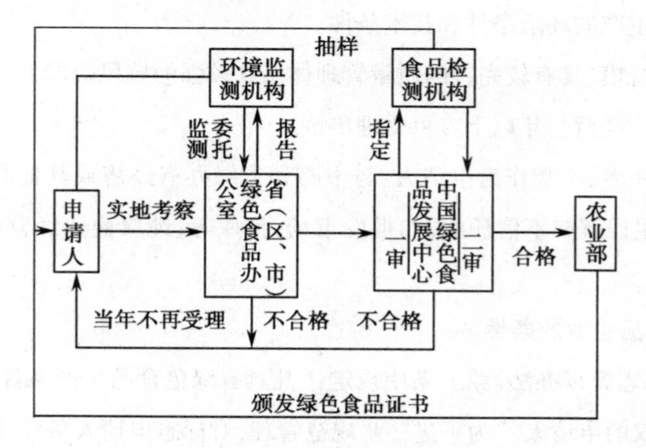

图 10-2　绿色食品认证程序

（一）认证申请

1. 申请人向所在向省绿办提出认证申请时，应提交以下申报材料，每份文件一式两份，一份省绿办留存，另一份报中心。

申报材料包括：《绿色食品标志使用申请书》；《企业及生产情况调查表》；保证执行绿色食品标准和规范的声明；生产操作规程（种植规程、养殖规程、加工规程）；公司对“基地+农户”的质量控制体系（包括合同、基地图、基地和农户清单、管理制度）；产品执行标准；产品注册商标文本（复印件）；企业营业执照（复印件）；企业质量管理手册。

对于不同类型的申请企业，依据产品质量控制关键点和生产中投入品的使用情况，还应分别提交以下材料：矿泉水申请企业，提供生产许可证、采矿许可证及专家评审意见复印件。

2. 对于野生采集的申请企业，提供当地政府为防止过度采摘、水土流失而制定的许可采集管理制度。

3. 对于屠宰企业，提供屠宰许可证复印件。

4. 从国外引进农作物及蔬菜种子的，提供由国外生产商出具的非转基因种子证明文件原件及所用种衣剂种类和有效成分的证明材料。

5. 提供生产中所用农药、商品肥、兽药、消毒剂、渔用药、食品添加剂等投入品的产品标签原件。

6. 生产中使用商品预混料的，提供预混料产品标签原件及生产商生产许可证复印件；使用自产预混料（不对外销售），且养殖方式为集中饲养的，提供生产许可证复印件；使用自产预混料（不对外销售），但养殖管理方式为“公司+农户”的，提供生产许可证复印件、预混料批准文号及审批意见表复印件。

7. 外购绿色食品原料的，提供有效期为一年的购销合同和有效期为三年的供货协议，并提供绿色食品证书复印件及批次购买原料发票复印件。

8. 企业存在同时生产加工主原料相同和加工工艺相同（相近）的同类多系列产品或平行生产（同一产品同时存在绿色食品生产与非绿色食品生产）的，提供从原料基地、收购、加工、包装、贮运、仓储、产品标识等环节的区别管理体系。

9. 原料（饲料）及辅料（包括添加剂）是绿色食品或达到绿色食品产品标准的相关证明材料。

10. 包装产品，提供产品包装标签设计样。

（二）受理及文审

1. 省绿办收到上述申请材料后，进行登记、编号，5 个工作日内完成对申请认证材料的审查工作，并向申请人发出《文审意见通知单》，同时抄送中心认证处。

2. 申请认证材料不齐全的，要求申请人收到《文审意见通知单》后 10 个工作日提交补充材料。

3. 申请认证材料不合格的，通知申请人本生长周期不再受理其申请。

（三）现场检查

省绿色食品委托管理机构将依据企业的申请，在接到申请单位申请书一个月内，委派至少两名绿色食品标志专职管理人员赴申请企业进行实地考察。核实生产规模、管理、生态环境及产品质量控制情况，写出现场检查报告并署名盖章。现场检查报告的主要内容应包括：申报单位的基本概况、产品的基本情况、生产规模、管理技术水平、生产操作规程、病虫害及肥料的使用情况（添加剂的使用情况）、获得标志后产品的市场情况、农业生态环境质量状况、产品质量控制情况及发展前景等。

如考察合格，省绿色食品委托管理机构将委托定点的环境监测机构对申报产品或产品原料产地的大气、土壤和水进行环境监测和评价。

（四）环境监测

绿色食品委托管理机构的标志专职管理人员将结合考察情况及环境监测和评价的结果对申请材料进行初审，并将初审合格的材料上报中国绿色食品发展中心。中国绿色食品发展中心对上述申报材料进行审核，并将审核结果通知申报企业和省绿色食品委托管理机构。考察材料审核包括：申报材料是否齐全；填报材料是否真实、规范；环境监测材料是否有效（时间上是否有效、监控面积是否能控制整个基地面积）；生产操作是否符合绿色食品生产操作规程；基地示意图是否明晰、规范；省委托管理机构考察报告是否符合要求等。上述材料审核不合格者，当年不再受理其申请。

（五）产品检测

审核合格者，由省绿色食品委托管理机构对申报产品进行抽样，委派 2 名或 2 名以上绿色食品标志专职管理人员赴申报企业进行抽样；抽样由抽样人员与被抽样单位当事人共同执行。抽取样品，于样品包装物上贴好封条，并由双方在抽样单上签字、加盖公章；抽样后，申报企业带上检测费、产品执行标准复印件、绿色食品抽样单、抽检样品送至绿色食品定点食品监测中心，依据绿色食品标准进行检测。

绿色食品定点监测中心依据绿色食品产品标准检测申报产品。监测中心应于收到样品 3 周内出具检验报告，并将结果直接寄至中心标志管理处，不得直接交予企业。对于违反程序，无抽样单的产品，监测中心应不予检测，否则，检测结果一律视为无效。申报企业对环境监测结果或产品检测结果有异议的，可向中国绿色食品发展中心提出仲裁检测申请。中国绿色食品发展中心委托两家或两家以上的定点监测机构对其重新检测，并依据有关规定做出裁决。

（六）认证审核

中心认证处组织审查人员及有关专家对上述材料进行审核。

1. 审核结论为“有疑问，需现场检查”的，中心认证处在 2 个工作日内完成现场检查计划，书面通知申请人，并抄送省绿办。得到申请人确认后，5 个工作日内派检查员再次进行现场检查。

2. 审核结论为“材料不完整或需要补充说明”的，中心认证处向申请人发送《绿色食品认证审核通知单》，同时抄送省绿办。申请人需在 20 个工作日内将补充材料报送中心认证处，并抄送省绿办。

3. 审核结论为“合格”或“不合格”的，中心认证处将认证材料、认证审核意见报送绿色食品评审委员会。

（七）认证评审

中国绿色食品发展中心对检测合格的产品进行终审。终审合格的申请企业与中国绿色食品发展中心签订绿色食品标志使用合同。不合格者，当年不再受理其申请。

（八）颁证

中国绿色食品发展中心对上述合格的产品进行编号，并颁发绿色食品标志使用证书。

终审合格后，中国绿色食品发展中心将书面通知企业前往中心办理领证手续。三个月内未办理手续者，视为自动放弃。领取绿色食品标志使用证书时，需同时办理以下手续：

（1）缴纳标志服务费：每个产品8000元，同类的（57小类）系列初级产品，超过两个的部分，每个产品1000元；主要原料相同和工名相近的系列加工产品，超过两个的部分，每个产品2000元；其他系列产品，超过两个的部分，每个产品3000元。

（2）送审产品使用绿色食品标志的包装设计样图。

（3）如不是法人代表本人来办理，需出示法人代表的委托书。

（4）订制绿色食品标志防伪标签。

（5）与中心签订《绿色食品标志许可使用合同》。中国绿色食品发展中心将对履行了上述手续的产品实行统一编号，并颁发绿色食品使用证书，证书的有效期为三年。

三、绿色食品标志的使用与管理

（一）许可使用绿色食品标志企业的管理

1. 中国绿色食品发展中心对企业的监督管理

（1）标志专职管理人员对企业的监督检查：绿色食品标志专职管理人员对所辖区域内绿色食品生产企业每年至少进行一次监督检查，将企业履行合同情况，种植、养殖、加工等规程执行情况向中心汇报。

（2）产品及环境抽检：中国绿色食品发展中心每年年初下达抽检任务，指定定点的食品监测机构、环境监测机构对企业也使用标志的产品及其原料产地生态环境质量进行抽检，不合格者取消其标志使用权，并公之于众。

2. 市场监督　所有消费者对市场上的绿色食品都有监督的权利。消费者有权了解市场中绿色食品的真假，对有质量问题的产品向中心举报。

3. 出口产品　使用绿色食品标志的管理获得绿色食品标志使用权的企业，在其出口产品上使用绿色食品标志时，必须经中国绿色食品发展中心许可，在中心备案。

4. 技术支持　中国绿色食品发展中心在新的绿色食品标准（产品、农药、肥料、食品添加剂及操作规程等）出台后应及时提供给企业，并在技术、信息方面给企业以支持。

（二）获得绿色食品标志使用权企业的要求

1. 缴纳标志使用费　企业必须严格履行《绿色食品标志许可使用合同》，按期缴纳标志使用费，对于未如期缴纳费用的企业，中国绿色食品发展中心有权取消其标志使用权，并公之于众。

2. 标志使用期　绿色食品标志许可使用有效期为三年。若欲到期后继续使用绿色食品标志，须在使用期满前三个月进行续展，续展按照《绿色食品续展认证程序》执行。未按时限要求进行续展者，视为自动放弃使用权，收回绿色食品证书并进行公告。

3. 培训　企业应积极参加各级绿色食品管理的绿色食品知识、技术及相关业务的培训。

4. 防伪标签　使用企业按照中国绿色食品发展中心要求，定期提供：有关获得标志使用权的产品的当年产量，原料供应情况，肥料、农药的使用种类、方法、用量，添加剂使用情况，产品价格，防伪标签使用情况等内容。

5. 变更备案　获得绿色食品标志使用权的企业不得擅自改变生产条件、产品标准及工艺，企业名称、法人代表等变更须及时报中国绿色食品发展中心备案。

点滴积累

1. 绿色食品认证程序为：申请→受理→现场检查→环境监测→产品检测→认证审核→认证评审→颁证。
2. 绿色食品标志使用期限许可使用有效期为三年，若欲到期后继续使用绿色食品标志，须在使用期满前三个月进行续展。

第四节　绿色食品认证案例

一、绿色食品认证材料的填写

（一）《绿色食品标志使用申请书》的填写

1. 申请单位全称　要与申报单位公章上的全称一致。

2. 产品名称　必须填写申报产品的商品名，系列产品不可作为一个产品申报，如不能以“奶粉”“蔬菜”等集合名词申报。产品名称需采用食品真实属性的专用名称，名称必须反映食品本身固有的特性、性质、特征。一栏内不可多个产品混填。

3. 产品特点简介　填写产品的营养特征、无污染特征及区别同类普通产品的不同点。

4. 原料生产环境简介　主要填写初级产品或加工产品原料生长环境土壤、大气及水等环境因子的污染情况及气候特征，产地历史上使用垃圾及农药、肥料的情况，产地周围工业污染情况及产地的生物的多样性等。具体见表 10-2。

表 10-2　绿色食品标志使用申请书

申请单位全称			
英文名称			
详细地址			
产品名称		英文名称	
包装方式		包装规格	
注册商标名称		注册商标编号	
产品特点简介			
原料生产环境简介			
省级绿色食品办意见			
中国绿色食品发展中心审批结论			
绿色食品证书编号及使用期限			
年度抽检记录			
备注			

（二）“生产企业概况”的填写

“原料供应单位情况”项：主要填写申报企业与生产基地、加工企业与原料生产基地或供应单位间的关系。具体见表10-3。

表10-3　生产企业概况

<table>
<tr><td>填表日期</td><td colspan="4">年　月　日（盖章）</td></tr>
<tr><td rowspan="9">企业情况</td><td>企业全称</td><td></td><td>法人代表</td><td></td></tr>
<tr><td>邮政编码</td><td></td><td>联系电话</td><td></td></tr>
<tr><td>省内主管部门</td><td></td><td>经济性质</td><td></td></tr>
<tr><td>领取营业执照时间</td><td></td><td>执照编号</td><td></td></tr>
<tr><td>职工人数</td><td></td><td>技术人员数</td><td></td></tr>
<tr><td>流动资金</td><td></td><td>固定资产</td><td></td></tr>
<tr><td rowspan="2">经营范围</td><td colspan="3">主营</td></tr>
<tr><td colspan="3">兼营</td></tr>
<tr><td>年生产总值</td><td></td><td>年利润</td><td></td></tr>
<tr><td rowspan="3">申请使用标志</td><td>产品名称</td><td></td><td>商标</td><td></td></tr>
<tr><td>设计年生产规模</td><td></td><td>实际年生产规模</td><td></td></tr>
<tr><td>平均批发价</td><td></td><td>当地零售价</td><td></td></tr>
<tr><td rowspan="3">产品情况</td><td>年销售量</td><td></td><td>年出口量</td><td></td></tr>
<tr><td>主要销售范围</td><td colspan="3"></td></tr>
<tr><td>获奖情况</td><td colspan="3"></td></tr>
<tr><td rowspan="3">原料供应单位情况</td><td>单位名称</td><td></td><td>生产规模</td><td></td></tr>
<tr><td>经济性质</td><td></td><td>年供应量</td><td></td></tr>
<tr><td>原料供应形式</td><td></td><td></td><td></td></tr>
<tr><td colspan="5">填表人：</td></tr>
</table>

常见的形式有：申报企业本身就是生产单位，如农场、果园等，属于此种情况的在“原料供应形式”一栏中填写“自给”；申报企业属于技术推广或经营单位，但有固定的生产基地，如某某乡技术推广站、某某县果品公司，属此种情况的在“原料供应形式”一栏填写“协议供应形式”，并附协议复印件；申报企业购买绿色食品原料，属此种情况的在“原料供应形式”一栏填写“合同供应形式”，并附报合同原件，发票复印件。

（三）填写“农药与肥料使用情况”表

1. 必须由种植单位或当地技术推广的主要技术负责人填写、签字，并加盖种植单位或技术推广单位公章。

2. “主要病虫害”一栏填写申报产品或产品原料当年发生的病虫草鼠害。

3. “农药、肥料使用情况”栏填写申报产品或产品原料当年农药、肥料的使用情况。

4. 每项内容必须认真填写，不得涂改（如有笔误，实行杠改并加盖红章），否则，一律视为不合格。如生产中不使用农药、肥料。在“农药、肥料使用情况”栏应填写未使用的理由，如使用的农药非常规农药，须附报产品标签说明书。

5. 对大田作物，农药“每次用量”单位为g(mg)/亩或L(ml)/亩，不得用稀释倍数，对果树、茶叶类，可以用稀释倍数表示，如4000倍。

6. 一张表只允许填写一种产品或产品原料的农药、肥料使用情况，不得多个产品或产品原料混填。具体见表10-4。

表10-4　农药、肥料使用情况

<table>
<tr><td colspan="8">填表日期：　年　月　日（盖章）</td></tr>
<tr><td>作物（饲料名称）</td><td colspan="3"></td><td colspan="4">种植面积</td></tr>
<tr><td>年生产量</td><td colspan="3"></td><td colspan="4">收获时间</td></tr>
<tr><td>主要病虫害</td><td colspan="7"></td></tr>
<tr><td rowspan="2">农药使用情况</td><td>农药名称</td><td>剂型规格</td><td>日期</td><td>使用方法</td><td>每次用量（或浓度）</td><td>全年使用次数</td><td>末次使用时间</td></tr>
<tr><td></td><td></td><td></td><td></td><td></td><td></td><td></td></tr>
<tr><td rowspan="2">肥料使用情况（kg/亩）</td><td>肥料名称</td><td>类别</td><td>使用方法</td><td>使用时间</td><td>每次用量</td><td>全年用量</td><td>末次使用时间</td></tr>
<tr><td></td><td></td><td></td><td></td><td></td><td></td><td></td></tr>
<tr><td colspan="8">附报：作物种植规程，对主要病虫害及其他公害控制技术及措施</td></tr>
<tr><td colspan="8"></td></tr>
<tr><td>填表人：</td><td colspan="3"></td><td>种植单位负责人：</td><td colspan="3"></td></tr>
</table>

（四）填写“畜（禽、水）产品饲养（养殖）情况”表

1. 必须由饲养（养殖）单位的主要技术负责人填写、签字，并加盖饲养（养殖）单位公章。

2. “饲养（养殖）规模”要求填写多少只、尾、条等个体单位。

3. “饲料构成情况”栏“饲料成分”要求将饲料的全部成分具体列出，不得用“其他”等含糊字样。如生长期各阶段的饲料成分有所区别的，应分别填写。“比例”应填写百分数，不得填写具体的量化数。“来源”应详细填写，不可填写“来自基地”或“来自外地”或外购等不明确的术语。

4. 每项内容必须认真填写，不得涂改（如有笔误，实行杠改并加盖红章），否则，一律视为不合格材料。不使用药剂，应说明理由，如使用非常规药剂，需附报产品标签声明书。

5. “药剂使用情况”栏“使用量”应填写平均每只（条、尾）所使用的药剂量（支、毫升）。如饲养（养殖）中不使用药剂，应说明理由，如使用非常规药剂，须附报产品标签说明书。

6. 一张表只允许填写一种产品或产品原料的农药、肥料使用情况，不得多个产品或原料混填。具体见表 10-5。

表 10-5　畜（禽、水）产品饲养（养殖）情况

<table>
<tr><td colspan="5">填表日期：　　年　月　日（盖章）</td></tr>
<tr><td>畜（禽、水）产品</td><td colspan="2"></td><td>饲养（养殖）规模</td><td></td></tr>
<tr><td colspan="5">饲料构成情况</td></tr>
<tr><td>成分名称</td><td colspan="2">比例</td><td>年用量</td><td>来源</td></tr>
<tr><td></td><td colspan="2"></td><td></td><td></td></tr>
<tr><td colspan="5">药剂（含激素）使用情况</td></tr>
<tr><td>药剂名称</td><td>用途</td><td>使用时间</td><td>使用方法</td><td>使用量</td></tr>
<tr><td></td><td></td><td></td><td></td><td></td></tr>
<tr><td colspan="5">附报：畜（禽、水）产品主要病虫害的防疫措施</td></tr>
<tr><td colspan="5"></td></tr>
<tr><td colspan="5">填表人：</td></tr>
</table>

（五）填写“加工产品生产情况”表

1. 必须由加工企业具体技术负责人填写，并加盖加工企业单位公章。

2. “产品名称”应与申请书上一致，采用产品的商品名。

3. 企业执行标准包括国家标准、行业标准、地方标准、企业标准。如执行行业标准、地方标准、企业标准，须附报标准复印件。

4. “原料基本情况”栏“名称”项应填写全部产品原料，如“苹果汁饮料”应填写苹果汁、白砂糖、水等成分。按用量大小，由大到小填。“比例”填百分数。“年用量”注意是填写全年的用量。“来源”，不可填“外购”等不具体的术语。

5. “添加剂使用情况”栏“名称”项必须使用《食品添加剂使用准》中的添加剂名称，不可缩写、不可写“俗称”，也不可填写“甜味剂”“色素”“增稠剂”“香精”等集合名称。“用途”必须填写，如漂白、防腐、乳化、增稠等。“用量”必须用千分数（或克/千克），不可用全年的量，如“千克、吨”之类的术语。非常规所用的添加剂，须附报产品标签说明书复印件或原件。

6. “加工工艺基本情况”栏将加工中的重点工序用简要文字表述出来。

7.“主要设备名称、型号及制造单位”栏一定程度上反映了企业生产能力及设备质量每台设备上都有铭牌，按铭牌上标注的内容填写即可。具体见表10-6。

表10-6　加工产品生产情况

填表日期：　　年　月　日（盖章）

产品名称		执行标准	
设计年产量		实际年产量	
原料基本情况			
名称	比例	年用量	来源
添加剂、防腐剂使用情况			
名称	用途	用量	备注
加工工艺基本情况			
工艺流程简图			
主要设备名称、型号、制造单位			

填表人：

二、绿色食品认证申报材料目录（以茶叶为样本）

材料目录

一、绿色食品标志使用申请书

二、种植产品调查表

三、加工产品调查表

四、绿色食品茶叶种植技术规程

五、茶叶生产加工管理规程

六、自有基地证明材料

(一)土地承包合同

(二)茶叶基地地块图

(三)基地、加工厂位置图

(四)加工厂区平面布局图

七、标准化茶叶基地日常管理制度

八、营业执照复印件

九、商标注册证复印件

十、全国工业产品生产许可证复印件

十一、质量管理手册

十二、申请产品预包装式样

十三、申请绿色食品认证基本情况调查表

十四、绿色食品现场检查通知书

十五、绿色食品认证现场检查计划确认回执表

十六、现场检查首、末次会议签到表

十七、现场检查照片

十八、环境质量监测情况表

十九、环境质量监测报告

二十、绿色食品产品抽样单

二十一、绿色食品产品检测情况表

二十二、绿色食品产品检测报告

二十三、最近生产周期农业投入品使用情况

二十四、绿色食品申报备案情况表

点滴积累

1. “产品名称”必须填写申报产品的商品名，系列产品不可作为一个产品申报，如不能以“奶粉”“蔬菜”等集合名词申报。
2. “原料供应单位情况”项主要填写申报企业与生产基地、加工企业与原料生产基地或供应单位间的关系。
3. “农药、肥料使用情况”栏填写申报产品或产品原料当年农药、肥料的使用情况。
4. “饲料构成情况”栏“饲料成分”要求将饲料的全部成分具体列出。
5. “加工工艺基本情况”栏将加工中的重点工序用简要文字表述出来。

目标检测

一、单项选择题

1. 绿色食品事业创立于(　　)年

A. 1990　　B. 1991　　C. 1992　　D. 1993

2. 中国绿色食品发展中心是负责全国绿色食品开发和管理工作的专门机构，隶属(　　)，与绿色食品管理办公室合署办公

A. 中华人民共和国农业部　　B. 国家卫生健康委员会
C. 国家林业局　　D. 国家环境保护总局

3. 使用绿色食品标志商标必须经(　　)审核许可

A. 中华人民共和国农业部　　B. 农业部绿色食品管理办公室
C. 中国绿色食品发展中心　　D. 中国绿色食品协会

4. 绿色食品标志使用有效期是(　　)年

A. 1　　B. 2　　C. 3　　D. 5

5. 获得绿色食品标志使用权的企业，当企业名称、产品名称、商标发生变化时，应办理(　　)手续

A. 证书变更　　B. 重新申报　　C. 申请备案　　D. 公告声明

6. 绿色食品认证属于(　　)

A. 自愿认证　　B. 推荐认证　　C. 强制认证　　D. 准入认证

二、多项选择题

1. 绿色食品遵循可持续发展原则，产自优良环境，实行全程质量控制，具有(　　)的特性

A. 无污染　　B. 安全　　C. 优质
D. 保健　　E. 营养

2. 发展绿色食品的意义是(　　)

A. 保护生态环境　　B. 提高农产品质量安全水平
C. 增进人民身体健康　　D. 促进企业增效、农民增收

E. 加强食品流通安全

3. 绿色食品实施“从土地到餐桌”全程质量控制，主要环节有(　　)

A. 产地环境监测　　B. 生产过程控制

C. 产品质量检测　　D. 产品包装、贮藏、运输管理

E. 产品销售管理

4. 绿色食品认证程序主要包括(　　)

A. 环境监测　　B. 现场检查　　C. 产品检测

D. 认证审核　　E. 专家评审

三、简答题

1. 绿色食品标志的含义是什么？

2. 简述绿色食品标志认证的程序。

3. 简述AA级绿色食品与A级绿色食品的区别。

（张笔觅）

第十一章

无公害食品和非转基因食品的认证和实施

导学情景 √

情景描述

（1）某工商局执法人员在日常巡查时发现某养殖场标注："纯天然无公害、自产自销、林地散养"字样以及鸡、鸡蛋的图形。执法人员对养殖场展开调查，得知该场标注上述内容的产品并未经过任何认证考核，未取得相关证书，也无法提供其他相关手续。

（2）2017年2月，《食品安全欺诈行为查处办法（征求意见稿）》中明确指出：以转基因食品冒充非转基因食品，属于食品宣传欺诈。

学前导语

无公害产品在法律条文中有明确规定，是指"产地环境、生产过程、产品质量符合国家有关标准和规范的要求，经认证合格获得认证证书，并允许使用无公害农产品标志的未经加工或初加工的食用农产品"。

近年来，由于转基因食品安全性具有很大争议，国家大力提倡非转基因认证。本章我们将带领同学们学习无公害食品及非转基因食品的认证。

第一节　无公害食品概述

一、无公害食品的定义

根据《无公害农产品管理办法》的规定，无公害食品是指产地环境、生产过程和最终产品符合无公害食品标准和规范，经专门机构认定，许可使用无公害农产品（食品）标识的食品。无公害食品生产过程中允许限量、限品种、限时间地使用人工合成的、安全的化学农药、兽药、鱼药、肥料、饲料添加剂等。无公害农产品的生产类型分为两类：一类是完全不施用农药、化肥等农用化学物质而生产出来的无公害农产品；另一类是限量、限时使用少量农药、化肥的无公害农产品。

二、无公害食品的标志管理

无公害农产品认证标志是农业部和国家认证认可监督管理委员会联合公告的，依据《无公害农产品标志管理办法》实施全国统一标志管理。

1. 无公害食品标志的含义　无公害农产品标志图案主要由麦穗、对勾和无公害农产品字样组成，麦穗代表农产品，对勾表示合格，金色寓意成熟和丰收，绿色象征环保和安全（彩图4）。

2. 无公害农产品认证材料的编号

（1）认证材料编号格式及含义：认证材料编号由行政区划代码、行业代码和当年上报产品总排序号三部分组成，用三位英文字母和四位阿拉伯数字表示，基本格式为图11-1。

（2）行政区划代码：位于第一至第二位，表示无公害农产品省级承办机构所在的省（自治区、直辖市及计划单列市），采用GB/T 2260—2007《中华人民共和国行政区划代码》中规定的代码，用两个大写英文字母表示（表11-1）。

表11-1　各省（自治区、直辖市）和计划单列市行政区划代码表

BJ 北京	TJ 天津	HE 河北	SX 山西	NM 内蒙古	LN 辽宁
JL 吉林	HL 黑龙江	SH 上海	JS 江苏	ZJ 浙江	AH 安徽
FJ 福建	JX 江西	SD 山东	HA 河南	HB 湖北	HN 湖南
GD 广东	GX 广西	HI 海南	CQ 重庆	SC 四川	GZ 贵州
YN 云南	XZ 西藏	SN 陕西	GS 甘肃	NX 宁夏	QH 青海
XJ 新疆					

（3）行业代码位于第三位，用大写英文字母Z代表种植业、X代表畜牧业、Y代表渔业。

（4）当年上报产品总排序号位于第四至第七位，表示无公害农产品省级承办机构当年上报产品总排序号，用四位阿拉伯数字表示，如编号BJ-Z 0168的含义为北京承办机构当年上报的种植业第168个产品的认证材料。认证编号格式见图11-1。

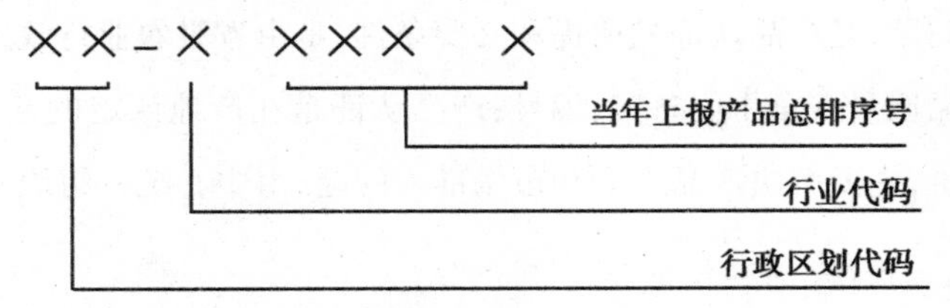

图11-1　认证编号格式

三、无公害食品的特点

无公害食品是指有害有毒物质控制在安全允许范围内的产品，具有安全性、优质性、高附加值3个明显特征。

无公害农产品必须达到以下要求：一是产地生态环境质量必须达到农产品安全生产要求；二是必须按照无公害农产品管理部门规定的生产方式进行生产；三是产品必须对人体安全、符合有关卫生标准；四是无公害农产品的品质还应是优质的；五是必须取得无公害农产品管理部门颁发的标志或证书。因此，无公害农产品的特点可以概括为无污染、安全、优质并通过管理部门认证的农产品。

点滴积累 √

1. 无公害食品生产过程技术要求允许限量、限品种、限时间地使用人工合成的、安全的化学农药、兽药、鱼药、肥料、饲料添加剂等。
2. 无公害食品特点安全性、优质性、高附加值。

第二节　无公害食品认证建立与实施

一、无公害食品认证

根据《无公害农产品管理办法》第二条的规定:无公害食品是指产地环境、生产过程和产品质量符合国家有关标准和规范要求,经认证合格获得认证证书并允许使用无无公害农产品标志的未经加工或者初加工的食用农产品。

无公害农产品认证是由农业部农产品质量安全中心依据认证认可规则和程序,按照无公害农产品质量安全标准,对未经加工或初加工的食用农产品产地环境、农业投入品、生产过程和产品质量等环节进行审查验证,向经评定合格的农产品颁发无公害农产品认证证书,并允许使用全国统一的无公害农产品标志的活动。

二、无公害食品认证方式及类型

无公害农产品认证包括产地认定和产品认证两个方面。产地认定主要解决产地环境和生产过程中的质量安全控制问题,是产品认证的前提和必要条件,是由省级农业行政主管部门组织实施,认定结果报农业部农产品质量安全中心备案、编号;产品认证是在产地认定的基础上对产品生产全过程的一种综合考核评价,主要解决产品安全和市场准入问题,由中心统一组织实施,认证结果报农业部、国家认监委公告。

无公害食品认证采取产地认定和产品认证相结合的方式。凡具有无公害农产品生产条件的单位或个人均可申请无公害农产品产地认定。各级建设的农产品生产基地具备无公害农产品生产条件的,可优先申请无公害农产品产地认定。

三、无公害农产品认证的特点

无公害农产品认证是我国农产品认证主要形式之目前虽然是自愿性认证,但与其他的自愿性产品认证相比有本质的区别。

1. 政府推行的公益性认证　无公害农产品认证实质上是为保障食用农产品生产和消费安全而实施的政府质量安全担保制度,属于公益性事业,实行政府推动的发展机制,认证不收费。

2. 产地认定与产品认证相结合　无公害农产品认证采取产地认定与产品认证相结合的模式,产地认定主要解决生产环节的质量安全控制问题,产品认证主要解决产品安全和市场准入问题。

3. 推行全程质量控制　无公害农产品认证运用全过程质量安全管理的指导思想，推行“标准化生产、投入品监管、关键点控制、安全性保障”的技术制度。从产地环境、生产过程和产品质量三个重点环节控制危害因素含量，保障农产品的质量安全。

点滴积累

1. 无公害食品认证类型分为产地认定、产品认证。
2. 无公害食品认证方式为产地认定和产品认证相结合的方式。

第三节　无公害食品认证与案例

一、无公害食品一体化申报流程

一体化认证的工作流程由原来的8个环节整合为：“县级→地级→省级→部直分中心→部中心”5个环节。

（一）申请

申请人填写《无公害农产品产地认与产品认证（复查换证）申请书》，并向认证机构提交相关的附报材料。

1. 申请依据及条件

（1）申请依据：《无公害农产品管理办法》《无公害农产品产地认定程序》《无公害农产品认证程序》。

（2）申请条件

1）无公害农产品认证申请主体应当具备国家相关法律法规规定的资质条件，具有组织管理无公害农产品生产和承担责任追溯的能力。

2）申请人须具有一定生产规模，组织化程度高，质量安全自律性强，并按有关要求提交申报材料：主体资质方面要求申请人应具有集体经济组织、农民专业合作社或企业等独立法人资格；产地规模方面要求生产基地应集中连片，产地区域范围明确，产品相对稳定，具有一定生产规模；生产管理方面要求法定代表人统一负责生产、经营、管理，建立完善的投入品管理（含当地政府针对农业投入品使用方面的管理措施）、生产档案、产品检测、基地准出、质量追溯等全程质量管理制度。近3年内没有出现过农产品质量安全事故；申报材料方面要求除现有无公害农产品认证需要提交的材料外，还要提交土地使用权证明、3年内种植（养殖）计划清单、生产基地图等3份材料。其中《无公害农产品产地认定与产品认证申请书》封面的材料编号在原编号基础上加后缀“ZT”，申报类型选择整体认证。

2. 申请材料

（1）首次申报：根据《无公害农产品产地认定与产品认证申请和审查报告（2014版）》申请须知，

首次认证须报以下材料:①国家法律法规规定申请人必须具备的资质证明文件复印件;②《无公害农产品内检员证书》复印件;③无公害农产品生产质量控制措施(内容包括组织管理、投入品管理、卫生防疫、产品检测、产地保护等);④最近生产周期农业投入品(农药、兽药、渔药等)使用记录复印件;⑤《产地环境检验报告》及《产地环境现状评价报告》(省级工作机构选定的产地环境检测机构出具)或《产地环境调查报告》(省级工作机构出具);⑥《产品检验报告》原件或复印件加盖检测机构印章(农业部农产品质量安全中心选定的产品检测机构出具);⑦《无公害农产品认证现场检查报告》原件(负责现场检查的工作机构出具);⑧无公害农产品认证信息登录表(电子版);⑨其他要求提交的有关材料。

(2)产品扩项申请:产品扩项认证的,除《无公害农产品产地认定与产品认证申请和审查报告》外,附报材料须提交④、⑥、⑦、⑧和《无公害农产品产地认定证书》及已获得的《无公害农产品证书》。

(3)复查换证:申请复查换证的,除《无公害农产品产地认定与产品认证申请和审查报告》外,附报材料须提交⑦、⑧。

(4)整体认证:申请整体认证的,除《无公害农产品产地认定与产品认证申请和审查报告》外,附报材料须提交①~⑧,以及土地使用权证明、3年内种植(养殖)计划清单、生产基地图等。

(二)县审

县级工作机构自收到申请之日起10个工作日内,负责完成对申请人申请材料的形式审查。符合要求的,在《无公害农产品产地认定与产品认证报告》签署推荐意见,连同申请材料报送地级工作机构审查。不符合要求的,书面通知申请人整改、补充材料。

(三)地审

地级工作机构自收到申请材料、县级工作机构推荐意见之日起15个工作日内,对全套申请材料进行符合性审查,符合要求的,在《认证报告》上签署审查意见(北京、天津、重庆等直辖市和计划单列市的地级工作合并到县级一并完成),报送省级工作机构。不符合要求的,书面告知县级工作机构通知申请人整改、补充材料。

(四)省审

省级工作机构自收到申请材料及县、地两级工作机构推荐、审查意见之日起20个工作内,应当组织或者委托地县两级有资质的检查员按照《无公害农产品认证现场检查工作程序》进行现场检查,完成对整个认证申请的初审,在《认证报告》上提出初审意见。

1. 无公害农产品(畜牧业产品)一体化认证现场检查　对无公害农产品(畜牧业产品)一体化认证中公司加农户、畜禽养殖协会以及农业经济合作组织等带有农户的申请人开展现场检查时,除了按照《无公害农产品认证现场检查规范》和《无公害农产品(畜牧业产品)认证现场检查评定细则》要求开展现场检查外,应对其所带农户养殖情况进行抽查。

2. 检测产品抽样数量　同一产地、同一生长周期、适用同一无害食品标准生产的多种产品在申请认证时,检测产品抽样数量原则上采取按照申请产品数量开二次平方根(四舍五入取整)的方法确定,并按规定标准进行检测。申请之日前两年内,部、省监督抽检质量安全不合格的产品应包含在检测产品抽样数量之内。

（五）部直分中心复审

通过初审的，报请省级农业行政主管部门颁发《无公害农产品产地认定证书》，同时将申请材料、《认证报告》和《无公害农产品产地认定与产品认证现场检查报告》及时报送部直各业务对口分中心复审。未通过初审的，书面告之地县级工作机构通知申请人整改、补充材料。

（六）部中心审核及颁证

农业部农产品质量安全中心审核，颁发《无公害农产品证书》。颁发《无公害农产品证书》前，申请人应当获得《无公害农产品产地认定证书》或者省级工作机构出具的产地认定证明。

二、无公害食品的认证管理

根据《无公害农产品管理办法》，凡符合《无公害农产品管理办法》规定，生产产品在《实施无公害农产品认证的产品目录》内，具有无公害农产品产地认定有效证书的单位和个人均可申请无公害农产品认证。只有经省级承办机构、农业部农品质量安全中心专业分中心、中心的严格审查、评审，符合无公害农产品的标准，同意颁发无公害农产品证书并许可加贴标志的农产品，方可冠以"无公害农产品"称号。

1. 无公害农产品的认证有效期　无公害农产品证有效期为 3 年。期满需要继续使用的，应当在有效期满 90 日前申请续期。

2. 标志管理

（1）无公害农产品标志应当在认证的品种、数量等范围内使用。

（2）获得无公害农产品认证证书的单位或个人，可以在证书规定的产品、包装、标签、广告、说明书上使用无公害农产品标志。

3. 监督管理

（1）农业部、国家质量监督检验检疫总局、国家认证认可监督管理委员会和国务院有关部门根据职责分工依法组织对无公害农产品的生产、销售和无公害农产品标志使用等活动进行监督管理。

（2）认证机构对获得认证的产品进行跟踪检查，受理有关的投诉、申诉工作。

（3）任何单位和个人不得伪造、冒用、转让、买卖无公害农产品产地认定证书、产品认证证书和标志。

三、无公害食品认证案例

无公害食品认证流程具体见表 11-2~表 11-11。

表 11-2　申请主体基本情况

申请主体全称					
单位性质	□企业　□合作社　□协会　□个人　□其他				
是否龙头企业	□是　□否	龙头企业级别	□国家级　□省级　□市级　□县级		
法人代表		联系电话		手机	
联系人		联系电话		手机	
内检员		证书编号			
传真		E-mail			
通讯地址		邮政编码			
职工人数		管理人员数		技术人员数	
产地基本情况					
产地规模(公顷、万头、万只、立方米水体)					
产地详细地址	省(区、市)市县乡(镇)村				
生产经营类型	□自产自销型(申请人自有基地、统一生产、统一销售)				
	□公司+农户型	农户数			
	□公司+合作社(协会)+农户型	农户数			
	□合作社(协会)	社员(会员)数			
	□合作社(协会)+农户型	农户数			
	□其他				

表 11-3　申请产品情况

产品名称	生产规模※(公顷/万头/万只/立方米水体)	生产周期	包装规格	年产量(吨)	年销售量(吨)	年销售额(万元)

※存在套作、混养等情况的生产方式,需详细说明套作、混养的品种

表 11-4　最近生产周期种植产品农药使用情况

施药作物	农药通用名称	登记证号	农药剂型	防治对象	使用剂量	一个生产周期使用次数	末次施药到收获的间隔天数

填表人：　　　　　　　年　月　日

表 11-5　最近生产周期种植产品肥料使用情况

施肥作物	肥料通用名称	登记证号	总施肥量	一个生产周期使用次数

填表人：　　　　　　　年　月　日

表 11-6　初级产品加工生产情况

<table>
<tr><td>产品名称</td><td colspan="2"></td><td colspan="2">加工厂名称</td><td></td></tr>
<tr><td>设计年产量(吨)</td><td colspan="2"></td><td colspan="2">实际产量(吨)</td><td></td></tr>
<tr><td colspan="6">原料</td></tr>
<tr><td>名称</td><td colspan="2">比例</td><td colspan="2">年用量(吨)</td><td>来源</td></tr>
<tr><td></td><td colspan="2"></td><td colspan="2"></td><td></td></tr>
<tr><td colspan="6">食品添加剂</td></tr>
<tr><td>名称</td><td colspan="2">添加比例</td><td>作用</td><td>来源</td><td>执行标准和登记证号(或批准文号)</td></tr>
<tr><td></td><td colspan="2"></td><td></td><td></td><td></td></tr>
<tr><td></td><td colspan="2"></td><td></td><td></td><td></td></tr>
<tr><td>主要加工设施</td><td colspan="5"></td></tr>
<tr><td colspan="6">工艺流程</td></tr>
</table>

续表

产品检验能力(检验机构、人员、设施、检验项目等)
废污物无害化处理及环境保护情况

填表人：　　　　　　年　月　日

表 11-7　申请认证产品计划使用无公害农产品标志统计

<table>
<tr><td colspan="2">单位名称</td><td colspan="5"></td></tr>
<tr><td colspan="2">产品名称</td><td colspan="2"></td><td colspan="2">产品上市时间</td><td></td></tr>
<tr><td rowspan="2">标志种类</td><td rowspan="2">规格</td><td rowspan="2">直径尺寸(mm)</td><td rowspan="2">使用标志数量(万枚)</td><td colspan="2">加贴附着物</td><td rowspan="2">产品包装规格说明(克/袋、箱、包)</td></tr>
<tr><td>产品</td><td>包装</td></tr>
<tr><td rowspan="5">纸质标志</td><td>1 号</td><td>10</td><td></td><td></td><td></td><td></td></tr>
<tr><td>2 号</td><td>15</td><td></td><td></td><td></td><td></td></tr>
<tr><td>3 号</td><td>20</td><td></td><td></td><td></td><td></td></tr>
<tr><td>4 号</td><td>30</td><td></td><td></td><td></td><td></td></tr>
<tr><td>5 号</td><td>60</td><td></td><td></td><td></td><td></td></tr>
<tr><td rowspan="4">塑质标志</td><td>2 号</td><td>15</td><td></td><td></td><td></td><td></td></tr>
<tr><td>3 号</td><td>20</td><td></td><td></td><td></td><td></td></tr>
<tr><td>4 号</td><td>30</td><td></td><td></td><td></td><td></td></tr>
<tr><td>5 号</td><td>60</td><td></td><td></td><td></td><td></td></tr>
</table>

填表人：　　　　　　年　月　日

表 11-8　现场检查人员基本情况

<table>
<tr><td colspan="2">检查组派出单位名称</td><td colspan="5"></td></tr>
<tr><td>类别</td><td>分工</td><td>姓名(本人签字)</td><td>工作单位</td><td>职务/职称</td><td>电话</td><td>备注(检查员注册证书号)</td></tr>
<tr><td rowspan="5">检查组</td><td>组长</td><td></td><td></td><td></td><td></td><td></td></tr>
<tr><td rowspan="4">成员</td><td></td><td></td><td></td><td></td><td></td></tr>
<tr><td></td><td></td><td></td><td></td><td></td></tr>
<tr><td></td><td></td><td></td><td></td><td></td></tr>
<tr><td></td><td></td><td></td><td></td><td></td></tr>
<tr><td colspan="2" rowspan="4">参加人员</td><td></td><td></td><td></td><td></td><td></td></tr>
<tr><td></td><td></td><td></td><td></td><td></td></tr>
<tr><td></td><td></td><td></td><td></td><td></td></tr>
<tr><td></td><td></td><td></td><td></td><td></td></tr>
<tr><td colspan="2">保密承诺</td><td colspan="5">检查组承诺：严格按照有关无公害农产品认证的法律法规实施现场检查，对于检查组在检查中可能涉及的认证申请主体的产品、技术等非公开信息，在未得到法律许可或认证申请主体同意的情况下不向第三方透漏。</td></tr>
</table>

表 11-9　受检单位基本情况

<table>
<tr><td>申请主体全称</td><td colspan="4"></td><td colspan="2">法人代表</td><td></td></tr>
<tr><td>通讯地址</td><td colspan="4"></td><td colspan="2">邮编</td><td></td></tr>
<tr><td>联系人</td><td></td><td>电话</td><td colspan="2"></td><td colspan="2">传真</td><td></td></tr>
<tr><td>产品名称</td><td colspan="7"></td></tr>
<tr><td>检查地点</td><td colspan="3"></td><td colspan="2">现场检查日期</td><td colspan="2">年　月　日</td></tr>
<tr><td>抽检农户名单</td><td colspan="7"></td></tr>
</table>

表 11-10　无公害农产品（种植业产品）认证现场检查评定项目（样本）

条款	检查项目	结论	情况描述	备注
一、质量管理				
1※	申请主体资质：证照齐全有效，具有组织管理无公害农产品生产和承担责任追溯的能力。 查：资质证明文件及相关材料	通过	该企业有有效期内的工商营业执照	
2	质量安全管理责任制：明确领导、管理和生产人员职责。 查：关键岗位职责分工	通过	该企业设有经理、技术员和记录员，分工明确。	
3※	质量管理制度：包括质量控制措施、生产操作规程、人员培训制度、生产记录及档案管理制度、基地农户管理制度、投入品管理制度等。 查：各类质量管理体系文件	通过	该企业有质量控制措施、生产操作规程、人员培训制度、生产记录、投入品管理制度等文件。	
4※	内检员：有经培训合格的无公害农产品内检员。 查：无公害农产品内检员证书原件	通过	该企业有参加农业部培训的无公害农产品内检员，并获得内检员证书。	
5	生产管理人员：质量安全管理人员、生产人员定期接受相关培训。 查：培训记录、培训资料等	通过	该企业有进行定期的培训，并有培训的记录，还定期参加各级组织的培训。	
6※	记录档案：生产和销售记录档案至少保存两年。 查：文件记录档案	通过	该企业有生产和销售的记录档案。	
二、产地环境及设施				
7	周边环境：清洁，无生产及生活废弃物。 查：现场查看。	通过	该企业的基地周边环境清洁，无生产机生活废弃物。	
8※	产区环境：产地区域范围明确，无对农业生产活动和产地造成潜在危害的污染源。 查：现场查看	通过	该企业的产地区域范围明确，无潜在污染源	

续表

条款	检查项目	结论	情况描述	备注
三、生产过程管理				
9※	植保产品选购：购买的植保产品应具有农药登记证、生产许可证和执行标准，保留购货凭证，出入库记录并记录相关情况。 查：植保产品标签、购货凭证、出入库记录	通过	该企业购买的农资产品具有登记证号、生产许可证和执行标准，具有购货凭证，出入库登记清晰。	
10	植保产品储存：植保产品及其器械应有专门的地方进行储存，并有专人进行管理。 查：现场查看、查领用记录	通过	该企业的农资产品储存良好，并有专人管理。	
11※	植保产品使用：应遵守国家相关法律法规，针对病、虫、草害或靶标，合理选择植保产品；严格执行安全间隔期的规定；不得使用国家禁止使用的植保产品；不得使用过期植保产品。 查：用药记录、采收记录，现场查看	通过	该企业选择的农药产品规范，严格执行安全间隔期，没有使用国家禁用和过期的植保产品。	
12	用药记录：包括地块、作物名称和品种、使用日期、药名、使用方法、使用量和施用人员。 查：用药记录	通过	该企业的用药规范，记录清楚。	
13	肥料选购：应保留肥料的购货凭证，并记录相关情况。 查：肥料的购货凭证、入库记录	通过	该企业在正规渠道购买肥料产品，出入库记录齐全。	
14※	肥料使用：严格遵守国家相关规定，不使用城市垃圾和未经无害化处理的人类生活的污水淤泥。 查：施肥记录	通过	该企业肥料使用规范，未发现使用城市垃圾和未经无害化处理的人类生活的污水淤泥。	
15	施肥记录：应包括地块、作物名称与品种、施用日期、肥料名称、施用量、施用方法和施用人员。 查：施肥记录	通过	该企业施肥记录清楚、完整。	
•16	废弃物管理：生产废弃物应按规定进行收集和处理。 查：现场查看。	通过	该企业对生产废弃物进行集中处理。	
四、产品质量管理				
17※	产品质量报告：产品质量应符合国家相关法律法规和标准的要求。 查：产品自检记录、监督抽检报告或产品检验报告	通过	该企业的产地及产品检测符合国家的有关规定。	

续表

条款	检查项目	结论	情况描述	备注
18	产品储存:产品应用符合要求的容器采收、运输、存储。收获的产品应与植保产品、有机肥料及化肥等农业投入品分开储存。 查:现场查看	通过	该企业的农资产品有专门的仓库,和农产品分开存放。	
19	包装标识:产品的包装标识应符合农产品包装和标识管理相关规定。 查:现场查看	通过	该企业的产品包装规范,符合有关规定。	
五、初级加工产品管理(适用于申报产品为初级加工产品的)				
20※	加工产品资质:具有国家规定的资质条件。 查:食品卫生许可证或食品生产许可证	通过	该企业有食品卫生许可证	
21	卫生制度:制定卫生管理和消毒制度,并严格执行。 查:文件资料、现场查看	通过	该企业有严格的卫生管理和消毒制度。	
22	加工规程:制定食品加工生产技术规程。 查:加工技术规程、加工生产记录	通过	该企业有食品加工生产技术规程和生产记录。	
23※	加工原料:符合相关规定的要求,不非法添加非食用物质和滥用食品添加剂。 查:原辅料使用记录、现场查看	通过	该企业按规定使用食品添加剂。	
24	产品储运:应有符合要求的产品贮藏和运输设施。 查:现场查看	通过	该企业的产品储存和运输条件规范。	
六、标志使用管理(适用于复查换证产品)				
25※	标志使用:获证产品应按要求使用无公害农产品标志。 查:标志使用记录	通过	该企业按照规范使用无公害农产品标志	

表 11-11　现场检查结论

现场检查综合评价	
检查结论	□通过 □限期整改 □不通过
现场检查组组长签字 年　月　日	

续表

<table>
<tr><td colspan="2">申请主体(签字、盖章)

年　月　日</td></tr>
<tr><td>不合格
项目确认</td><td>申请主体同意检查组认定的不合格项目,将按要求采取措施在年月日前整改完成,并将有关情况书面报告。
申请主体若不同意检查组认定的不合格项目,请填写意见:

申请主体(签字、盖章)　年　月　日</td></tr>
<tr><td>整改
结果</td><td>整改结果验证方式:□书面验证□现场验证
验证意见:

检查组组长(签字)　年　月　日</td></tr>
</table>

点滴积累 √

1. 无公害农产品一体化认证流程为:申请→县审→地审→省审→部直分中心复审→部中心审核及颁证。
2. 无公害农产品证有效期为 3 年。期满需要继续使用的,应当在有效期满 90 日前申请续期。

第四节　非转基因食品的认证

一、转基因食品的定义和特征

(一)转基因食品的定义

用基因工程方法将有利于人类的外源基因转入受体生物体内,改变其遗传组成,使其获得原先不具备的品质与特性的生物,称之为转基因生物。在联合国公约《生物安全议定书》上,是指任何具有凭借现代生物技术获得的遗传材料新异组合的活生物体,其中包括不能繁殖的生物体、病毒和类病毒,称为“改性活生物体”,或者叫“遗传修饰生物体”。

转基因食品是转基因生物的产品或者加工品,美国食品药品监督管理局(FDA)使用“生物工程食品”一词、欧洲使用“新型食品”一词,把转基因食品包括在内。在欧盟新型食品条例中将转基因食品定义为:“一种由经基因修饰的生物体生产的或该物质本身的食品”,包括经修饰的基因物质和蛋白质。转基因食品可以是活体的,能够遗传或者复制遗传材料,例如转基因的菜籽油、番茄、大豆等。转基因食品也可以是非活体的,例如大豆油、豆腐等。

（二）转基因食品的种类

1. 按照来源分类　转基因食品按照来源分为转基因植物食品、转基因动物食品和转基因微生物食品 3 类。其中转基因植物食品在转基因食品中数量最多。

2. 按照转入基因的性状分类　转基因生物实际是利用现代生物技术进行育种的产物，可以按照人们的需要选择具有特定性状的基因在现有农作物中进行表达，因此转基因食品都具有某些利于生产或消费的优良性状。

（三）转基因食品标识类型

转基因食品标识按照法律约束性分为义务标识（强制执行）和自愿标识两种方法。若按照标识的范围可分以下 3 类：

1. 选择性标识　只有在成分、营养价值和致敏性方面跟同类传统食品差别很大的转基因食品，才需加上转基因食品标签。

2. 有限度的标识　即只规定以最常用的转基因食品做主要配料的特定类别食品需要加上标签。例如，用转基因大豆为主要原料的加工产品。

3. 全面标识　规定任何食品如含有超过 1%左右的转基因原料均需加上标签。

二、转基因食品安全性验证程序

（一）验证申请

申请者需提交的申报资料包括以下几项：

1. 申请表。

2. 农业部对申请验证产品颁发的《农业转基因生产安全证书》。

3. 出口国（地区）相关部门的批准文件：政府批准的产品在本国（地区）生产、经营、使用的证明材料。

4. 企业标准：经省级以上标准行政部门备案的产品标准。

5. 设计包装和标识样稿：包括产品说明书、包装设计、标识设计等。

6. 与食用安全性评价有关的技术资料。

7. 样品样本。

8. 其他有助于食用安全性和营养质量评价资料。

（二）验证申请受理

1. 验证受理的基本要求

（1）对申请者的基本要求；

（2）对验证产品的基本要求。

2. 查验资料　按照原卫生部转基因食品食用安全性和营养质量评价的验证申报受理的有关规定，查验资料的合法性、完整性和规范性。按照资料查验结果，在规定的期限内，做出是否受理申报产品验证的决定，并通知申请者。

3. 资料审查

(1)与受体生物安全性有关的资料审查;

(2)与基因操作安全性有关的资料审查;

(3)与转基因生物安全性有关的资料审查;

(4)与产品生产、加工活动安全性有关的资料审查;

(5)与转基因食品食用安全性和营养质量有关的资料审查;

(6)与包装和标识有关的资料审查。

4. 制定验证方案

(1)制定验证方案;

(2)样品检验;

(3)安全等级的确认。

5. 形成验证报告　验证报告应采用统一的格式,按《卫生部转基因食品食用安全性和营养质量评价规程》的要求编写。验证报告的内容包括以下几项:

(1)申请者的基本情况;

(2)验证产品的基本情况;

(3)资料查验和审查结果;

(4)样品检验结果;

(5)安全等级确认结果;

(6)验证结论和建议。

6. 确认产品的安全等级　根据农业部发布的《农业转基因生物安全评价管理办法》的规定,中国对农业转基因生物安全实行分级评价管理,其标准和评价方法如下。

(1)转基因生物安全级别:按照对人类、动植物、微生物和生态环境的危险程度,将农业转基因生物分为以下 4 个等级。

1)安全等级Ⅰ:尚不存在危险;

2)安全等级Ⅱ:具有低度危险;

3)安全等级Ⅲ:具有中度危险;

4)安全等级Ⅳ:具有高度危险。

(2)安全等级确定步骤和标准

1)确定受体生物的安全等级:根据不同情况分为 4 个等级(表 11-12)。

表 11-12　受体生物安全等级及评价标准

安全等级	评价标准
Ⅰ	对人类健康和生态环境未曾发生过不利影响;演化成有害生物的可能性极小;用于特殊研究的短存活期受体生物,实验结束后在自然环境中存活的可能性极小
Ⅱ	对人类健康和生态环境可能产生低度危险,但是通过采取安全控制措施完全可以避免其危险的受体生物

续表

安全等级	评价标准
Ⅲ	对人类健康和生态环境可能产生中度危险，但是通过采取安全控制措施，基本上可以避免其危险的受体生物
Ⅳ	对人类健康和生态环境可能产生高度危险，而且在封闭设施之外尚无适当的安全控制措施避免其发生危险的受体生物

2）确定基因操作对受体生物安全等级的影响：按照基因操作对受体生物安全等级的影响情况分为3种类型（表11-13）。

表11-13　基因操作的安全类型及评价标准

安全类型	评价标准
1	增加受体生物安全性的基因操作
2	不影响受体生物安全性的基因操作
3	降低受体生物安全性的基因操作

3）确定转基因生物的安全等级：转基因生物的安全性分为4个等级，根据受体生物的安全等级和基因操作对其安全等级的影响类型及影响程度的不同情况来确定（表11-14）。

表11-14　转基因生物安全等级及评价标准

受体生物安全等级	基因操作对受体生物安全等级的影响类型		
	1	2	3
Ⅰ	安全等级仍为Ⅰ	安全等级仍为Ⅰ	如果安全性降低很小，且不需要采取任何安全控制措施的，则其安全等级仍为Ⅰ；如果安全性有所降低，根据降低程度不同，其安全等级可为Ⅱ、Ⅲ或Ⅳ
Ⅱ	如果安全性增加到对人类健康和生态环境不再产生不利影响的，则其安全等级为Ⅰ；如果安全性虽有增加，但对人类健康和生态环境仍有低度危险的，则其安全等级仍为Ⅱ	安全等级仍为Ⅱ	根据安全性降低的程度不同，其安全等级可为Ⅱ、Ⅲ或Ⅳ
Ⅲ	根据安全性增加的程度不同，其安全等级可为Ⅰ、Ⅱ或Ⅲ	其安全等级仍为Ⅲ	根据安全性降低的程度不同，其安全等级可为Ⅲ或Ⅳ
Ⅳ	根据安全性增加的程度不同，其安全等级可为Ⅰ、Ⅱ、Ⅲ或Ⅳ	其安全等级仍为Ⅳ	其安全等级仍为Ⅳ

4）确定转基因产品的安全等级：依据《农业转基因生物安全评价管理办法》规定，根据转基因生物的安全等级和生产、加工活动对转基因产品安全性的影响的不同情况，将转基因产品的安全等级分为四级（表11-15、表11-16）。

表 11-15　转基因产品的生产、加工活动的安全类型及评价标准

安全类型	评价标准
1	增加受体生物安全性的转基因产品的生产、加工活动
2	不影响受体生物安全性的转基因产品的生产、加工活动
3	降低受体生物安全性的转基因产品的生产、加工活动

表 11-16　生产、加工活动对转基因产品安全等级的影响类型

转基因生物安全等级	生产、加工活动对转基因产品安全等级的影响类型		
	1	2	3
Ⅰ	安全等级仍为Ⅰ	安全等级仍为Ⅰ	根据安全性降低的程度不同，其安全等级可为Ⅰ、Ⅱ、Ⅲ或Ⅳ
Ⅱ	如果安全性增加到对人类健康和生态环境不再产生不利影响的，则其安全等级为Ⅰ；如果安全性虽有增加，但对人类健康和生态环境仍有低度危险的，则其安全等级仍为Ⅱ	安全等级仍为Ⅱ	根据安全性降低的程度不同，其安全等级可为Ⅱ、Ⅲ或Ⅳ
Ⅲ	根据安全性增加的程度不同，其安全等级可为Ⅰ、Ⅱ或Ⅲ	其安全等级仍为Ⅲ	根据安全性降低的程度不同，其安全等级可为Ⅲ或Ⅳ
Ⅳ	根据安全性增加的程度不同，其安全等级可为Ⅰ、Ⅱ、Ⅲ或Ⅳ	其安全等级仍为Ⅳ	其安全等级仍为Ⅳ

7. 信息检索

8. 样品检验

（1）转基因食品基本卫生质量标准检验；

（2）转基因食品特性检验；

（3）转基因生物的遗传稳定性检验；

（4）目的基因的表达忠实性检验；

（5）非期望效应的检验；

（6）产品生物毒素的检验；

（7）产品致敏成分的检验；

（8）转基因微生物致病性的检验；

（9）转基因食品稳定性试验。

三、非转基因食品的认证

（一）非转基因认证概述

非转基因身份保持认证是对企业为保持产品的特定身份（如非转基因身份）而建立的保证体系，按照特定标准进行审核、发证的过程，简称 IP 认证。IP 体系是为防止在食品、饲料和种子生产中

潜在的转基因成分的污染，从非转基因作物种子的播种到农产品的田间管理、收获、运输、出口、加工的整个生产供应链中，通过严格的控制、检测、可追溯性信息的建立等措施，确保非转基因产品“身份”的纯粹性，并提高产品价值的生产和质量保证体系。IP 体系是供应链范围内的质量控制与管理、产品（原料）检测、可追溯信息及审核的结合体。完整的 IP 体系的建立包括三大部分：

1. 技术咨询　由 IP 技术服务部门协助客户根据有关 IP 标准建立符合客户实际生产要求的体系，制定 IP 体系文件，并协助客户编制程序手册。

2. 审核与认证　相关的认证公司负责现场审核与认证。

3. 检测　根据供应链的实际情况确定关键点，对体系内的产品（原料、中间产品或终产品）进行代表性的取样，并送交认证机构认可、具有资质的专业实验室检测，验证其非转基因的“身份”。

（二）IP 认证工作流程

1. 体系建立

（1）了解申请方（生产基地）现有供应链的详细情况及控制措施，根据实际情况进行有针对性的 IP 专业知识培训。通过 IP 知识的培训，说明 IP 体系的必要性及 IP 体系建立的要点，并讨论整个项目实施的计划安排。

（2）根据 IP 认证机构的要求，结合申请方供应链的实际情况编写《体系准则》，作为 IP 体系建立和运行的纲领性文件，内含规范中各个技术要素的具体要求。

（3）申请方评阅并接受该《体系准则》，并根据其要求编写供应链控制程序文件（即 IP 手册）。根据《体系准则》的要求详细规定在每个供应链阶段的工作应具体如何操作。另外，为了便于可追溯信息的记录，申请方还应要求编制必要的工作表格。

（4）手册编制审核后，可正式发布实施该手册。文件的正式发布和实施标志着 IP 体系的建立和开始运行。

（5）IP 体系的运行应指定至少一名人员作为 IP 体系运行的具体管理者和体系维护者。

2. 体系和程序审核

（1）IP 体系正式实施后，要求申请方有效运行至少 2 个月，运行期间保持必要的可追溯信息，方可进入 IP 外审和认证的程序中。根据标准的要求，在进入外审之前，申请方应先进行内审，内审报告应在外审时能够提供。

（2）审核分为体系审核和程序审核。体系审核依据《IP 认证规范》和申请方 IP 体系的《体系准则》，主要侧重体系的管理。程序审核依据申请方 IP 体系的程序文件及生产记录，侧重体系的具体运行。

（3）审核员在审核现场根据体系运行管理者及具体操作人员的答问结果及生产记录的信息，鉴别体系内存在的不符合情况，并现场开具不符合情况报告，受审核方应根据所发现的不符合项对其进行纠正。

（4）审核员将在一个工作日之内完成审核报告，通报给申请方及审核部，并做出是否进行认证颁证的建议。

3. 体系认证　审核部根据审核员递交的客户体系文件、审核记录、不符合项报告及审核报告做出评估，并做出是否给予客户认证注册的决定。证书的生效日期即从该时间计算，有效期一年。

4. 监督审核　申请方在成功获得认证以后，应继续按照要求运行 IP 体系，并在 6 个月以后进行监督审核，以确保 IP 体系运行的有效状态。

四、IP 认证案例

IP 认证流程具体见表 11-17～表 11-20。

表 11-17　非转基因控制体系程序文件目录样本

<table>
<tr><td rowspan="2">××非转基因控制体系</td><td>文件编号</td><td></td></tr>
<tr><td>版次</td><td></td></tr>
<tr><td rowspan="2">目录</td><td>页码</td><td></td></tr>
<tr><td>修改状态</td><td></td></tr>
</table>

章节号	标题	页码
	目录	
	颁布令	
	公司概况	
1	非转基因控制体系说明	
2	总则	
3	紧急情况产品回收管理程序	
4	状态变化通知程序	
5	文件控制程序	
6	记录控制程序	
7	采购程序	
8	内部审核程序	
9	不合格品控制程序	
10	纠正措施程序	
11	预防措施程序	
12	标识和可追溯性程序	
13	培训程序	
附录 A	公司组织机构图	
附录 B	各部门职能	
附录 C	本公司×××(原料)详细来源地	
附录 D	农业部门本地无转基因作物证明	

表 11-18　非转基因控制体系程序文件总则样本

××非转基因控制体系	文件编号	
	版次	
主题：总　　则	页码	
	修改状态	

1. 非转基因方针
2. 目标
3. 产品描述
4. 生产流程

表 11-19　非转基因控制体系程序文件采购程序样本

××非转基因控制体系	文件编号	
	版次	
主题：采购程序	页码	
	修改状态	

1. 目的
2. 适用范围
3. 职责
4. 工作程序
5. 相关文件
6. 质量记录

表 11-20　非转基因控制体系程序文件不合格品控制程序样本

××非转基因控制体系	文件编号	
	版次	
主题：不合格品控制程序	页码	
	修改状态	

1. 目的
2. 适用范围
3. 职责
4. 工作要求
4.1 不合格品控制程序流程图
4.2 不合格品的识别与评审
4.3 不合格品的处理
5. 相关文件
6. 质量记录

点滴积累 √

1. 转基因食品是一种由经基因修饰的生物体生产的或该物质本身的食品，包括经修饰的基因物质和蛋白质。
2. 转基因食品按来源分为转基因植物食品、转基因动物食品、转基因微生物食品。
3. 转基因标识按法律的约束性分为义务标识、自愿标识。
4. 非转基因认证是非转基因身份保持认证，是对企业为保持产品的特定身份（如非转基因身份）而建立的保证体系，按照特定标准进行审核、发证的过程，简称 IP 认证。

目标检测

一、单项选择题

1. 无公害农产品标志图案主要由麦穗、对勾和无公害农产品字样组成，麦穗代表农产品，对勾表示合格，金色寓意（　　），绿色象征环保和安全

A. 奢华　　B. 高贵　　C. 富裕　　D. 成熟和丰收

2. 无公害农产品认证依据的标准是（　　）

A. 国家标准　　B. 行业标准　　C. 地方标准　　D. 企业标准

3. 无公害农产品证有效期为 3 年。期满需要继续使用的，应当在有效期满（　　）前申请续期

A. 30 天　　B. 60 天　　C. 90 天　　D. 半年

4. 无公害农产品最终认证获批单位是（　　）

A. 农业部农产品质量安全中心

B. 国家卫生计生委卫生和计划生育监督中心

C. 国家药品监督管理局

D. 农业部绿色食品质量安全中心

5. 无公害食品认证属于（　　）

A. 自愿认证　　B. 推荐认证　　C. 强制认证　　D. 准入认证

6. 无公害食品认证方式是采用（　　）

A. 产地认定　　B. 产品认证

C. 产地认定和产品认证相结合　　D. 从农田到餐桌

7. 非转基因身份保持认证是对企业为保持产品的特定身份（如非转基因身份）而建立的保证体系，按照特定标准进行审核、发证的过程，简称（　　）认证

A. QS　　B. IP　　C. LP　　D. SSOP

8. 非转基因体系认证证书有效期为（　　）年

A. 1　　B. 2　　C. 3　　D. 5

9. 国家科学技术委员会发布的基因工程安全管理办法，将转基因食品潜在的危险程度分为 I、II、III、IV 级，分别表示对人类健康和生态环境（　　）

A. 具有高度危险、具有中度危险、具有低度危险、尚不存在危险

B. 没有危险、尚不存在危险、具有低度危险、具有高度危险

C. 尚不存在危险、具有低度危险、具有中度危险、具有高度危险

D. 绝对无危险、具有低度危险、具有中度危险、具有高度危险

二、多项选择题

1. 无公害食品的特点有(　　)

A. 安全性　　B. 优质性　　C. 无污染

D. 高附加值　　E. 营养性

2. 无公害农产品认证类型包括(　　)

A. 环境认证　　B. 产地认定　　C. 产品认证

D. 生产过程认证　　E. 质量认证

三、简答题

1. 简述无公害农产品认证的特点。

2. 简述无公害食品一体化申报流程。

3. 简述转基因食品的定义及分类。

4. 简述 IP 认证工作流程。

(张笔觅)

第十二章

清真食品的认证和实施

导学情景

情景描述

一天，小陆让同班同学小黄在来学校的路上帮他带一盒清真牛奶，他告诉小黄，牛奶包装上印着“清真”字样，下面写着一行“中国伊斯兰教协会监制”就是清真牛奶，小黄按照要求买到清真牛奶并带给了小陆。

学前导语

什么是清真食品？ 清真食品有哪些要求和禁忌？ 如何从外包装辨认清真食品？ 许多消费者并不了解清真食品，但清真食品在国际上具有很大的发展空间。 随着各国贸易往来的不断加强，我国清真食品市场也在逐步兴起。 本章将带领同学们学习清真食品的内涵、清真食品发展的现状及清真认证的相关知识。

第一节　清真食品概述

清真，是伊斯兰教(Al-Islam)在中国的专用名称，对应的英文“Halal”是伊斯兰教规定“合法的”意思，相反就是“非法的(Haram)”，还有一些食物或做法属于“可憎的”。具体解释如下：

合法的(Halal)：许可的，可以食用的，允许使用的。除肉类、禽类外，还包括其他食品、保健品和化妆品。

非法的(Haram)：被禁止的，不允许的。

可憎的(Makrooh)：受人厌恶的，一般指不能明确判断为“非法的”，但是被一些穆斯林所厌恶的食物或做法。

一、清真食品的规则

清真食品的规则出自伊斯兰教《古兰经》和“圣训”(使者穆罕默德的教诲)，对食物有一些特殊的要求。《古兰经》以“佳美”“洁净”和“合法”作为可食用食品的标准，规定的饮食禁忌为“自死物、血液、猪、‘非真主之名而宰的动物’，及烟酒”，在此基础上，“圣训”还做出了进一步的阐述。每位穆斯林(Muslim，即信奉伊斯兰教的人)对于有关信仰的规则要时刻遵守，即使在生病、怀孕、旅游期间也不例外。然而，《古兰经》中也明确提到“但为势所迫，非出自愿，且不过分者，那么，真主确是至赦的，确是至慈的”。目前，随着伊斯兰教人数在全球范围表现出较快的增长速度，伊斯兰教的饮食规则已经遍布全球。

对于穆斯林而言,所有洁净的食物都是可以食用的。禁忌的食物,或洁净的食物中含有禁忌的物质,或被其污染,则这些食物均不能食用。具体禁忌的食物及相关的规定如下:

1. 猪及其所有的副产品　穆斯林认为猪是不洁之物,不能食用。

2. 腐败的,或是自然死亡的动物　自然死亡的动物一般由于中毒、受伤、衰老、体弱等问题而导致的,因此对人体健康存在不利因素。

3. 一切状态的血液及其制品　血液可传播多种疾病,这项规则充分体现了真主对穆斯林的关爱。

4. 屠宰时没有奉真主之名的动物　伊斯兰教规定,动物屠宰应由理智健全的成年穆斯林操作,且屠宰时要口诵"奉真主之名"。如果食物本身是合法的(如牛、羊等),但屠宰时没有口诵"奉真主之名",该食品不能算是"清真"食品。

5. 屠宰后血液尚未从体内流尽的动物　屠宰时,要用锋利的刀切开动物的喉部,将血放尽,使其尽快死去,以减少其痛苦。在被屠宰动物尚未完全死去前,进行剥皮、切割某个部位的操作是可憎的,有违清真屠宰的原则。另外,在屠宰动物面前磨刀也是可憎的行为,这样会引起被屠宰动物的紧张和不安。

6. 酒精、毒品等非医用麻醉品　任何形式的酒精或酒精饮料对穆斯林而言都是被严格禁止的。用酒精或酒精饮料生产食品也是不允许的。但是,用酒精发酵成为醋酸,含这类醋酸的食品是允许的。以谷物类原料生产或以化学合成的方式生产的酒精是可以用于食品生产的,即要满足:食品生产原料中的酒精含量在0.5%以下,最终产品中的酒精含量在0.1%以下。

7. 烟　吸烟对身体没有任何益处,烟草中含有毒性物质烟碱,其对人的神经系统、心血管系统均有严重的损害。

8. 有犬齿的食肉动物　如狗、狮子、老虎等。

9. 有利爪的鸟类　如鹰、秃鹫、猫头鹰等。

10. 食草而不反刍的畜类

二、清真食品生产

伊斯兰教的饮食规则在现实生活中具有一定的优越性,如只食用洁净的食物,不食用那些病死、中毒或不明原因死亡的动物,不吸烟、不食用麻醉品等,这对于人体身心健康有很大益处。随着清真食品的优越性逐渐被人们认识,并且随着信奉伊斯兰教人数的增长,世界范围内对于清真食品的需求也在不断增长,使得从事清真食品生产的企业数量越来越多,产品的种类也越来越丰富。

1997年国际食品法典委员会对"清真"一词的定义为:被伊斯兰法律许可并且不含有或没有不符合伊斯兰法律的物质组成;没有被不符合伊斯兰法律规定的用具或设施处理、加工、运输和储存过;在处理、加工、运输和储存中,没有接触过不满足以上条件的食品。这一定义对清真食品的原料、生产加工、储存、运输环节均提出了要求。其中生产环节涉及的内容多且复杂,因此,本部分内容着重介绍几类主要的清真食品的生产。

（一）肉、禽类的生产

伊斯兰法律规定的禁止食用的食物大部分来自肉、禽类，因此，肉、禽类生产是清真食品生产中应严格控制的部分。具体的要求有：

1. 动物的种类必须是合法的，可以是牛、羊、鸡、鸭等，不能是猪、猛禽猛兽，如蛇、鹰、虎等。

2. 如果饲料是用动物副产品或提取物生产的，则用这些饲料养殖的禽类是非清真性质的。很多穆斯林认为，饲养的动物如果是供人们食肉、蛋、奶的，则饲料应该来源于植物。但也有一些穆斯林仅反对含猪及猪产品的饲料。

3. 屠宰方法 由身体健康、理智健全的成年穆斯林口诵“奉真主之名”进行屠宰，刀具必须锋利，从颈部切断静脉、动脉血管，以及气管和食管，但不能切到脊髓，不能把颈部切断。每屠宰一只动物，都要口诵“奉真主之名”。长久以来，纯手工屠宰一直都是穆斯林优先选择的方式。现在，机械化批量屠宰也得到了穆斯林的认可。对于机械屠宰，一般规定是：屠宰的设备应由穆斯林启动，同时口诵“奉真主之名”；屠宰生产线上应安排穆斯林操作人员，对因机器失误而造成的漏宰或其他问题进行补救处理，同时对每一只被屠宰的动物口诵“奉真主之名”，不能以录音的方式代替穆斯林口诵；当穆斯林操作人员休息或需要离开生产线时，机器设备必须停止。整个生产过程，应使用洁净的工具、器具或设备进行操作。

4. 应将被屠宰动物体内的血放尽，这些动物必须是因失血而死亡，而不能是其他原因。有些企业为了更好地控制动物屠宰，会采用电击、CO_2 等方式致晕，但前提是不能使被屠宰动物死亡，如果因此而导致被屠宰动物死亡的，则这些动物的肉就是非清真性质的。

5. 在条件允许的情况下，屠宰后要等被屠宰动物体内的血流尽、动物完全死去才能进行分割操作。

6. 各种配料应是清真性质的，经过清真食品认证的。

7. 企业生产线在生产猪或含猪的产品后，必须经过全面、彻底地清洗，才能转为生产清真食品。

（二）水产品类的生产

不同的伊斯兰教派对于水产品中哪些是合法的，哪些是非法的问题存在不同的看法。①所有的穆斯林一致认为，食用有鳞和鳍的鱼是合法的，如鳕鱼、鲤鱼、罗非鱼、金枪鱼、鲈鱼等；②大部分穆斯林认为，食用有鳍但没有鳞的鱼或像鱼一样的水中动物是合法的，但有些穆斯林认为是可憎的，如白鳝、鲶鱼、鲨鱼、河豚等；③大部分穆斯林认为，食用那些必须生活在水中的甲壳纲动物及软体动物是合法的，但有些认为是非法的或可憎的，如虾、蚌、扇贝、章鱼等；④基本不被穆斯林接受的水产品是那些既可以生活在水中，离开水也能生存的动物，如海龟、螃蟹、青蛙等。

对于水产品的屠宰，不需要像对陆地的动物那样以清真方式屠宰。所以，清真水产品的生产加工应关注的问题是：

1. 不使用伊斯兰教法律禁止的原料成分 由于不同国家，不同的伊斯兰教派对水产品是否合法存在许多差异，因此，在进行清真生产前，应了解产品预期销售的国家、地区或穆斯林群体对水产品的接受情况。

2. 避免生产设备被非清真食品污染 生产线及其他设备在生产了非清真产品后，必须经过全面、彻底地清洗,才能转为生产清真食品。

（三）乳制品类的生产

《古兰经》中描述乳是纯洁又可口的,是允许穆斯林食用的饮料。清真性质的乳制品的原料乳应来源于合法的动物,常见的乳制品有干酪、发酵乳、冰淇淋等。

1. 干酪　许多干酪的生产会使用到各种酶类,如凝乳酶。酶的清真性质直接影响所生产的干酪的清真性质。酶的来源有很多:①如果酶产自清真动物或微生物,则所生产的乳制品是清真的;②如果酶来源于猪,则是非清真的;③如果酶来源于非清真屠宰的动物,则所生产的产品也是非清真的;④转基因技术生产的酶,是被提倡使用在清真食品生产中的。如果某种酶来源于非清真屠宰的动物体内,但并不用这种酶直接生产干酪,而是通过转基因技术将这种酶的基因转到微生物中,在微生物体内生产这种酶,那么如果其他生产条件和配料均满足清真要求,则可以认为用这种酶生产的干酪是清真性质的。

2. 发酵乳　发酵乳生产过程中,往往会加入明胶、香精及其他添加剂。明胶作为增稠剂,在发酵乳生产中非常常用。明胶有清真来源的,也有非清真来源的。明胶的生产原料很多,如牛皮、牛骨、猪骨、鱼皮等。

对于穆斯林而言:①来源于猪皮、猪骨的明胶是非法的,不能食用的;②来源于牛皮、牛骨的明胶是可以食用的;③来源于没有以清真方式屠宰的牛的明胶,有些穆斯林认为可以接受,有些穆斯林认为不能接受;④来源于鱼皮的明胶,如果生产过程没有被其他非清真的物质污染,且鱼的种类是合法的,则生产的明胶是可以食用的;⑤用于宗教仪式的动物骨头,所生产的明胶是不可接受的。

除了明胶以外,其他清真性质的功能类似的果胶、卡拉胶等,也可用于清真食品的生产。

3. 冰淇淋等甜食　冰淇淋等甜食的生产往往需要许多种类的配料和添加剂,其中需要注意的除了明胶外,还有含酒精的调味剂。一些冰淇淋生产过程中会加入一些特殊的调味剂,如朗姆酒,其酒精含量较高,如果清真食品生产过程必须加入这类物质的话,则必须保证最终产品的酒精含量在0.1%以下。否则,该产品就不是清真食品了。

同样,用于乳制品生产的其他原料、配料或添加剂也通过其来源判断是否是清真性质的,进而判断最终乳制品的清真性质。

三、清真食品产业

（一）清真食品贸易

伊斯兰教不仅仅是一系列的宗教礼仪,还是一种生活方式,信仰的规则贯穿每个穆斯林的日常生活。伊斯兰教的信仰要求穆斯林只能食用清真食品。另外,也有许多非穆斯林消费者认为,清真食品是一类优质的食品。

穆斯林是世界上人口数量排第二位的信仰群体。据统计,2002 年全球共有 13 亿穆斯林人口,并保持持续增长的趋势,到目前,全球穆斯林约有 18 亿人口。同时,非穆斯林居民对清真食品的需求也在不断增加,因此,全球有不少于 20 亿人口的清真商品消费者。2010 年,全球清真食品市场约占世界粮食贸易额的 16%,并且每年以 18%左右的速度在增长。

随着交通、运输、食品生产、认证的不断进步,许多大、中、小规模的食品企业加入到清真食品生产和销售的活动中。许多伊斯兰国家,会直接从其他国家进口加工食品。但每个国家都有本国对于清真食品认证的规则及对于进口食品的要求。马来西亚于20世纪70年代率先建立了清真食品管理法规,并在清真食品全球推广的进程中起重要作用。印度尼西亚在执行清真管理法规方面在全球具有重要地位。新加坡虽然穆斯林比例不算高,但清真食品的规模非常大,许多国际品牌的食品如肯德基、麦当劳等在新加坡都是100%清真食品。下面将介绍这几个具有代表性的清真食品进口国的要求。

1. 马来西亚 马来西亚的牛肉自给率仅为17%左右,因此每年需要进口大量的牛肉。近年来,马来西亚政府将清真产业列为其中一个重点产业来打造。该政府每年举办国际清真食品展和世界清真产品论坛,为清真产业搭建交流的平台,也为马来西亚的清真产品推向全球开辟道路。

20个世纪70年代,为了确保消费者买到的是真正的清真食品,马来西亚政府于1975年通过《商品说明规则》,把虚假标注清真标识的行为定为犯罪;同年,通过了《商品说明法案》,把将普通食品虚假宣传为清真食品的行为定为犯罪。两部法规都对违反企业规定了相应的处罚,罚金范围为2.6万~13万美元;对于小型非法人企业,还会有最高6年的徒刑。

1982年马来西亚政府颁布法令,强制要求所有进口的肉制品必须通过清真认证,并且进口肉制品的生产企业必须是由马来西亚首相署伊斯兰教事务部门(后来升级改名为马来西亚伊斯兰发展局,JAKIM)和马来西亚兽医服务局联合批准的企业。

2. 新加坡 新加坡所有进口的肉类、禽类及肉制品必须通过新加坡回教理事会(MUIS)认可的产品出口国的伊斯兰教组织检查通过的清真认证。新加坡政府授权由MUIS全权负责清真产品管理。为了促进清真食品贸易,MUIS对本地企业和本地出口企业进行清真认证,并积极参加清真认证相关的研讨活动。

3. 印度尼西亚 印度尼西亚的清真认证由印度尼西亚宗教委员会(也称印度尼西亚乌拉玛委员会,MUI)负责,MUI把清真食品监管工作分配给其下属的"食品、药品及化妆品评估委员会"(AIFDC,印尼语称为LP-POM)负责。对于进口清真食品,由LP-POM派出审查员对产品的生产企业进行实地审查和评估,符合清真认证标准的,颁发证书。

(二)清真食品展销平台

在伊斯兰国家和穆斯林地区,常常有各种清真商品的交易会、展销会,如迪拜国际清真食品及用品展,中东、北非食品系列展览会,卡塔尔食品展,摩洛哥食品展等。参展的任何一种商品均应通过国际上任一个清真认证机构的HALAL认证。

1. 中东迪拜国际清真食品及用品展 这是目前全球最大的清真食品用品展之一,展品包括了清真食品、干果、谷物、海鲜、干鲜水果、蔬菜、清真冷冻食品、制冷设备、饮料加工设备、包装设备等。

2. 海湾食品展 展品包括饮料、罐头食品、茶、乳制品、有机食品、儿童食品、保健品、速冻食品、清真食品、食品添加剂等等。

3. 中东食品配料、天然原料、健康原料展览会 展品包括甜味剂、酸味剂、增稠剂、抗结剂、防腐剂、着色剂、酶制剂、香精香料、营养强化剂、腌制品、中草药及提取物、膳食纤维等。

点滴积累

1. 清真食品禁止食用的种类有猪、血液、自死物、酒和毒品、烟、猛禽猛兽、食草而不反刍的畜类。
2. 清真屠宰的规则为由理智健全的成年穆斯林操作、口诵“奉真主之名”、用锋利的刀切割动物喉部、不可切断脊髓、血液流尽后才能分割。
3. 在国际清真食品市场具有较大影响力的国家有马来西亚、新加坡、印度尼西亚等。

第二节　清真认证

一、清真认证概述

（一）清真认证的发展

从全球各个国家的穆斯林分布来看，100%信奉伊斯兰教的国家并不太多，许多国家和地区都是穆斯林和非穆斯林混居的，这就存在食物是否是清真性质的问题。另外，穆斯林人口比较集中的地区有东南亚、西亚、中东、北非等地区，受自然条件的限制，生产的食物难以自给自足，许多食品必须依靠进口。而穆斯林在食用进口食品时，会担忧食品的清真性质。因此，在清真食品产业化的进程中，就出现了清真认证。清真认证，可以保证食品从原料、生产到成品、运输和销售全过程的清真性质，保证食品的洁净、安全，维护穆斯林及非穆斯林消费者的合法权益。

清真食品认证的发展经历了3个阶段。第一阶段是由早期的生产商以穆斯林特有的图案、色彩和符号等形式传递清真信息，使穆斯林消费者能够辨认生产商的穆斯林身份，从而确认其提供的产品的清真性质。第二阶段，随着社会经济的发展，为了解决穆斯林消费者无法真正了解国外清真食品的实际生产过程，以及非伊斯兰国家生产清真食品时有资格从事屠宰等工作的穆斯林人数不足的问题，清真食品进口国派专人到相应的清真食品生产国进行培训和监督，就使当地的穆斯林人口数量逐渐增加，出现了穆斯林团体和机构，而这些培训和监督的工作也就逐渐地被交给当地的穆斯林机构完成，形成一种委托代理的关系。第三阶段，随着清真食品市场的不断发展，社会分工日趋明显，出现了许多专门从事清真食品认证的第三方机构。这样，清真食品的认证制度基本形成了。

1997年，世界伊斯兰组织食品法典委员会第22届会议通过了《清真法典一般准则》，由于不同的伊斯兰教派关于动物食用合法性和动物屠宰方式持有不同的观点，因此，各国在该准则的基本原则下，根据实际情况制定本国清真认证的标准和准则。对于清真商品的国际流通，除非进口国因为其他要求而提出正式的理由，否则原则上应接受出口国伊斯兰部门或机构所颁发的清真认证证书。

全球清真食品认证领先且相对健全的国家主要有马来西亚、印度尼西亚、新加坡、泰国等东南亚国家。

（二）清真认证的现状

1. 清真认证的机构很多，水平参差不齐　随着清真食品市场的不断发展和扩大，出现越来越多的清真食品认证机构，根据阿拉伯联盟的内部统计资料，全球有超过300家的清真食品（HALAL）认证机构，主要分布在澳洲、欧洲、北美洲和亚洲。这些机构中具有清真食品认证注册并取得合法资格不到半数。清真认证机构水平的参差不齐，大大降低了消费者对清真食品的信任程度，也严重损害了清真食品消费者尤其是穆斯林消费者的利益。

2. 缺乏统一的清真认证的标准　由于不同国家有不同的风俗习惯和对伊斯兰教不同的理解，在一些清真食品规则上很多国家仍存在不同意见，因此，国际上没有统一的清真食品的认证标准。大部分国家仅对本国进口的清真食品进行审核。

3. 清真认证中出现的新问题有待解决　随着社会的发展，进入工业化是商品生产的趋势。传统的清真食品以手工方式进行屠宰和加工，而工业化生产的清真食品，如何保证“从农田到餐桌”的全过程食品的清真性质，因涉及的时间跨度长、范围广、程序多，对于认证而言，具有很大的困难。

另外，一些新技术如转基因技术生产的食品原料的清真性质、如何检验产品中是否含有新技术生产的成分等新的问题，有待研究和解决。

二、清真认证流程

1. 提交清真认证申请表　申请企业或单位应先选择清真认证机构，然后从该机构领取清真认证申请表格，按要求填写申请表格，盖章或签字后，提交给该机构。

2. 申请表的审核　由清真认证机构对申请表格进行审核，如果审核通过，则出具认证协议和认证付款发票。

3. 签订协议并付款　申请企业或单位签订协议并付款，将签订好的协议及付款的银行回执单扫描发送给清真认证机构。

4. 现场检查　清真认证机构收到协议和款项后，安排清真认证专员到企业进行现场检查，检查内容有：

（1）实际仓库中的各种配料与申请表上的是否一致；

（2）检查生产设备是否清洁，生产工艺是否符合清真认证的法规；

（3）企业生产中如果存在非清真认证的配料，应与清真认证的产品及生产、储存过程隔离，避免交叉污染；

（4）检查企业的清真食品生产的全过程是否符合清真认证标准；

（5）如果检查通过，清真认证机构颁发清真认证证书，证书有效期为一年；

（6）证书的续证程序与第一年的认证程序相同。

三、国内外清真认证机构简介

（一）马来西亚伊斯兰教发展署

马来西亚伊斯兰发展署（Jabatan Kemajuan Islam Malaysia，JAKIM）是一家政府机构，负责有关本国伊斯兰教发展和进步的各项事务。马来西亚政府非常重视清真产业的发展，希望把马来西亚打造成为清真产品和服务的国际枢纽。JAKIM是马来西亚清真产业的引领者，其认证业务不仅在国内，还扩展到国际市场，并具有很高的权威性。该机构是全球各清真认证机构中影响力最大、认可度最高的，其颁发的 HALAL 证书在世界各国均通用。

（二）马来西亚伊斯兰教食品研究中心

马来西亚伊斯兰教食品研究中心（Islamic Food Research Centre，IFRC）是马来西亚 BLSB 公司（Bahtera Lagenda Sdn. Bhd.）的分支机构，也是世界清真委员会（Would Halal Council，WHC）的成员，WHC 会员的资格使 IFRC 颁发的清真认证证书能够在全球范围通用。IFRC 主要为食品原料企业、加工企业、餐厅及其他食品相关的企业提供 HALAL 认证服务。对于本国的清真产品，BLSB 公司拥有 JAKIM 的授权；对于进口产品，公司拥有美国伊斯兰食品和营养协会（IFANCA）的授权。

（三）美国伊斯兰食品和营养协会

美国伊斯兰食品和营养协会（The Islamic Food and Nutrition Council of America，IFANCA）是全球最大、最权威、最专业的从事 HALAL 认证的机构之一，总部位于美国伊利诺伊州，主要对食品原料、配料、添加剂、药品、化妆品及营养品生产企业进行 HALAL 认证。全球已有超过 2200 家公司获得了 IFANCA 颁发的 HALAL 证书。IFANCA 已获得诸如印度尼西亚 MUI、新加坡 MUIS、菲律宾清真协会、泰国伊斯兰委员会办公室、沙特阿拉伯世界穆斯林联盟等多个国家宗教和政府机构的认可。

（四）美国国际清真食品理事会

美国国际清真食品理事会（Halal Food CouncilInternational，HFCI）是国际知名的清真认证机构。其主要的认证业务是肉类及肉类产品。HFCI 颁发的 HALAL 证书在世界许多国家是通用的。HFCI 已经得到马来西亚 JAKIM、印度尼西亚 MUI、新加坡 MUIS 的认可。

（五）美国清真基金会

美国清真基金会（American Halal Foundation，AHF）在美国具有较高的知名度，总部位于美国伊利诺伊州，是一家由美国的政府和非政府组织认可的可授权进行 HALAL 认证的机构。AFH 认证的产品涉及食品、化妆品、医药、化工等领域。其颁发的 HALAL 证书在全球具有一定影响力。

（六）新加坡伊斯兰宗教委员会

伊斯兰宗教委员会（Majlis Ugama Islam Singapura，MUIS）是新加坡负责穆斯林事务的最高伊斯兰权威机构，是新加坡国内唯一的清真认证管理机构，也是国际上最专业、最著名的 HALAL 认证机构之一。MUIS 的所有成员均由新加坡总统任命。MUIS 提供 6 种清真认证项目，分别为新加坡生产的产品、餐饮店、饮食店或厨房设备、家禽屠宰场、进口（出口）清真产品的生产商及进口（出口）商、清真产品的贮存设备和仓库。MUIS 颁发的 HALAL 证书在全球通用。

（七）印度尼西亚乌拉玛委员会

印度尼西亚乌拉玛委员会（Majelis Ulama Indonesia，MUI）于 1989 年成立了食品、药品及化妆品评估机构（LP. POM-MUI）。该机构在 MUI 的指导下专门对食品、药品及化妆品进行研究、调查和审核。同时，LP. POM-MUI 还为食品、药品及化妆品企业编写清真安全体系，并将体系运行的全部数据提交给 MUI 法塔瓦委员会，法塔瓦委员会由此确定对应企业生产的产品的清真性质。MUI 颁发的 HALAL 证书在全球许多国家都是通用的，在本国更是深受国民喜爱。

（八）加拿大清真认证部

加拿大清真认证部（Halal Certification Agency，HCA）是北美（加拿大）伊斯兰协会 ISNA Canada

的下属机构，是加拿大国内最有名的 HALAL 认证机构。HCA 最初只对肉类产品进行 HALAL 认证，后来逐渐增加了化妆品、食品原料、添加剂等产品及穆斯林部分用品的 HALAL 认证。HCA 颁发的 HALAL 证书在加拿大和美国等地获得广泛的认可。

（九）菲律宾伊斯兰宣教理事会

伊斯兰宣教理事会（Islamic Da'wah Council of the Philipines，IDCP）是菲律宾最权威的清真认证机构。已获得伊斯兰非政府组织（HGO）——社会福利与发展部（DSWD）的认可。主要从事清真认证、福利项目、宣教、文化教育及公民社会服务等工作。IDCP 是世界清真委员会（WHC）执行委员会的成员，因此，其颁发的证书是全球通用的。

（十）中国宁夏清真食品国际贸易认证中心

我国宁夏清真食品国际贸易认证中心于 2008 年由宁夏回族自治区政府成立，2009 年经国家认证认可监督管理委员会批复试运行，2014 年获国家认证认可监督管理委员批准，是目前我国首家也是唯一一家清真食品认证的机构。成立之初，中心依据《宁夏回族自治区清真食品认证通则》（DB64/T 543—2009）[后来被《清真食品认证通则》（DB64/T 543—2013）替代]开展产品认证工作，认证的产品包括屠宰、肉类食品加工、乳制品、粮油、脱水蔬菜、方便食品、休闲食品等。

目前该中心已与新西兰伊斯兰教协会联合会、澳大利亚清真认证管理局、马来西亚法希姆技术有限公司、伊斯兰工商会（沙特）等 12 个国家的 15 个机构签署了《清真产业标准互认合作协议》。

主要的认证机构清真认证标志见彩图 5。

第三节　我国清真食品管理

我国 56 个民族中，有 10 个少数民族超过 2300 万人信奉伊斯兰教（2010 年人口普查数据），他们大部分居住在新疆、宁夏、甘肃、青海、云南等地。这 10 个少数民族分别是回族、东乡族、撒拉族、保安族、维吾尔族、哈萨克族、柯尔克孜族、乌兹别克族、塔塔尔族和塔吉克族。

伊斯兰教在唐宋时期通过“丝绸之路”传入我国，最早信教的是来自西亚或中亚的信仰伊斯兰教的商人、工匠、士兵等，他们与当地人民通婚并定居在我国，逐渐形成了一个既吸收我国汉族的文化又保持伊斯兰教信仰的新的民族——回族。而后信奉伊斯兰教的其他民族也逐渐形成。

我国于 1952 年成立中国伊斯兰教协会。该协会负责接待伊斯兰国家的领导人，接待穆斯林旅游团，组织开展国际穆斯林之间的学术研讨会，参加并指导国内各地方伊斯兰协会的会议。我国伊斯兰教协会统计资料显示，我国国内清真食品年均交易额达到 21 亿美元，并以 10%左右的速度在增长。虽然在国际清真食品市场中，我国所占的份额很小，但也呈现上升趋势。尤其是“一带一路”重大战略实施以来，我国与沿线国家的进出口贸易额超过 5000 亿美元，其中清真产业的份额同比增长约为 16%。目前，大部分伊斯兰国家对我国的清真食品并不认可，主要原因是我国缺乏值得信赖的清真食品认证体系。面对不论国际还是国内清真食品市场广阔的发展前景和激烈的市场竞争，建立并完善清真食品认证制度是我国发展清真产业的重要任务。

我国的清真食品由省级伊斯兰教协会进行监制认证并颁发证书。2017 年 2 月 17 日，我国伊斯兰教协会发布《关于停止清真监制认证事务工作的通知》(中伊字〔2017〕037号),其内容为:除了畜禽肉出口产品外,伊斯兰教协会停止对其他产品进行清真监制认证工作。

一、我国清真食品法律、法规及标准体系

(一)我国清真食品的法律、法规体系

《中华人民共和国宪法》第一章第四条规定:“各民族都有使用和发展自己的语言文字的自由,都有保持或者改革自己的风俗习惯的自由。”《中华人民共和国民族区域自治法》第十条规定:“民族自治地方的自治机关保障本地方各民族都有使用和发展自己的语言文字的自由,都有保持或者改革自己的风俗习惯的自由。”

我国《城市民族工作条例》第十七条规定:“城市人民政府应当教育各民族干部、群众相互尊重民族风俗习惯。宣传、报导、文艺创作、电影电视摄制,应当尊重少数民族风俗习惯、宗教信仰和民族感情。”该条例第十八条规定:“清真饮食服务企业和食品生产、加工企业必须配备一定比例的食用清真食品的少数民族职工和管理干部。清真食品的运输车辆、计量器具、储藏容器和加工、出售场地应当保证专用。”我国多个省、市颁布了《少数民族权益保障条例》或《民族工作条例》,这些《条例》中对清真食品生产、经营、清真牌照、少数民族宗教信仰自由等问题均有规定,保障了少数民族的合法权益。

我国目前仍未制定清真食品管理全国范围适用的规范性文件。虽然新疆、宁夏、河南、河北、上海、甘肃等多个地方颁布了《清真食品管理条例》,但由于各地对清真食品的管理缺乏统一性并且对于清真食品的管理方式不一致,使我国的清真食品仍缺乏统一有效的管理,也使我国的清真认证在国际市场的可信度受到影响。

(二)我国清真食品的标准体系

在清真食品认证方面,我国目前仍未有统一的认证标准。2012年中国“国际清真产业标准化理论研讨会暨清真认证标准签约会”在宁夏银川市召开,会上发布了《清真羊肉生产准则》《清真餐饮服务通用标准》《清真乳制品加工通用标准》《清真面食品通用标准》《清真肉奶专用饲料通用标准》和《清真制品包装通用标准》共6项清真食品认证宁夏地方标准。2014年甘肃省发布了《清真餐饮企业准则》《清真畜禽水产饲料生产准则》等6项清真食品认证甘肃地方标准,为建立清真食品标准体系具有积极的推动作用。

为了统一相关省区清真食品的认证工作,尊重和保护信奉伊斯兰教的少数民族的风俗习惯和饮食习惯,宁夏、云南、甘肃、青海、陕西五省区于2012年在宁夏银川成立了清真食品认证地方联盟,并讨论通过了《清真食品认证通则》。由五省区民族宗教事务委员会和质量技术监督局联合编制的《清真食品认证通则》于2013年1月10日由该五省区以地方标准的形式同时发布,同年3月1日正式实施。《通则》的内容包括了认证范围、清真食品生产经营企业认证要求、清真食品原料的要求、清真食品加工(包括生产和动物屠宰)的要求、清真食品的包装、标志、运输和存储的要求等8章,覆盖了清真食品生产的全过程。

2016年3月15日,天津与甘肃、宁夏、青海、陕西、云南、四川、河南、辽宁九省(区、市)参考有关

标准，共同制定《清真食品认证通则》（DB12/T 622—2016），并作为九省（区、市）的联盟认证标准，分别发布，统一实施。

二、我国清真食品认证发展需解决的问题

（一）建立完善的清真认证体系

建立完善的清真认证体系，首先应该建立统一的清真食品认证的规范和标准。我国目前尚缺统一的规范和标准。国内信奉伊斯兰教的10个少数民族分散居住在新疆、宁夏、甘肃、青海等省（自治区），人口总数约占全国总人口数的2%，每个省（自治区）都有本地区的特点及不同的清真食品管理的规范，这使得不同地区的清真食品在省之间的流通存在一些壁垒，阻碍了清真食品国内贸易的顺畅开展。随着清真食品在国际和国内的发展趋势，建立全国统一的清真食品认证的规范和标准不仅有助于消除国内贸易的壁垒，同时还将大大促进我国清真食品走向国际市场。

对于清真食品认证而言，管理部门的职权分配和管理方式直接影响着清真食品认证体系运行的效果。目前，国内清真食品除了受食品药品监督管理部门的管辖，还受宗教部门、工商部门等协同管理。多个部门的管理，在具体工作中，往往存在沟通协调不及时、职权不明确等问题。该现象导致了我国清真食品认证的可信度降低，阻碍了清真食品认证体系的发展。

（二）提高我国清真认证国际认可度

我国有2000多万穆斯林人口，并且一直有不少企业在进行清真食品的生产。然而，在清真食品的管理方面却是滞后的。在食品工业迅速发展的今天，不论国际还是国内穆斯林消费者及非穆斯林消费者对于清真食品的需求依然不断增加，国际清真食品市场蕴藏着巨大的潜力。因此，加大与伊斯兰国家以及国际清真食品认证机构的合作与交流，建立规范的清真食品认证体系，并使清真食品认证标准和认证体系与国际权威的认证体系接轨，开展与各国的清真食品认证的互认，才能提高我国清真食品认证的国际认可度，被更多的伊斯兰国家所接受。

点滴积累

1. 国际著名的清真认证机构有JAKIM、IFANCA、MUIS、MUI等。
2. 我国清真食品认证机构为宁夏清真食品国际贸易认证中心。

目标检测

一、单项选择题

1. 清真食品“HALAL”的意思是（　　）

　A. 合法的　　B. 可憎的　　C. 非法的　　D. 有嫌疑的

2. 下列哪些食物穆斯林不能食用（　　）

　A. 牛肉　　B. 羊奶　　C. 猪肉　　D. 鲤鱼

3. 伊斯兰教法对于酒的要求，不正确的是（　　）

　A. 穆斯林禁止喝酒

B. 酒精发酵成醋酸，这类醋酸是可以食用的

C. 以谷物生产的酒精用于食品生产，原料中酒精含量应在 0.5%以上

D. 以谷物生产的酒精用于食品生产，最终产品中的酒精含量应在 0.1%以下

4. 清真禽类屠宰生产线上错误的屠宰方式是(　　)

A. 由成年穆斯林启动设备

B. 穆斯林操作人员需要短暂离开生产线时，不需要关机

C. 应对每一只被屠宰的动物口诵“奉真主之名”

D. 生产线生产猪及猪肉制品后，应彻底洗净，才能进行清真屠宰

5. 下列认证机构的简写与其国家对应正确的是(　　)

A. 马来西亚——MUI　　B. 印度尼西亚——MUIS

C. 美国——IFANCA　　D. 新加坡——JAKIM

6. 我国首家清真食品认证机构位于(　　)

A. 甘肃　　B. 青海　　C. 云南　　D. 宁夏

7. 我国有(　　)个少数民族信仰伊斯兰教

A. 8　　B. 10　　C. 12　　D. 15

二、多项选择题

1. 清真屠宰要求(　　)

A. 屠宰时口诵“奉真主之名”　　B. 被屠宰动物血液流尽前不能分割其身体

C. 穆斯林或非穆斯林均可操作　　D. 用锋利的刀切开动物的喉部

E. 动物的种类必须是合法的

2. 国际上在清真食品管理方面具有较大影响力的国家有(　　)

A. 新加坡　　B. 印度尼西亚　　C. 马来西亚

D. 中国　　E. 法国

3. 2012 年宁夏发布了 6 项清真食品认证地方标准，这些标准包括(　　)等清真食品

A. 清真羊肉　　B. 清真面食品　　C. 清真乳制品加工

D. 清真餐饮　　E. 清真肉奶专用饲料

4. 穆斯林意见不统一，有的认为是合法的，有的认为是非法的，也有人认为是可憎的水产品有(　　)

A. 鲈鱼　　B. 虾　　C. 扇贝

D. 螃蟹　　E. 金枪鱼

三、简答题

1. 所有穆斯林一致认为可以食用的水产品有哪些？

2. 请列举 5 个知名的国际清真认证机构及其认证证书的有效区域。

3. 我国 2012 年成立的清真食品五省认证联盟包括哪五个省？

四、案例分析题

某企业要申请清真认证，在人员配置上有哪些特殊要求？

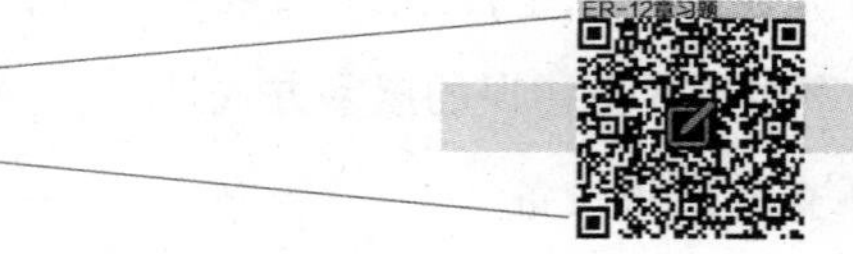

第十三章

良好农业规范（GAP）的认证和实施

导学情景

情景描述

近三十余年，农业繁荣得益于化肥、农药、良种、拖拉机等增产要素的产生，而随着整个农业生产水平的提高和各种农业生产要素的日益成熟，这些要素对增产的贡献率趋减。由于农业生产经营不当导致的生态灾难，以及大量化学物质和能源投入对环境的严重伤害，导致土壤板结、土壤肥力下降、农产品农药残留超标等现象的出现。

学前导语

1991年联合国粮农组织（FAO）召开了部长级的“农业与环境会议”，发表了著名的“博斯登宣言”，提出了“可持续农业和农村发展（SARD）”的概念，得到联合国和各国的广泛支持。“可持续”已成为世界农业发展的时代要求。“自然农业”、“生态农业”和“再生农业”，已经成为当今世界农业生产的替代方式。在保证农产品产量的同时，要求更好地配置资源，寻求农业生产和环境保护之间平衡，而良好农业规范（GAP）是可持续农业发展的关键。本章主要学习良好农业规范的认证和实施。

近年来，随着食品经济的迅速变化和全球化，并由于广大利益相关者对粮食生产和安全、食品安全和质量以及农业的环境可持续性的关注和承诺，良好农业规范的概念已经发生了变化。这些利益相关者包括政府、食品加工和零售业、农民以及消费者，它们努力实现粮食安全、食品质量、生产效率、生计和环境利益等特定的中期和长期目标。GAP提供了有助于实现这些目标的一种手段。

根据联合国粮农组织的定义，GAP（Good Agriculture Practice）——良好农业规范，广义而言，是应用现有的知识来处理农场生产和生产后过程的环境、经济和社会可持续性，从而获得安全而健康的食物和非食用农产品。发达国家和发展中国家的许多农民已通过病虫害综合防治、养分综合管理和保护性农业等可持续农作方法来应用GAP。这些方法应用于一系列的耕作制度和不同规模的生产单位，包括对粮食安全的贡献，并得到辅助性政府政策和计划的促进。

第一节　国际良好农业规范

为满足农民的需要和食物链的特定需要，一些政府、非政府组织，如民间社会组织和私营企业制定了GAP相关规范，正在发展GAP的应用方式，但其发展方式不是整体的或协调不一致。在许多情形下,它是对国际和国家GAP的发展更加具体的应用方式的补充。

一、工业加工商/零售商的GAP

私营企业尤其是工业加工商和零售商,为实现质量保证、消费者满意和从在整个食物链中从生产安全优质食品中获利而使用GAP,如欧洲零售商组织制定的EUREPGAP标准、美国零售商组织制定的SQF/1000标准、可持续农业举措(Unilever、Nestle和其他)以及EISA综合农业统一规范。Unilever已经为特定作物和地点提出了比较具体的待实现的“可持续农业指标”。食品加工商和零售商通过为农民提供潜在的增值机会而形成鼓励措施,促进采用可持续农作方法。

(一) EUREPGAP

1997年由欧洲零售商协会(Euro-Retailer Produce Working Group,EUREP)发起,促进良好农业规范(GAP)的发展,并组织零售商、农产品供应商和生产者制定了GAP标准。

鉴于EUREPGAP已经被世界许多国家的充分接受、支持与参与,2007年9月在曼谷举行的第八届ERREPGAP年会上,EUREPGAP委员会将EUREPGAP更名为全球良好农业规范GLOBALGAP,其目的在于促进良好农业操作,确保农产品的质量与安全。

GLOBALGAP所建立的良好农业规范框架,采用危害分析与关键控制点(HACCP)方法,从生产者到零售商的供应链中的各个环节确定了良好农业规范的控制点和符合性规范。GLOBALGAP的主要功能在于填补现有的食品安全网络的漏洞,增强了消费者对GLOBALGAP产品的信心,另外从环境保护上最大限度地减少农产品生产对环境所造成的负面影响。同时考虑到职业健康、安全、员工福利和动物福利。GLOBALGAP在控制食品安全危害的同时,兼顾了可持续发展的要求,以及区域文化和法律法规的要求。其覆盖产品种类较全、标准体系较为完整、成熟。标准的实施与国际通行的认证要求融合较好。

GLOBALGAP标准包括执行HACCP和GAP。GAP的基准体系也包括农产品生产框架下的有害物综合治理(IPM)和农作物综合管理(ICM)体系。GLOBALGAP已经制定了综合农场保证(IFA-包括作物、果蔬、畜禽)、综合水产养殖保证(IAA)以及花卉和咖啡的技术规范,其中综合农场保证包括农场基础模块、作物基础模块、大田作物模块、果蔬模块、畜禽基础模块、牛羊模块、奶牛模块、生猪模块、家禽模块、畜禽运输模块,2005年3月GLOBALGAP已经对除了畜禽运输模块的其他九个模块作了修改,正式发布实施第2版(图13-1)。每类技术规范包括相应的认证通则和检查表,通则规定了执行标准的总原则,检查表规定了认证机构对企业进行外部检查的依据,也是农户对企业每年进行内审的依据。

GLOBALGAP自诞生以来,一直保持着强劲的发展势头,到2005年11月,通过EUREPGAP认证的面积达到745.503公顷,到2007年8月,GLOBALGAP已经覆盖80多个国家,超过80000家种植商已经获得认证。

GLOBALGAP标准的建立对促进世界农产品贸易的贡献是值得重视的,凡是通过GLOBALGAP认证或通过与GLOBALGAP互认标准(如ChinaGAP标准)认证的企业都会在GLOBALGAPM网站上公布企业的详细信息,以便全球零售商参考采购农产品,这些企业将在国际市场上获得广阔的市场空间。

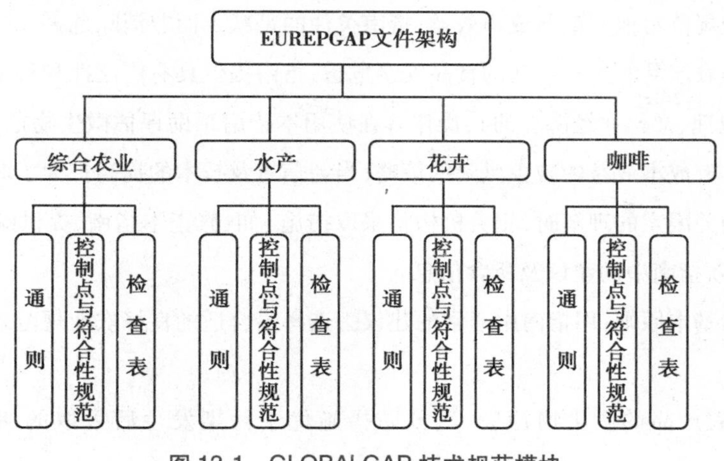

图 13-1 GLOBALGAP 技术规范模块

二、政府 GAP

美国、加拿大、法国、澳大利亚、马来西亚、新西兰、乌拉圭等国家都制定了本国良好农业规范标准或法规;拉脱维亚、立陶宛和波兰采用了与波罗的海农业径流计划有关的良好方法;巴西的国家农业研究组织(EMBRAPA)正在与粮农组织合作,以 GAP 规范为基础为香瓜、芒果、水果和蔬菜、大田作物、乳制品、牛肉、猪肉和禽肉等制定一系列具体的技术准则,供中、小生产者和大型生产者使用。

(一) 美国 GAP

1998 年,美国食品药品监督管理局(FDA)和美国农业部(USDA)联合发布了《关于降低新鲜水果与蔬菜微生物危害的企业指南》。在该指南中,首次提出良好农业规范概念。

美国 GAP 阐述了针对未加工或最简单加工(生的)出售给消费者的或加工企业的大多数果蔬的种植、采收、分类、清洗、摆放、包装、运输和销售过程中常见微生物危害控制及其相关的科学依据和降低微生物污染的农业管理规范,其关注的是新鲜果蔬的生产和包装,但不仅仅限于农场,而且还包含从农场到餐桌的整个食品链的所有步骤。FDA 和 USDA 认为采用 GAP 是自愿的,但强烈建议新鲜水果和蔬菜生产者采用。同时鼓励各个环节上的操作员使用该文件中的基本原则评估他们的操作和评定现场的特殊危害以便他们能运用和实施合理的且成本有效的农业和管理规范,最大限度地减少微生物对食品安全的危害。

《关于降低新鲜水果与蔬菜微生物危害的企业指南》关注的焦点是新鲜农产品的微生物危害,而且指南并没有有关食品供应或环境的其他领域(例如:杀虫剂残留、化学污染)明确的表述。在评估指南中的降低微生物危害建议的适用性时,种植者、包装者、运输者在其各自领域内都应致力于建立规范防止无意地增加食品供应和环境的其他风险(例如:多余包装、不适当的使用、抗菌化学药品的处置)。指南中列出了微生物污染的风险分析,包括 5 个主要领域方面的评估,分别是:①水质;②肥料/生物固体废弃物;③人员卫生;④农田、设施和运输卫生;⑤可追溯性。种植者、包装者、承运人应考虑农产品的物理特性的多样性以及影响和操作有关的潜在微生物污染源的操作规范,决定哪种良好农业和管理规范对他们最有成本效益；指南关注的是减少而非消除危害。当前技术并不能清除用于生吃的新鲜农产品的所有潜在的食品安全危害；指南提供具有广泛性和科学性的原则。在具体环境下（气候、地理、文化和经济上的），操作者在使用本指南帮助评估微生物危害时，根据具体的操作使用合适的具有成本效益的减少风险的策略；当新信息及技术的提高扩大了对识别和减少微生物食品安全危害相关因素的理解时，相关机构将采取措施（如：修正本指南，提供额外或补充指导性的合适文档）以更新指南中的建议及所含信息。

使用该指南的基本原则：用指南中通常的建议去选择最合适的良好农业规范来指导各个环节的操作。

原则 1：对鲜农产品的微生物污染，其预防措施优于污染发生后采取的纠偏措施（即防范优于纠偏）；

原则 2：种植者、包装者或运输者应在他们各自控制范围内采用良好农业规范；

原则 3：新鲜农产品在沿着农场到餐桌食品链中的任何一点，都有可能受到生物污染，主要控制人类活动或动物粪便的生物污染；

原则 4：应减少来自水的微生物污染；

原则 5：农家肥应认真处理以降低对新鲜农产品的潜在污染；

原则 6：在生产、采收、包装和运输中，应控制工人的个人卫生和操作卫生，以降低微生物潜在污染；

原则 7：良好农业规范应建立在遵守所有法律法规和标准基础上；

原则 8：应明确农产品生产、储运、销售各环节的责任，并配备有资格的人员，实施有效的监控，以确保食品安全计划所有要素的正常运转。

（二）澳大利亚 GAP

由于在田间食品安全技术方面存在着许多的不确定性和模糊概念，2000 年 5 月，由澳大利亚农林水产部（AFFA）领导的相关工作组实施和审核了园艺食品安全项目，并在工作组项目“为获得等同性建立的示范模型而进行的案例研究”中首次为获得更一致的意见而提出编制澳大利亚 GAP 的需求，并以指南形式出现。在工作组的帮助下完成了本指南的编写，从而能够阐述这些内容，并提供了一套独立和稳定的关于田间新鲜农产品食品安全性的信息源。

该指南有助于评估新鲜农产品田间生产中所产生的食品安全危害的风险，并提供在良好农业规范中需预防、减少和消除危害的信息。这些规范的确定是基于 HACCP 原理的食品加工企业食品安全计划。指南中食品安全危害是指导致农产品对消费者产生难以接受健康风险的生物的、化学的或物理的物质或特性。指南中的新鲜农产品包括水果、蔬菜、药草和坚果等；而生产则覆盖了种植、收获、包装、储藏及农产品的分销，其中不包括苗芽的生产和对农产品进行最简单的加工（例如：新鲜切削）。

该指南主要内容分为以下几个部分：

（1）指南第 1 部分：澳大利亚 GAP 指南介绍。

（2）指南第 2 部分：澳大利亚 GAP 指南的使用范围。

(3)指南第3部分:与新鲜农产品相关的食品安全危害。

对于每类主要食品安全危害(生物的、化学的、物理的)都要对其潜在的危害和污染源进行识别。虽然有多种潜在的化学及物理危害存在,但微生物污染仍将是主要的生物危害。农产品污染是通过农产品与受污染表面或物质接触而受到直接或间接的污染。

(4)指南第4部分:操作步骤及输入。

加工流程图中包括了农作物种植、田地包装及遮蔽包装的主要工序。同时,流程图中还包括每个工序危害可能发生的范围,以及通过工序的输入而引入的食品安全危害。

(5)指南第5部分:评估污染风险。

企业需要识别与农作物生长有关的操作工序及输入,这将有助于分析食品安全危害的产生,并进行污染风险评估。良好农业规范将预防、减少、消除危害的发生。

输入有3种(包括土壤、肥料和土壤添加剂),因产品的种类和特定输入不同,农产品污染的风险会发生很大的变化。土壤是引入重金属和长期稳定性杀虫剂的污染途径,而肥料、土壤添加剂和水则是微生物和化学污染源。

该部分所提供的信息有助于理解为何污染风险会因输入而变化。同时,还包含用于判定是否存在显著风险的判断指南。此外,在这些判断指南中还包含了一些关键限值(而这些关键限值都是基于研究、专家建议、法规要求及其他指南)。

(6)指南第6部分:新鲜农产品的化学及微生物测试。

该部分提供了新鲜农产品的化学及微生物测试对象、测试的频率、抽样信息以有助于检测方法的标准化信息(试验室的选择)。

(7)附录1:微生物风险分类。

附录中包括了将新鲜农产品分成3栏,微生物风险分类参照表。根据生长特性及消费者的最终用途(未烹饪即食、剥皮食用或者烹饪后食用)对农产品风险分类。该分类带有普遍意义,不能将其应用到绝对的微生物风险评估中。微生物污染的风险评估必须针对每一种农作物的加工步骤和所用到的添加物。

(8)附录2:评审检查表——良好农业规范。

该检查表是针对新鲜农产品田间食品安全计划的良好农业规范进行确认。该检查表根据潜在的污染源分为几个部分,同时是引用基于HACCP的企业食品安全计划评价方法对良好农业规范进行确认。

该检查表是现行认证机构或企业内部审核所用审核检查表的补充。同其他通用检查表相比,其中有些条款可能考虑的不贴切,有些条款删除,有些增加。

（三）加拿大GAP

在加拿大农田商业管理委员会的资助下,由加拿大农业联盟会同国内畜禽协会及农业和农产品官员等共同协作,采用HACCP方法,建立的农田食品安全操守。目前,加拿大食品检验局的食品植物产地分局发布了初加工的即食蔬菜的操作规范,该规范主要是利用危害分析方法,对蔬菜种植土壤的使用、天然肥料使用管理、农业用水管理、农业化学物质管理、员工卫生管理、收获管理和运输及贮存管理等过程危害进行识别和控制，以降低即食蔬菜的安全危害，确保蔬菜食品的安全。

点滴积累 √

1. 良好农业规范（GAP）的概念是应用现有的知识来处理农场生产和生产后过程的环境、经济和社会可持续性，从而获得安全而健康的食物和非食用农产品。
2. 了解各国良好农业规范具体内容。

第二节　中国良好农业规范标准

一、标准制定的基本原则

为改善我国目前农产品生产现状，增强消费者信心，提高农产品安全质量水平，促进农产品出口，填补我国在控制食品生产源头的农作物和畜禽生产领域中 GAP 的空白，受国家标准委委托，国家认监委于 2003 年起，组织质检、农业、认证认可行业专家，开展制定良好农业规范国家系列标准的研究工作。

制定的基本原则为：

(1)以国际相关 GAP 标准为基础(参照 EUREPGAP——2005 年 2.0 版)；

(2)遵循 FAO 确定的基本原则；

(3)与国际接轨，符合中国国情和法律法规。

二、标准的审定

2005 年 11 月 12 日，国家标准委召开良好农业规范系列国家标准审定会，通过专家审定，审定组专家一致认为：本系列标准结构合理、体系完整，完善并发展了我国农业标准体系，既体现了与国际接轨的要求，又结合了我国农业发展的现状，达到了国际先进水平。

本系列标准的制定、发布实施，将进一步规范我国农业生产经营活动，对提高农产品质量安全、农业生产力水平，促进我国农业持续健康发展，增加农民收入起到积极的作用。

三、标准的内容

我国良好农业规范于 2005 年 12 月 31 日发布，2006 年 5 月 1 日起正式实施。包括了认证实施规则和下列系列标准：

《良好农业规范第 1 部分　术语》《良好农业规范第 2 部分　农场基础控制点与符合性规范》《良好农业规范第 3 部分　作物基础控制点与符合性规范》《良好农业规范第 4 部分　大田作物控制点与符合性规范》《良好农业规范第 5 部分　果蔬控制点与符合性规范》《良好农业规范第 6 部分　畜禽基础控制点与符合性规范》《良好农业规范第 7 部分　牛羊控制点与符合性规范》《良好农业规范第 8 部分　奶牛控制点与符合性规范》《良好农业规范第 9 部分　猪控制点与符合性

规范》《良好农业规范第10部分　家禽控制点与符合性规范》《良好农业规范第11部分　畜禽公路运输控制点与符合性规范》。

四、良好农业规范系列国家标准体系框架

良好农业规范系列国家标准体系见图13-2。

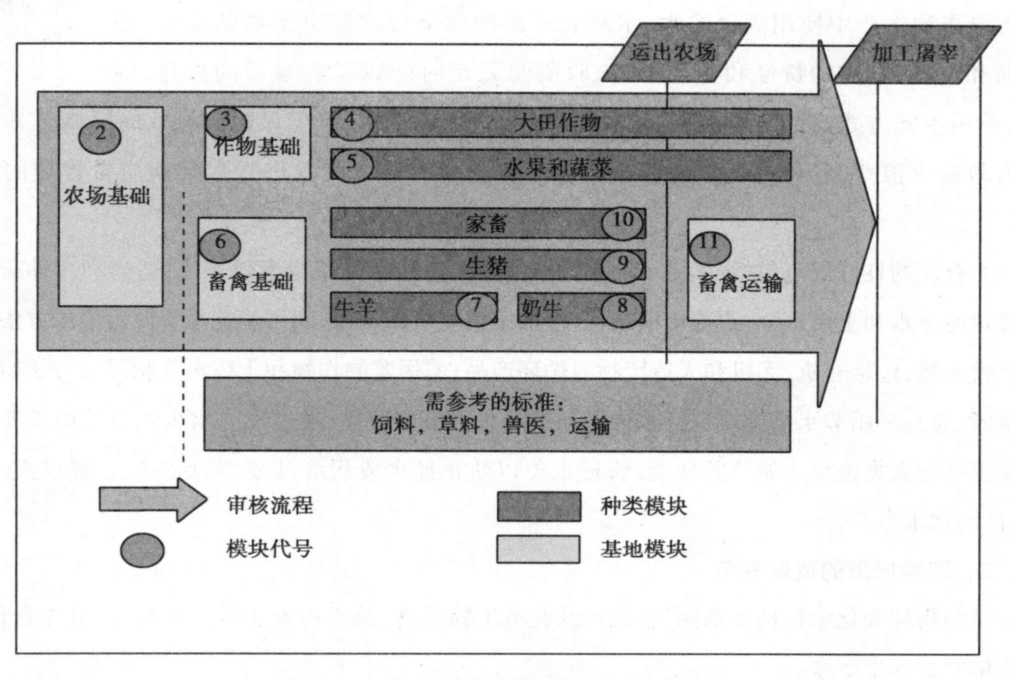

图13-2　良好农业规范系列国家标准体系

五、良好农业规范系列国家标准基本内容

1. 食品安全危害的管理要求采用HACCP方法识别、评价和控制食品安全危害。在种植业生产过程中，针对不同作物生产特点，对作物管理、土壤肥力保持、田间操作、植物保护组织管理等提出了要求；在畜禽养殖过程中，针对不同畜禽的生产方式和特点，对养殖场选址、畜禽品种、饲料和饮水的供应、场内的设施设备、畜禽的健康、药物的合理使用、畜禽的养殖方式、畜禽的公路运输、废弃物的无害化处理、养殖生产过程中的记录、追溯以及对员工的培训等提出了要求。

2. 农业可持续发展的环境保护要求提出了环境保护的要求，通过要求生产者遵守环境保护的法规和标准，营造农产品生产过程的良性生态环境，协调农产品生产和环境保护的关系。

3. 员工的职业健康、安全和福利要求。

4. 动物福利的要求，良好农业规范系列标准从可追溯性、食品安全、动物福利、环境保护，以及工人健康、安全和福利等方面，在控制食品安全危害的同时，兼顾了可持续发展的要求，以及我国法律法规的要求，并以第三方认证的方式来推广实施。系列标准陈述了农场良好农业规范的框架，对发展果蔬、联合作物、畜禽产品的农场良好操作规范提出了控制要求和相应的

符合性标准，标准作为认监委的基本依据来评估目前我国农场的良好操作，并且为它的进一步发展提供指导。

ER-13-1

良好农业规范认证实施细则

六、实施良好农业规范的要点

（一）生产用水与农业用水的良好规范

在农作物生产中使用大量的水，水对农产品的污染程度取决于水的质量、用水时间和方式、农作物特性和生长条件、收割与处理时间以及收割后的操作，因此，应采用不同方式、针对不同用途选择生产用水，保证水质，降低风险。有效的灌溉技术和管理将有效减少浪费，避免过度淋洗和盐渍化。农业负有对水资源进行数量和质量管理的高度责任。

与水有关的良好规范包括：尽量增加小流域地表水渗透率和减少无效外流；适当利用并避免排水来管理地下水和土壤水分；改善土壤结构，增加土壤有机质含量；利用避免水资源污染的方法如使用生产投入物，包括有机、无机和人造废物或循环产品；采用监测作物和土壤水分状况的方法精确地安排灌溉，通过采用节水措施或进行水再循环来防止土壤盐渍化；通过建立永久性植被或需要时保持或恢复湿地来加强水文循环的功能；管理水位以防止抽水或积水过多，以及为牲畜提供充足、安全、清洁的饮水点。

（二）肥料使用的良好规范

土壤的物理和化学特性及功能、有机质及有益生物活动，是维持农业生产的根本，其综合作用，形成土壤肥力和生产率。

与肥料关的良好规范包括：利用适当的作物轮作、施用肥料、牧草管理和其他土地利用方法以及合理的机械、保护性耕作方法，通过利用调整碳氮比的方法，保持或增加土壤有机质；保持土层以便为土壤生物提供有利的生存环境，尽量减少因风或水造成的土壤侵蚀流失；使有机肥和矿物肥料以及其他农用化学物的施用量、时间和方法适合农学、环境和人体健康的需要。

合理处理的农家肥是有效和安全的肥料，未经处理或不正确处理的再污染农家肥，可能携带影响公共健康的病原菌，并导致农产品污染。因此，生产者应根据农作物特点、农时、收割时间间隔、气候特点，制订适合自己操作的处理、保管、运输和使用农家肥的规范，尽可能减少粪肥与农产品的直接或间接接触，以降低微生物危害。

（三）农药使用的良好操作规范

按照病虫害综合防治的原则，利用对病害和有害生物具有抗性的作物、进行作物和牧草轮作、预防疾病爆发，谨慎使用防治杂草、有害生物和疾病的农用化学品，制定长期的风险管理战略。任何作物保护措施，尤其是采用对人体或环境有害物质的措施，必须考虑到潜在的不利影响，并掌握、配备充分的技术支持和适当的设备。

与作物保护有关的良好规范包括：采用具有抗性的栽培品种、作物种植顺序和栽培方法，加强对有害生物和疾病进行生物防治；对有害生物和疾病与所有受益作物之间的平衡状况定期进行定量评价；适时适地采用有机防治方法；尽可能使用有害生物和疾病预报方法；在考虑到所有可能的方法及其对农场生产率的短期和长期影响以及环境影响之后再确定其处理策略，以便尽量减少农用化学物使用量，特别是促进病虫害综合防治；按照法规要求储存农用化学物并按照用量和时间以及收获前的停用期规定使用农用化学物；使用者须受过专门训练并掌握有关知识；确保施用设备符合确定的安全和保养标准；对农用化学物的使用保持准确的记录。

在采用化学防治措施防治作物病虫害时，正确选择合适的农药品种是非常重要的关键控制点。第一，必须选择国家正式注册的农药，不得使用国家有关规定禁止使用的农药；第二，尽可能地选用那些专门作用于目标害虫和病原体、对有益生物种群影响最小、对环境没有破坏作用的农药；第三，在植物保护预测预报技术的支撑下，在最佳防治适期用药，提高防治效果；第四，在重复使用某种农药时，必须考虑避免目标害虫和病原体产生抗药性。

在使用农药时，生产人员必须按照标签或使用说明书规定的条件和方法，用合适的器械施药。商品化的农药，在标签和说明书上，在标明有效成分及其含量、说明农药性质的同时，一般都规定了稀释倍数、单位面积用量、施药后到采收前的安全间隔期等重要参数，按照这些条件标准化使用农药，就可以将该种农药在作物产品中的残留控制在安全水平之下。

（四）作物和饲料生产的良好规范

作物和饲料生产涉及一年生和多年生作物、不同栽培的品种等，应充分考虑作物和品种对当地条件的适应性，因管理土壤肥力和病虫害防治而进行的轮作。

与作物和饲料生产有关的良好规范包括：根据对栽培品种的特性安排生产，这些特性包括对播种和栽种时间的反应、生产率、质量、市场可接收性和营养价值、疾病及抗逆性、土壤和气候适应性，以及对化肥和农用化学物的反应等；设计作物种植制度以优化劳力和设备的使用，利用机械、生物和除草剂备选办法、提供非寄主作物以尽量减少疾病，如利用豆类作物进行生物固氮等。利用适当的方法和设备，按照适当的时间间隔，平衡施用有机和无机肥料，以补充收获所提取的或生产过程中失去的养分；利用作物和其他有机残茬的循环维持土壤、养分稳定存在和提高；将畜禽养殖纳入农业种养计划，利用放牧或家养牲畜提供的养分循环提高整个农场的生产率；轮换牲畜牧场以便牧草健康再生，坚持安全条例，遵守作物、饲料生产设备和机械使用安全标准。

（五）畜禽生产良好规范

畜禽需要足够的空间、饲料和水才能保证其健康和生产率。放养方式必须调整，除放牧的草场或牧场之外根据需要提供补充饲料。畜饲料应避免化学和生物污染物，保持畜禽健康，防止其进入食物链。肥料管理应尽量减少养分流失，并促进对环境的积极作用。应评价土地需要以确保为饲料生产和废物处理提供足够的土地。

与畜禽生产有关的良好规范包括：牲畜饲养选址适当，以避免对环境和畜禽健康的不利影响；避免对牧草、饲料、水和大气的生物、化学和物理污染；经常监测牲畜的状况并相应调整放养率、喂养方式和供水；设计、建造、挑选、使用和保养设备、结构以及处理设施；防止兽药和饲料添加剂的残留物进入食物链；尽量减少抗生素的非治疗使用；实现畜牧业和农业相结合，通过养分的有效循环避免废物残留、养分流失和温室气体释放等问题；坚持安全条例，遵守为畜禽设置的装置、设备和机械确定的安全操作标准；保持牲畜购买、育种、损失以及销售记录，实施饲养计划、饲料采购和销售等记录。

畜禽生产需要合理管理和配备畜舍、接种疫苗等预防处理，定期检查、识别和治疗疾病，以及需要时利用兽医服务来保持畜禽健康。

与畜禽健康有关的良好规范包括：通过良好的牧场管理、安全饲养、适宜放养率和良好的畜舍条件，尽量减少疾病感染风险；保持牲畜、畜舍和饲养设施清洁、并为饲养牲畜的畜棚提供足够清洁的草垫；确保工作人员在处理和对待牲畜方面受过适当的培训；得到兽医咨询以避免疾病和健康问题；通过适当的清洗和消毒确保畜舍的良好卫生标准；与兽医协商及时处理病畜和受伤的牲畜；按照规定和说明购买、储存和使用得到批准的兽医物品，包括停药期；坚持提供足够和适当的饲料和清洁水；避免非治疗性切割肢体、手术或侵入性程序，如剪去尾巴或切去嘴尖等；尽量减少活畜运输（步行、铁路或公路运输）；处理牲畜时应谨慎，避免使用电棍等工具；尽可能保持牲畜的适当社会群体；除非牲畜受伤或生病，否则不要隔离牲畜；符合最小空间允许量和最大放养密度要求等。

（六）收获、加工及储存良好规范

农产品的质量也取决于实施适当的农产品收获和储存方式，包括加工方式。收获必须符合与农用化学物停用期和兽药停药期有关的规定。产品储存在所设计的适宜温度和湿度条件下专用的空间中。涉及动物的操作活动如剪毛和屠宰必须坚持畜禽健康和福利标准。

与收获、加工及储存有关的良好规范包括：按照有关的收获前停用期和停药期收获产品；为产品的加工规定清洁安全处理方式。清洗使用清洁剂和清洁水；在卫生和适宜的环境条件下储存产品；使用清洁和适宜的容器包装产品以便运出农场；使用人道和适当的屠宰前处理和屠宰方法；重视监督、人员培训和设备的正常保养。

（七）工人健康和卫生良好规范

确保所有人员，包括非直接参与操作的人员，如设备操作工、潜在的买主和害虫控制作业人员符合卫生规范。生产者应建立培训计划以使所有相关人员遵守良好卫生规范，了解良好卫生控制的重要性和技巧，以及使用厕所设施的重要性等相关的清洁卫生方面的知识。

（八）卫生设施良好规范

人类活动和其他废弃物的处理或包装设施操作管理不善，会增加污染农产品的风险。要求厕所、洗手设施的位置应适当、配备应齐全、应保持清洁，并应易于使用和方便使用。

（九）田地卫生良好规范

田地内人类活动和其他废弃物的不良管理能显著增加农产品污染的风险，采收应使用清洁的采收储藏设备、保持装运储存设备卫生、放弃那些无法清洁的容器以尽可能地减少新鲜农产品被微生物污染。在农产品被运离田地之前应尽可能地去除农产品表面的泥土，建立设备的维修保养制度，指派专人负责设备的管理，适当使用设备并尽可能地保持清洁，防止农产品的交叉污染。

（十）包装设备卫生良好规范

保持包装区域的厂房、设备和其他设施以及地面等处于良好状态，以减少微生物污染农产品的可能。制订包装工人的良好卫生操作程序以维持对包装操作过程的控制。在包装设施或包装区域外应尽可能地去除农产品泥土，修补或弃用损坏的包装容器，用于运输农产品的工器具使用前必须清洗，在储存中防止未使用的干净的和新的包装容器被污染。包装和储存设施应保持清洁状态，用于存放、分级和包装鲜农产品的设备必须用易于清洗材料制成，设备的设计、建造、使用和一般清洁能降低产品交叉污染的风险。

（十一）运输良好规范

应制订运输规范，以确保在运输的每个环节，包括从田地到冷却器、包装设备、分发至批发市场或零售中心的运输卫生，操作者和其他与农产品运输相关的员工应细心操作。无论在什么情况下运输和处理农产品，都应进行卫生状态的评估。运输者应把农产品与其他的食品或非食品的病原菌源相隔离，以防止运输操作对农产品的污染。

（十二）溯源良好规范

要求生产者建立有效的溯源系统，相关的种植者、运输者和其他人员应提供资料，建立产品的采收时间、农场、从种植者到接收者的管理者的档案和标识等，追踪从农场到包装者、配送者和零售商等所有环节，以便识别和减少危害，防止食品安全事故发生。一个有效的追踪系统至少应包括能说明产品来源的文件记录、标识和鉴别产品的机制。

点滴积累

1. 中国良好农业规范标准制定的基本原则以国际相关 GAP 标准为基础；遵循 FAO 确定的基本原则；与国际接轨，符合中国国情和法律法规。
2. 我国良好农业规范于 2005 年 12 月 31 日发布，2006 年 5 月 1 日起正式实施。
3. 良好农业规范系列国家标准基本内容包括食品安全危害的管理要求；农业可持续发展的环境保护要求；员工的职业健康、安全和福利要求；动物福利的要求。

第三节　中国良好农业规范的认证

《良好农业规范认证实施规则》规定了获得和保持良好农业规范综合农场保证认证所应遵守原则、程序和要求。

一、中国良好农业规范认证模式特征

良好农业规范认证是指经认证机构依据相关要求认证，以认证证书的形式予以确认的某一种类（作物、果蔬、牛羊、生猪、奶牛、家禽）的种植和养殖对相关控制点要求的符合性。认证分为农业生产经营者和农业生产经营者组织认证两种方式。认证级别分为两级，分别是一级和二级。

认证以过程检查为基础，包括现场检查、质量保证体系的检查（适用于农场业主联合组织）和必要时对产品检测和场所管理情况进行风险评估。中国良好农业规范（ChinaGAP）产品的生产和运输应依据 ChinaGAP 认证实施规范，而 ChinaGAP 认证实施规范只规定如何控制产品生产、运输的全过程，所以，ChinaGAP 产品的认证模式是对过程进行检查，通过对质量管理体系（适用于农场业主联合组织）、生产过程控制体系、记录追踪体系等过程进行检查来评价其是否符合 ChinaGAP 控制点的要求。

二、中国良好农业规范认证的原因

推行 GAP 是国际通行的从生产源头加强农产品和食品质量安全控制的有效措施，是确保农产品和食品质量安全工作的前提保障。

国家认证认可监督管理委员会已经与欧盟良好农业规范组织 EUREPGAP 签署了《技术合作备忘录》，积极推动我国 GAP 认证结果的国际互认，对促进我国农产品扩大出口具有积极作用。

国家认监委将组织 GAP 认证试点机构与 EUREPGAP 签订认证合作协议，为进一步扩大农产品出口提供有效的通行证。

申请人在获得认证机构颁发的认证证书后可以在作物、果蔬类认证产品的零售包装上使用中国良好农业规范认证标志，其他产品可以在非零售产品的包装、产品宣传材料、商务活动中使用中国良好农业规范认证标志。

三、中国良好农业规范认证的依据

用于认证的 GAP 系列国家标准为：GB/T 20014.1《良好农业规范第 1 部分：术语》；GB/T 20014.2《良好农业规范第 2 部分：农场基础控制点与符合性规范》；GB/T 20014.3《良好农业规范第 3 部分：作物基础控制点与符合性规范》；GB/T 20014.4《良好农业规范第 4 部分：大田作物控制点与符合性规范》；GB/T 20014.5《良好农业规范第 5 部分：水果和蔬菜控制点与符合性规范》；GB/T 20014.6《良好农业规范第 6 部分：畜禽基础控制点与符合性规范》；GB/T 20014.7《良好农业规范第 7 部分：牛羊控制点与符合性规范》；GB/T 20014.8《良好农业规范第 8 部分：奶牛控制点与符合性规范》；GB/T 20014.9《良好农业规范第 9 部分：猪控制点与符合性规范》；GB/T 20014.10《良好农业规范第 10 部分：家禽控制点与符合性规》；GB/T 20014.11《良好农业规范第 11 部分：畜禽公路运输控制点与符合性规范》；GB/T 20014.12《良好农业规范第 12 部分：茶叶控制点与符合性规范》；GB/T 20014.13《良好农业规范第 13 部分：水产养殖基础控制点与符合性规范》等。

四、中国良好农业规范认证的介绍

（一）GAP 认证选项

1. 选项一农业生产经营者（农产品生产企业等）

农业生产经营者是代表农场的自然人或法人，并对农场出售的产品负法律责任，如农户、农业企业。

2. 选项二农业生产经营者组织（农业专业合作社、协会等）

农业生产经营者组织是农业生产经营者联合体，该农业生产经营者联合体具有合法的组织结构、内部程序和内部控制，所有注册成员按照良好农业规范的要求登记，并形成清单，其上说明了注册状况。农业生产经营者组织必须和每个农业生产经营者签署协议，并有一个承担最终责任的管理代表，如农村集体经济组织、农民专业合作经济组织、农业企业加农户组织。

（二）认证级别

一级认证：等效欧盟 EUREPGAP 认证。

二级认证：要求比一级认证低 5%～10%。

中国良好农业规范认证标志见彩图 6。

五、中国良好农业规范认证模块

中国良好农业规范认证模块见表 13-1。

表 13-1　中国良好农业规范认证模块

认证模块	产品范围
牛羊模块	繁育、产奶和（或）肉用的牛；繁育和（或）肉用的羊
奶牛模块	奶牛
家禽模块	种蛋、苗禽、肉用的圈养、散养或放养家禽（如鸡、鸭、鹅、火鸡、鹌鹑、鸽等）
生猪模块	繁育和（或）肉用生猪
果蔬模块	用于人类消费的水果和蔬菜
作物模块	用于人类消费、动物消费的作物产品（如大麦、豆类、亚麻子、玉米、菜籽、水稻、向日葵、甘蔗等）

点滴积累

1. 中国良好农业规范认证分为农业生产经营者和农业生产经营者组织认证两种方式。认证级别分为两级，分别是一级和二级。
2. 认证以过程包括现场检查、质量保证体系的检查（适用于农场业主联合组织）和必要时对产品检测和场所管理情况进行风险评估。
3. 中国良好农业规范认证级别分为：一级认证（等效欧盟 EUREPGAP 认证）；二级认证（要求比一级认证低 5%～10%）。

第四节　中国良好农业规范认证实施和意义

一、中国良好农业规范认证的实施

根据《中华人民共和国认证认可条例》等法规、规章的有关规定，国家认监委对 2007 年 8 月 21 日发布的《良好农业规范认证实施规则》（国家认监委 2007 年第 22 号公告，以下简称：旧版认证实施规则）进行了修订，修订后的《良好农业规范认证实施规则》（以下简称：新版认证实施规则）。自 2015 年 8 月 1 日起，认证机构对新申请良好农业规范认证的企业及已获认证企业的认证活动均需依据新版认证实施规则执行。

实施规则规定了获得和保持良好农业规范综合农业保证认证所应遵守的程序和要求。实施规则的发布，为认证机构在我国开展 ChinaGAP 认证提供了明确的依据，为进一步提高农产品安全控制、动植物疫病防治、生态和环境保护、动物福利、职业健康等方面的保障能力，优化我国农业生产组织形式，提高农产品生产企业的管理水平，实施农业可持续发展战略，为农业生产者规范和提高农业生产水平，提供了技术参考。而且，当 ChinaGAP 与 EUREPGAP 完成基准性比较后，ChinaGAP 认证与 EUREPGAP 认证之间将实现互认。

良好农业规范系列国家标准还需进一步丰富（水产、花卉、蜂产品等）：

（1）建立我国良好农业规范技术支持体系，以提高国家标准的科学性；

（2）加大良好农业规范国家标准及认证知识培训；

（3）尽快在国家标准化示范区及出口企业推动良好农业规范标准及认证，促进我国种植、养殖业的规模化、集约化、标准化发展。

良好农业规范已被我国相关部门重视，并推广实施，比如《国务院办公厅关于印发 2006 年全国食品安全专项整治行动方案的通知》，要在 14 个省、直辖市开展 GAP 认证示范单位创建活动。启动首批 100 个国家级农业标准化示范县（场）建设。

中华人民共和国商务部印发的《农产品出口“十一五”发展规划》中提到，积极推动良好农业规范（GAP）技术应用，推进标准化生产，促进传统生产模式的改进，支持农产品出口企业建立自有种植、养殖基地，推广“公司+基地”的农产品出口经营模式，建立可追溯体系，实施全程质量控制等。在出口备案基地中积极推行良好农业规范（GAP）标准化生产，加强对出口加工企业的卫生注册管理，建立质量可追溯体系，进一步规范无规定疫病区的监管，积极推广良好农业规范（GAP）标准化生产，加强出口注册、备案养殖场的管理，推广供港澳活畜禽的质量安全管理模式。

二、获得良好农业规范认证的意义

由于良好农业操作规范受到寻求满足食品保障（food security）、食品安全（food safety）、质量、生产效率和中长期环境受益等相关方，包括政府、食品加工业、食品零售业、种植和养殖业以及消费者的关注和承诺，愈来愈受到各国的重视，并在各国以政府和行业规范的形式得到建立和发展。在欧洲，随着对食品安全问题关注程度的增加，欧盟对进口农产品的要求越来越严格，没有通过 EUREPGAP 的供货商将在欧洲市场上占有越来越小的市场份额，甚至有可能被逐渐淘汰出局。

为改善我国目前农产品生产现状，增强消费者信心，提高农产品安全质量水平，促进农产品出口，填补我国在控制食品生产源头的农作物和畜禽生产领域中 GAP 的空白，国家认证认可监督管理委员会会同有关部委研究制定了《良好农业规范系列国家标准》和《良好农业规范认证实施规则》，作为当前 ChinaGAP 认证试点和建立良好农业规范认证示范基地的依据，并通过第三方认证的方式来推广实施 ChinaGAP。

2005 年 5 月，国家认监委与 EUREPGAP/FOODFULS 正式签署《中国国家认证认可监督管理委员会与 EUREPGAP/FoodPLUS 技术合作备忘录》，根据备忘录的规定，ChinaGAP 与 EUREPGAP 经过基准性比较后，良好农业规范一级认证等同于 EUREPGAP 认证，ChinaGAP 认证结果将得到国际组织和国际零售商的承认。我国农产品生产经营者获得 ChinaGAP 认证后，可以把其农产品供应的信誉转化为得到 ChinaGAP 认可的资源，因为 ChinaGAP 认证是对农产品安全生产的一种商业保证，这样有更多机会进入国际市场。

（一）实施 GAP 是从生产源头上控制农产品质量安全的重要措施。

1. 中国 GAP 标准是建立在现有标准和行业管理法律法规的基础上，充分吸纳了行业技术的精华，按照国际标准的基准框架构建起来的一个完整体系；

2. 运用了 HACCP 原理，对种植、养殖过程中①食品安全危害；②确保农业可持续发展的环境保护要求；③员工的职业健康、安全和福利要求；④动物福利 4 个方面的危害进行分析，并根据风险程度分为 3 级控制点进行有效控制，从而实现对农业生产源头全面、有效的控制。

GAP 标准是现农业标准、法律和行业新技术的提炼，代表了行业发展的方向。其内容涵盖了农业生产安全、质量、环保、社会责任等四个方面基本要求，全面而精练。

（二）实施 GAP 能够帮助农业生产者建立起基本的质量控制体系

1. 为农业生产者提供基本的质量控制框架 GAP 按照“防范优于纠偏”的要求，提供了一个在农场、食品加工厂以及运输中鉴别并采取适当措施最大限度减少风险的基本体系框架。对农场选址、品种来源、饲料和农业用水的供应、场内的设施设备、农药、化肥、药物的合理使用，养殖方式、公路运输、废弃物的无害化处理、养殖生产过程中的记录、追溯，以及对员工的培训等方面，都作了规范性的说明，构建了一个基本的农业生产质量控制框架。

2. 为农业生产者建立质量追溯体系提供指南 GAP 标准对农业生产过程提出规范、全面的农业生产记录要求，为建立质量可追溯体系奠定基础。以生猪模块申请 GAP 认证为例，GAP 的建议记录有 170 条与生猪生产有关，确保产品生产每一步都具有可追溯性。

GAP 标准特别强调“公司+农户”“合作社+农户”等生产经营者组织要建立其完善的内部管理体系。一是要求生产经营者组织具有书面的质量手册和体系程序文件，建立追溯体系。能够区分认证和非认证产品，能够追溯到具体农户或组织的源头。二是要集中管理，所有注册成员的生产场所在相同的经营、控制和规章制度下运行，即实行统一的行政管理、审核和经营评价。三是规定了协议期限，要求至少有一整年的协议期限。四是建立内部审核程序，通过建立这样畅通的交流渠道、统一的操作程序、完善的监督管理，确保了已注册产品可追溯到终端。

3. 为农业生产者提供生产动态监督控制措施对于申请 GAP 认证的农业生产者，在认证机构外部检查前，每年至少进行一次内部检查；对于生产经营者组织，在申请外部检查前每年要执行至少两次内部检查，一次由生产经营者组织的各成员来执行，一次由生产经营者组织来统一执行。

内部检查和外部检查相结合形成了 GAP 标准动态有效的质量监控措施。

（三）实施 GAP 能够促进我国农业生产组织化程度的提高

我国农业生产处于主要以单个家庭为生产经营单位的传统农业模式阶段，规模化、集约化水平不高，是制约我国农业进一步发展的重要因素，同时也是我国农产品质量安全难以有效控制重要原因。

GAP 标准充分考虑了我国当前农业生产特点，将认证申请人分为两种：一种是农业生产经营者（即单个农场或农户），可以是法人或自然人；另一种是农业生产经营组织，囊括了各种农业合作组织形式，并对这种农业生产合作组织提出了具体的内部质量管理体系要求，对于提高我国农业生产组织化程度，指导我国农业合作组织建设，实施农产品质量安全有效控制提供了重要的方式。

（四）实施 GAP 有助于提高我国农产品国际竞争能力

1. 可以从根本上解决出口农产品源头污染问题，帮助农产品生产企业跨越国外技术贸易壁垒。源头污染尤其是农兽药残留超标一直是困扰我国农产品出口的主要问题。GAP 对农业生产过程中土壤、水源条件，农药、化肥等化学投入品的使用管理等进行了规范的控制，将从根本上解决出口农产品源头污染问题，从而扩大出口。

2. 可以提高国外客户对我省农产品的认可和信赖程度，帮助我国农产品出口企业获取国际高端市场的通行证。欧盟以及国际上许多大型采购商将通过 EUREPGAP 认证作为农产品供应商的准入条件。比如，荷兰超市从 2004 年 1 月 1 日起不再采购未经 EUREPGAP 认证的某些农产品。我国大连苹果获得 EUREPGAP 认证后，被拥有 300 余家超市会员的欧洲超市联盟接纳，通过认证的苹果进入欧洲高端市场获得更高的售价，为大连苹果创造了更广阔的国际发展空间。马来西亚自 2000 年推广 EUREPGAP 以来，农产品出口年增长率一直保持在 10% 以上。

通过 GAP 认证，能够提升农业生产的标准化水平，生产出优质、安全的农、畜产品，有利于增强消费者信心。

通过 GAP 认证，将成为我国农产品出口的一个重要条件。GAP 认证已在国际上得到广泛认可，实施良好农业规范认证正在成为农产品国际贸易中增强国际互信，消除技术壁垒的一项重要措施。

通过 GAP 认证的企业将在欧洲的 EUREPGAP 网站和我国认证机构的网站上公布，因此，GAP 认证能够提高企业形象和知名度。

通过 GAP 认证的产品，可以形成品牌效应，从而增加认证企业和生产者的收入。

通过 GAP 认证，有利于增强生产者的安全意识和环保意识，有利于保护劳动者的身体健康。

通过 GAP 认证，有利于保护生态环境和增加自然界的生物多样性，有利于自然界的生态平衡和农业的可持续发展。

点滴积累

1. 中国良好农业规范（GAP）实施能够帮助农业生产者建立起基本的质量控制体系：为农业生产者提供基本的质量控制框架；为农业生产者建立质量追溯体系提供指南；为农业生产者提供生产动态监督控制措施。
2. 实施 GAP 有助于提高我国农产品国际竞争能力：可以从根本上解决出口农产品源头污染问题，帮助农产品生产企业跨越国外技术贸易壁垒；可以提高国外客户对我省农产品的认可和信赖程度，帮助我国农产品出口企业获取国际高端市场的通行证。

目标检测

一、名词解释

1. 中国良好农业规范认证
2. 农业生产经营者组织

二、填空题

1. ____________是国际通行的从生产源头加强农产品和食品质量安全控制的有效措施，是农产品和食品质量安全工作的前提保障。

2. 中国良好农业规范认证过程包括：______、______和必要时对产品检测和场所管理情况进行风险评估。

3. 1997 年由_______、_______发起，促进了良好农业规范（GAP）的发展，并组织制定了 GAP 标准。

三、单项选择题

1. （　　）年，联合国粮农组织（FAO）召开了部长级的“农业与环境会议”，发表了著名的“博斯登宣言”，提出了“可持续农业和农村发展（SARD）”的概念，得到联合国和各国的广泛支持

   A. 1990　　B. 1991　　C. 1995　　D. 2001

2. 2007 年 9 月在曼谷举行的第八届 EUREPGAP 年会上，EUREPGAP 委员会将 EUREPGAP 更名为（　　），其目的在于促进良好农业操作，确保农产品的质量与安全

   A. 欧洲良好农业规范 EUREPGAP　　B. 全球良好农业规范 GLOBALGAP

   C. 世界良好农业规范 WORGAP　　D. 欧洲及亚洲良好农业规范 EurAsiaGAP

3. 我国良好农业规范认证级别分为（　　）

   A. 初级和高级　　B. A 级和 B 级

   C. 一级和二级　　D. A 级和 AA 级

4. 良好农业规范系列国家标准基本内容包括以下哪项（　　）

   A. 食品安全危害的管理要求　　B. 员工的职业健康、安全和福利要求

   C. 动物福利的要求　　D. 气候变化

5. （　　）年，美国食品药品监督管理局（FDA）和美国农业部（USDA）联合发布了《关于降低新鲜水果与蔬菜微生物危害的企业指南》。在该指南中，首次提出良好农业规范概念。

   A. 2000　　B. 2001　　C. 1998　　D. 1997

四、简答题

1. 全球良好农业规范 GLOBALGAP 的主要功能是什么？
2. 简述获得良好农业规范认证的意义。
3. 中国制定良好农业规范国家系列标准的原因是什么？

参考文献

1. 尤玉如.食品安全与资料控制.2 版.北京:中国轻工业出版社,2015
2. 贝慧玲.食品安全与质量控制技术.2 版.北京:科学出版社,2011
3. 刘雄,陈宗道.食品质量与安全.北京:化学工业出版社,2009
4. 张嫚.食品安全与控制.大连:大连理工出版社,2011
5. 吴永宁.食品污染监测与控制技术.北京:化工出版社,2011
6. 包大跃.食品安全危害与控制.北京:化学工业出版社,2006
7. 贺国铭,张欣.HACCP 体系内审员教程.北京:化学工业出版社,2004

目标检测参考答案

第一章

一、名词解释(略)

二、填空题

质量方针、质量设计、质量控制、质量改进、质量保证、质量教育

三、简答题(略)

第二章

一、单项选择题

1. B　2. D　3. C　4. A　5. A　6. B　7. D　8. B　9. D

二、多项选择题

1. ABDE　2. ABCDE　3. BCDE　4. ABCD

三、简答题(略)

四、案例分析题(略)

第三章

一、单项选择题

1. B　2. B　3. D　4. D

二、多项选择题

1. ABDE　2. ABDE　3. ABCDE　4. ABCD

三、简答题(略)

第四章

一、名词解释(略)

二、填空题

1. 1963、食品

2. 许可证、产品合格证明

三、简答题(略)

第五章

一、名词解释(略)

二、填空题

1. 100、不得、不得

2. 10~15、30、30

3. 食品、食品加工者、食品加工环境

4. 消毒剂、灭虫药物、食品添加剂、润滑油

三、简答题(略)

第六章

一、单项选择题

1. C　　2. D

二、名词解释(略)

三、填空题

1. 太空食品安全

2. GMP 、HACCP

3. 生物性危害、化学性危害、物理性危害

四、简答题(略)

第七章

一、多项选择题

1. BCE　2. ABC

二、简答题(略)

第八章

一、单项选择题

1. B　2. C　3. C　4. A　5. D　6. A　7. B　8. D　9. D　10. B

二、简答题(略)

三、案例分析题

答:该行为属于违法行为。如何办理“SC”认证,请参考食品生产许可证认证申请程序。

第九章

一、单项选择题

1. A　2. B　3. A　4. B　5. D　6. A

二、多项选择题

1. ABCD　2. ABC　3. ABCD　4. BCD

三、简答题(略)

四、案例分析题(略)

第十章

一、单项选择题

1. A　2. A　3. C　4. C　5. C　6. A

二、多项选择题

1. ABC　2. ABCD　3. ABCD　4. ABCDE

三、简答题(略)

第十一章

一、单项选择题

1. D　2. A　3. C　4. A　5. A　6. C　7. B　8. A　9. C

二、多项选择题

1. ABD　2. BC

三、简答题(略)

第十二章

一、单项选择题

1. A　2. C　3. C　4. B　5. C　6. D　7. B

二、多项选择题

1. ABDE　2. ABC　3. ABCDE　4. BC

三、简答题(略)

四、案例分析题(略)

第十三章

一、名词解释(略)

二、填空题

1. 推行 GAP

2. 现场检查、质量保证体系的检查(适用于农场业主联合组织)

3. 零售商、农产品供应商和生产者

三、单项选择题

1. B　2. B　3. C　4. D　5. C

四、简答题(略)

食品质量管理课程标准

（供食品类专业用）

课程标准

食品标志彩图

彩图 1　食品 GMP 认证标志

彩图 2　中国有机产品认证标志

彩图 3　绿色食品标志

彩图 4　无公害农产品标志

1

2

3

4

5

6

彩图 5　部分机构清真认证标志

1. IDCP　2. IFANCA　3. IFRC　4. JAKIM　5. MUI　6. MUIS

一级认证标志

二级认证标志

彩图 6　中国良好农业规范认证标志